国家“十一五”高职高专计算机应用型规划教材

C语言程序设计基础与项目实训

（修订版）

文东　韩毓文　主　编

汪刚　雷宏　翟鹏翔　高艳　副主编

科　学　出　版　社

内容简介

本书以 Visual C++ 6.0 为开发环境，通过大量实例讲解了 C 语言程序设计的基本思想、方法和解决实际问题的技巧。全书共分为 12 章，前 10 章介绍了 C 程序的结构和语法规则、数据类型及其运算、C 程序结构及控制语句、数组、函数、指针、编译预处理、结构体和共用体、位运算、文件等内容。第 11 章以“人事管理系统”这一综合实训项目为例，遵循软件开发的一般思路，按照“需求陈述→功能描述→总体设计→程序实现”的过程，对项目的设计及实现进行了详细的讲解。第 12 章提供了两个完整的课程设计项目，方便教师安排课程设计作业。书中所有例题均在 Visual C++ 6.0 环境中调试通过，请放心使用。本书最大的特点是注重基础知识、项目实践和课程设计的有机统一，通过综合项目实训和课程设计，帮助学生巩固所学知识，并培养实际动手编写程序的能力。

本书可作为高等职业院校、大中专院校、计算机培训学校的计算机及相关专业 C 语言程序设计课程的教材，也可作为编程人员和 C 语言自学者的参考用书，还可作为全国计算机等级考试的辅导用书。

图书在版编目（CIP）数据

C 语言程序设计基础与项目实训/文东，韩毓文主编. — 修订本. — 北京：科学出版社，2010.5
国家“十一五”高职高专计算机应用型规划教材
ISBN 978-7-03-027296-6

I. ①C… II. ①文… ②韩… III. ①C 语言—程序设计 IV. ①TP312

中国版本图书馆 CIP 数据核字（2010）第 072530 号

责任编辑：桂君莉 钱小明 黄仁晖 / 责任校对：赵丽平
责任印刷：华 程 / 封面设计：周智博

科学出版社 出版
北京东黄城根北街 16 号
邮政编码：100717
http://www.sciencep.com

中国科技出版传媒集团新世纪书局策划
北京市艺辉印刷有限公司印刷
中国科技出版传媒集团新世纪书局发行 各地新华书店经销

*

2010 年 5 月 第 一 版 开本：16 开
2012 年 8 月第二次印刷 印张：17
字数：414 000

定价：28.00 元

（如有印装质量问题，我社负责调换）

从 书 序

本套丛书的重点放在“基础与项目实训”上，这里的基础是指相应课程的基础知识和重点知识，以及在实际项目中会应用到的知识，基础为项目服务，项目是基础的综合应用。

我们力争使本套丛书符合精品课程建设的要求，在内容建设、作者队伍和体例架构上强调“精品”意识，力争打造出一套满足现代高等职业教育应用型人才培养教学需求的精品教材。

丛书定位

本丛书面向高等职业院校、大中专院校、成人教育院校、计算机培训学校的学生，以及需要强化工作岗位技能的在职人员。

丛书特色

>> 以项目开发为目标，提升岗位技能

本丛书中的各分册都是在一个或多个项目的实现过程中，融入相关知识点，以便学生快速将所学知识应用到工程项目实践中去。这里的“项目”是指基于工作过程的，从典型工作任务中提炼并分析得到的，符合学生认知过程和学习领域要求的，模拟任务且与实际工作岗位要求一致的项目。通过这些项目的实现，可让学生完整地掌握并应用相应课程的实用知识。

>> 力求介绍最新的技术和方法

高职高专的计算机与信息技术专业的教学具有更新快、内容多的特点，本丛书在体例安排和实际讲述过程中都力求介绍最新的技术（或版本）和方法，强调教材的先进性和时代感，并注重拓宽学生的知识面，激发他们的学习热情和创新欲望。

>> 实例丰富，紧贴行业应用

本丛书作者精心组织了与行业应用、岗位需求紧密结合的典型实例，且实例丰富，让教师在授课过程中有更多的演示环节，让学生在学习过程中有更多的动手实践机会，以巩固所学知识，迅速将所学内容应用到实际工作中。

>> 体例新颖，三位一体

根据高职高专的教学特点安排知识体系，体例新颖，依托“基础+项目实践+课程设计”的三位一体教学模式组织内容。

- ❖ 第 1 部分：够用的基础知识。在介绍基础知识部分时，列举了大量实例并安排有上机实训，这些实例主要是项目中的某个环节。
- ❖ 第 2 部分：完整的综合项目实训。这些项目是从典型工作任务中提炼、分析得到的，符合学生的认知过程和学习领域要求。项目中的大部分实现环节是前面章节已经介绍到的，通过实现这些项目，学生可以完整地应用、掌握这门课的实用知识。

❖ 第3部分：典型的课程设计（最后一章）。通常是大的行业综合项目案例，不介绍具体的操作步骤，只给出一些提示，以方便教师布置课程设计。大部分具体操作的视频演示文件将在多媒体教学资源包中提供，方便教学。

此外，本丛书还根据高职高专学生的认知特点安排了"光盘拓展知识"、"提示"和"技巧"等小项目，打造了一种全新且轻松的学习环境，让学生在行家提醒中技高一筹，在知识链接中理解更深、视野更广。

丛书组成

本丛书涵盖计算机基础、程序设计、数据库开发、网络技术、多媒体技术、计算机辅助设计及毕业设计和就业指导等诸多课程，具体如下：

- Dreamweaver CS3 网页设计基础与项目实训
- 中文 3ds Max 9 动画制作基础与项目实训
- Photoshop CS3 平面设计基础与项目实训
- Flash CS3 动画设计基础与项目实训
- AutoCAD 2009 中文版建筑设计基础与项目实训
- AutoCAD 2009 中文版机械设计基础与项目实训
- AutoCAD 2009 辅助设计基础与项目实训
- 网页设计三合一基础与项目实训
- Access 2003 数据库应用基础与项目实训
- Visual Basic 程序设计基础与项目实训
- Visual FoxPro 程序设计基础与项目实训
- C 语言程序设计基础与项目实训
- Visual C++程序设计基础与项目实训
- ASP.NET 程序设计基础与项目实训
- Java 程序设计基础与项目实训
- 多媒体技术基础与项目实训（Premiere Pro CS3）
- 数据库系统开发基础与项目实训——基于 SQL Server 2005
- 计算机专业毕业设计基础与项目实训
- 计算机组装与维护基础与项目实训
- ASP.NET 程序设计基础与项目实训（Visual Studio 2010 版）
- C 语言程序设计基础与项目实训（修订版）
- 中文 3ds Max 9 动画制作基础与项目实训（修订版）
- Flash CS3 动画设计基础与项目实训（修订版）
- Photoshop CS3 平面设计基础与项目实训（修订版）
- Access 2003 数据库应用基础与项目实训（修订版）
- 多媒体技术基础与项目实训（Premiere Pro CS3）（修订版）
- 计算机组装与维护基础与项目实训（修订版）

丛书作者

本丛书的作者均系国内一线资深设计师或开发专家、双师技能型教师、国家级或省级精品课教师，有着多年的授课经验与项目开发经验。他们将经过反复研究和实践得出的经验有机地分解开来，并融入字里行间。丛书内容最终由企业专业技术人员和国内职业教育专家、学者进行审读，以保证内容符合企业对应用型人才培养的需求。

多媒体教学资源包

本丛书各个教材分册均为任课教师提供一套精心开发的 DVD（或 CD）多媒体教学资源包，根据具体课程的情况，可能包含以下几种资源：

（1）所有实例的素材文件、最终工程文件（必有）

（2）电子课件（必有）

（3）赠送多个相关的大案例，供教师教学使用 （必有）

（4）本书实例的全程讲解的多媒体语音视频教学演示文件 （必有）

（5）工程项目的语音视频技术教程

（6）拓展文档、电子教案、参考教学大纲、学时安排

（7）习题库、习题库答案、试卷及答案

用书教师请致电（010）64865699 转 8033 或发送 E-mail 至 bookservice@126.com 免费获取多媒体教学资源包。此外，我们还将在网站（http://www.ncpress.com.cn）上提供更多的服务，希望我们能成为学校倚重的教学伙伴、教师学习工作的亲密朋友。

编者寄语

希望经过我们的努力，能提供更好的教材服务，帮助高等职业院校培养出真正的熟练掌握岗位技能的应用型人才，让学生在毕业后尽快具备实践于社会、奉献于社会的能力，为我国经济发展做出贡献。

在教材使用中，如有任何意见或建议，请直接与我们联系。

联 系 电 话：（010）64865699 转 8033
电子邮件地址：bookservice@126.com（索取教学资源包）
l-v2008@163.com（内容讨论）

丛书编委会
2010 年 4 月

本书编委会

主　编：文　东　韩毓文

副主编：汪　刚　雷　宏　翟鹏翔　高　艳

编　委：张翠萍　全莉丽　聂　静

前 言

C 语言是目前最流行和使用最广泛的计算机语言之一，具有表达能力强、功能丰富、目标程序质量高、可移植性好、使用灵活方便等优点。C 语言的上述特点使其不仅在国内外众多软件企业中得到广泛认可和应用，而且，我国绝大部分高等院校都把 C 语言作为计算机及其相关专业的一门程序设计基础语言，并且受到越来越广泛的重视。

创作意图

本书以 Visual C++ 6.0 为操作环境，通过大量实例讲解了 C 语言程序设计的基本思想、方法和解决实际问题的技巧，使初学者能够在建立正确程序设计理念的基础上，掌握利用 C 语言进行结构化程序设计的方法和技巧。编者根据用书教师及学生的反馈建议，在原版的基础上进行了修订。

本书修正了原版中存在的错误，在体例上进行了适当的升级和拓展，提供了更多的教学资源，能更充分地满足教师的教学需求。

主要内容

全书共分为 12 章。前 10 章主要介绍 C 语言程序设计的基础知识及小型应用；第 11 章为综合项目实训；第 12 章为课程设计，另外还有 4 个附录。主要内容如下：

第 1~3 章讲述了 C 程序的结构和语法规则、数据类型及其运算、C 程序结构及控制语句等基础知识。

第 4~6 章讲述了 C 程序中 3 大重要部分：数组、函数和指针。

第 7~10 章讲述了 C 语言中的编译预处理、结构体和共用体、位运算、文件等内容。

第 11 章以“人事管理系统”这一综合项目实训为例，遵循软件开发的一般思路，按照“需求陈述→功能描述→总体设计→程序实现”的过程，综合运用本书所介绍知识，对项目的设计和实现进行了详细的讲解。

第 12 章提供了两个课程设计，方便教师安排课程设计作业。

附录 A 给出了 C 语言运算符及优先级。

附录 B 提供了部分字符与 ASCII 码对照表。

附录 C 和 D 分别给出了每章习题的答案和上机实训的指导，供读者学习参考。

本书每章后都给出了与内容相一致的课后习题及上机实训题。其中，课后习题部分以选择题、填空题的形式出现，便于学生自我检测；上机实训题供学生上机练习使用，以提高实际动手能力。

主要特色

本书依托“基础知识+上机实训+项目实训+课程设计”模式，全方位提高学生的程序设计能力。

- 本书中的各章都是采用基础知识+小实例的方式讲解基础知识点，使学生对基础知识有了一个初步的认识与应用。

- 每章的最后都附有一个上机实训，方便学生巩固和串联本章的知识点，同时能完成项目一部分的应用。
- 最后通过一个项目实训，综合应用 C 语言完成整体项目的设计与开发。
- 为教师提供了课程设计方面的内容，为教师布置作业提供参考。

另外，书中对 C 语言语法规则采用“格式→功能→举例→说明”的方式进行详细介绍，对学生容易出错的地方给出注意事项。

书中所有例题均在 Visual C++ 6.0 环境中调试通过，可放心使用。

读者对象

本书可作为高等职业院校、大中专院校、成人教育院校和计算机培训学校的 C 语言程序设计课程的教材，也可作为编程人员和 C 语言自学者的参考用书，还可作为全国计算机等级考试的辅导用书。

教学资源包

为方便教学，本书特为任课教师提供教学资源包（1CD），充分满足教师的教学需求。主要包括以下内容：

- 电子课件
- 书中相应实例程序的源代码及生成 EXE 文件
- 附赠的 2 个综合的 C 程序及使用说明
- 习题库及参考答案
- 15 个上机参考实验及指导

用书教师请致电（010）64865699 转 8033 或发送 E-mail 至 bookservice@126.com 免费索取本书的教学资源包。

由于编者水平有限，书中难免存在不足之处，敬请广大读者和同行批评指正。

编　者

2010 年 4 月

目 录

第 1 章

C 语言概述

计算机语言是用于人与计算机之间通信的语言，是人与计算机之间传递信息的媒介。C 语言是目前国际上使用广泛的高级编程语言之一。

学习目标：掌握 C 语言的结构、书写规则和开发过程，通过本章的学习，练习编写简单的 C 语言程序。

本章知识点

- C 语言的发展与特点
- C 程序的结构和语法规则
- C 程序上机指导

C Programming

1.1 C 语言的发展与特点

1.1.1 C 语言的发展

C 语言作为最初的 UNIX 操作系统的实现语言，于 20 世纪 70 年代初在贝尔实验室诞生。随着 UNIX 操作系统的广泛使用，C 语言也迅速得到推广。后来，C 语言又被多次改进，并出现了多种版本。由于没有统一的标准，这些版本之间存在着一些不一致的地方。为了改变这一状况，美国国家标准协会（ANSI）于 20 世纪 80 年代初（1983 年）根据 C 语言问世以来的各种版本对 C 语言进行了改进和扩充，制定了 ANSI C 标准，并于 1989 年再次修订。本书以 ANSI C 标准为基础介绍 C 语言。

目前，在微机上广泛使用的 C 语言编译系统有 Borland C++、Turbo C、Microsoft Visual C++等。本书选定的上机环境是 Microsoft Visual C++ 6.0 系统（简称 VC++ 6.0）。

1.1.2 C 语言的特点

C 语言同时具有汇编语言和高级语言的双重特性，可以作为系统设计语言来编写操作系统，也可以作为应用程序设计语言来编写不依赖计算机硬件的应用程序。因此，C 语言的应用范围很广。具体来说，C 语言的主要特点如下。

- C 语言是一种面向过程的高级程序设计语言。
- C 语言是一种模块化的程序设计语言。所谓模块化，是指将一个大的程序按功能分割成一些模块，使每个模块都成为功能单一、结构清晰、容易理解的函数。
- 语言简洁，结构紧凑，使用方便、灵活。C 语言一共有 32 个关键字和 9 条控制语句。
- 运算符极其丰富，数据处理能力强。C 语言一共有 45 种运算符，例如，自增（++）和自减（--）运算符、复合赋值运算符、位运算符及条件运算符等。灵活使用各种运算符可以实现在其他高级语言中难以实现的运算。
- 可移植性好。C 语言程序除了能在 Windows 操作系统上运行之外，在目前流行的 Linux 和 UNIX 操作系统上也能不作任何修改地运行。
- C 语言提供了某些接近汇编语言的功能，可以直接调用系统功能，有利于编写系统软件。

总之，由于上述特点，C 语言已经成为世界上应用最广泛的编程语言之一。

1.2 C 程序的结构和语法规则

1.2.1 C 程序的基本结构

下面通过一个简单的示例简要介绍 C 程序的基本结构。

【例 1.1】编写一个 C 程序，求 5 个数的平均值并输出。

【解】程序如下：

```
/*文件名：lx1_1.cpp*/
/*功能：求 5 个数的平均值*/
#include <stdio.h>
main()                                      /*main()称为主函数*/
{
    float a,b,c,d,e,avg;                    /*定义 a,b,c,d,e,avg 为实型变量*/
    a=32.6;
    b=68.3;
    c=52;
    d=29;
    e=47;
    avg=(a+b+c+d+e)/5;                      /*计算平均值*/
    printf("avg=%f\n",avg);                 /*在屏幕上输出 avg 的值*/
}
```

程序执行结果如下：

```
avg=45.780000
```

例 1.1 所示的 C 程序仅由一个 main()函数构成，main()函数相当于其他高级语言中的主程序。一个完整的 C 程序结构有以下两种表现形式。

（1） 仅由一个 main()函数（又称主函数）构成，如下所示。

```
main()
{
    ⋮
}
```

（2） 由一个 main()函数和若干个其他函数结合而成，如下所示。其中，自定义函数由用户自己设计。

```
自定义函数 1,自定义函数 2,……的声明
main()
{
    ⋮
}
自定义函数 1
自定义函数 2
    ⋮
```

从上述叙述中可以看出，C 程序结构有以下基本特点。

- 一个 C 程序有且仅有一个 main()函数，但可以有多个其他函数（如 min()函数等），每一个函数完成相对独立的功能，函数是 C 程序的基本模块单元。main()是函数名，后面的一对圆括号“()”用来写函数的参数，参数可以省略，但圆括号不能省略。
- 一个 C 程序的执行总是从 main()函数开始，而不论 main()函数在整个程序中的位置如何。
- C 语言编译系统区分字母大小写。
- C 程序中每一个声明，每一条语句都必须以分号结尾，但是，预处理命令、函数头和“}”之后不能加分号。

- C 程序中所调用的函数，既可以是由系统提供的库函数，也可以是由程序员根据需要自己设计的函数（称为自定义函数）。
- 为了增强程序的可读性，低一层次的语句或说明通常比高一层次的语句或说明缩进若干字符，以体现层次结构。

对于自定义函数，当函数定义在调用语句之前时，不需要进行函数声明；若其定义放在调用语句之后，则需要进行函数声明。声明的格式如下：

```
int min(int,int);
```

C 语言编译系统中有许多以.h 为扩展名的文件，称为头文件，在这些头文件中包含了各个标准库函数的函数原型。例如，一般的 C 程序都需要用库函数 scanf()、printf()等进行输入/输出操作，因此在 C 程序的最前面一般需要使用以下的预处理命令。

```
#include <stdio.h>
```

其意义是把尖括号“< >”内指定的文件包含到本程序中，成为本程序的一部分。

1.2.2 C 语言函数的基本结构

C 语言函数（包括主函数 main()）包括函数头和函数体两部分。其基本结构如下：

```
[函数类型] 函数名([函数形参表])                    /*函数头*/
{
    [数据定义和声明语句序列;]
    可执行语句序列;
}
```

其中，加方括号“[]”时，表示括起来的内容可以省略。

1. 函数头

函数头由“函数类型”（可默认）、“函数名”和“函数形参表”3 部分组成。其中，“函数形参表”的一般格式如下：

```
([数据类型 参数 1,][数据类型 参数 2,]……)
```

例如，自定义函数 min()，其函数头如图 1.1 所示。

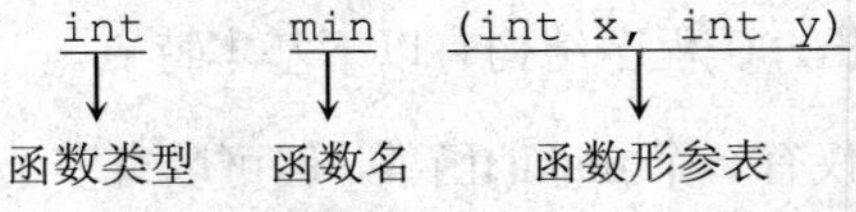

```
int     min    (int x, int y)
 ↓       ↓           ↓
函数类型  函数名     函数形参表
```

图 1.1　函数头结构示意图

2. 函数体

函数头以下的“{ }”内的若干条语句构成函数体。函数体一般包括“数据定义和声明语句序列”与“可执行语句序列”。如果一个函数内有多对大括号，则最外层的一对大括号是函数体的范围。

（1）数据定义和声明语句序列

“数据定义和声明语句序列”包括变量定义、自定义函数声明、外部变量声明等语句，其中，变量定义是主要的。

（2）可执行语句序列

“可执行语句序列”一般包括若干条可执行语句。

函数的相关内容，将在第 5 章中详细介绍。

1.2.3 C 语言函数的语法规则

C 语言函数的语法规则一般可以归纳为以下 4 条。

（1）函数体中的“数据定义和声明语句序列”必须位于可执行语句之前。换句话说，数据定义和声明语句不能与可执行语句交织在一起。

（2）如果不需要，也可以省略“数据定义和声明语句序列”。例如，下面的程序将“数据定义和声明语句序列”省略了。

```
main()
{
    printf("%d\n",1+3+5+7+9);
}
```

程序执行结果如下：

```
25
```

（3）程序行的书写格式自由，既允许一行内写几条语句，也允许一条语句分写在几行上，但所有语句都必须以分号结束。如果某条语句很长，一般需要将其分写在几行上。例如，以下的写法是正确的。

```
x=10;y=20;
printf("x=%d,y=%d\n",
   x,y);
```

（4）允许使用注释。为增强程序的可读性，一个高质量的程序，应在其源程序中加上必要的注释。程序编译时，不对注释作任何处理。注释可以出现在程序中的任何位置。在调试程序时对暂不使用的语句也可以用注释符括起来，使编译跳过不作处理，待调试结束后再去掉注释符。C 语言的注释格式为

```
/* 注释内容 */
```

例如，在前面的示例中，用“/*”和“*/”括起来的文字，都是注释内容。

使用注释时，应注意以下 4 点。

- “/*”和“*/”必须成对使用，并且在“/”和“*”以及“*”和“/”之间不能有空格。
- 注释的位置可以单占一行，也可以跟在语句的后面。
- 如果一行写不下，可以另起一行。
- 允许使用汉字进行注释。

1.3 C 程序上机指导

1.3.1 C 程序开发过程

开发 C 程序是指在一个集成开发环境中进行程序的编辑、编译、链接和执行的过程，如图 1.2 所示。

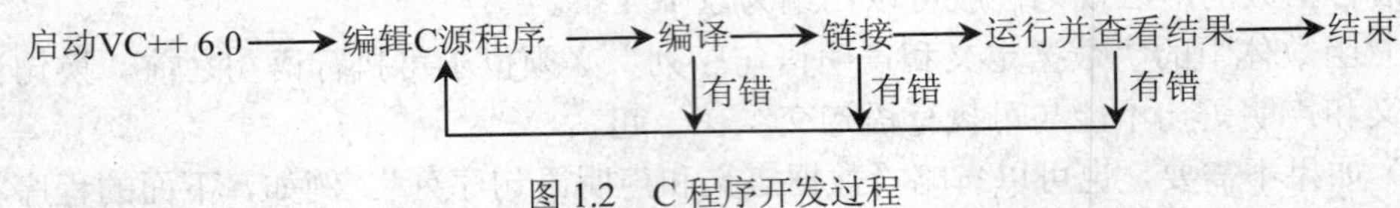

图 1.2　C 程序开发过程

（1）编辑源程序。程序员使用编辑软件（编辑器），如写字板、记事本等编写的 C 程序称为 C 源程序（C 源程序文件扩展名为.c；在 VC++ 6.0 环境下，文件扩展名为.cpp）。

（2）编译程序。C 源程序必须经由编译器转换成二进制目标代码。在编译过程中，如果程序存在错误，则返回编辑程序进行修改。正确的源程序在编译后形成目标文件并保存在.obj 文件中。

（3）链接程序。目标文件不能直接执行，需要把目标文件、函数库和其他目标函数进行链接，生成扩展名为.exe 的可执行文件。

（4）执行程序。该.exe 文件可以脱离 C 编译系统直接运行。如果运行后没有达到预期结果，则需进一步修改源程序，重复上述过程直至达到设计目标。

1.3.2 Visual C++ 6.0 集成开发环境

目前流行的 C 程序开发环境有 Turbo C 2.0、Turbo C++ 3.0、Borland C++和 Visual C++等。本书所给出的程序都是在 VC++ 6.0 环境下进行编辑和调试的。

VC++ 6.0 的界面如图 1.3 所示。

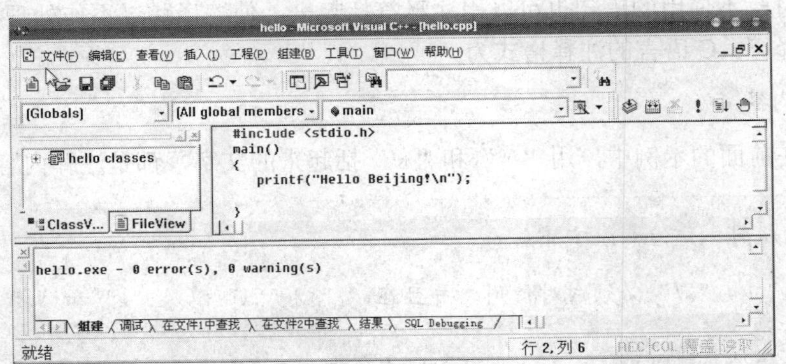

图 1.3　VC++ 6.0 的界面

在 VC++ 6.0 中，应用程序向导 AppWizard 可以帮助开发人员创建一些常用的应用程序框架，如 Windows 应用程序、DLL 程序、控制台应用程序等。本书所有的程序都是 Win32 控制台应用程序（Win32 Console Application），因此只介绍这种程序的创建、编译和执行。

【例 1.2】 一个最简单的控制台应用程序。

```
/*文件名: lx1_2.cpp*/
#include <stdio.h>
main()
{
  printf("Hello Beijing!\n");
}
```

该程序运行后的窗口如图 1.4 所示。

```
"G:\Program Files\Visual Studio 6.0\MyProjects\hello\Debug\hello.exe"
Hello Beijing!
Press any key to continue
```

图 1.4　例 1.2 执行后弹出的窗口

1. 使用 AppWizard 创建 Win32 控制台应用程序

下面以例 1.2 的程序为例，介绍使用 VC++ 6.0 开发控制台应用程序的步骤。

（1）在 VC++ 6.0 环境下，选择菜单“文件”→“新建”选项，弹出如图 1.5 所示的对话框。

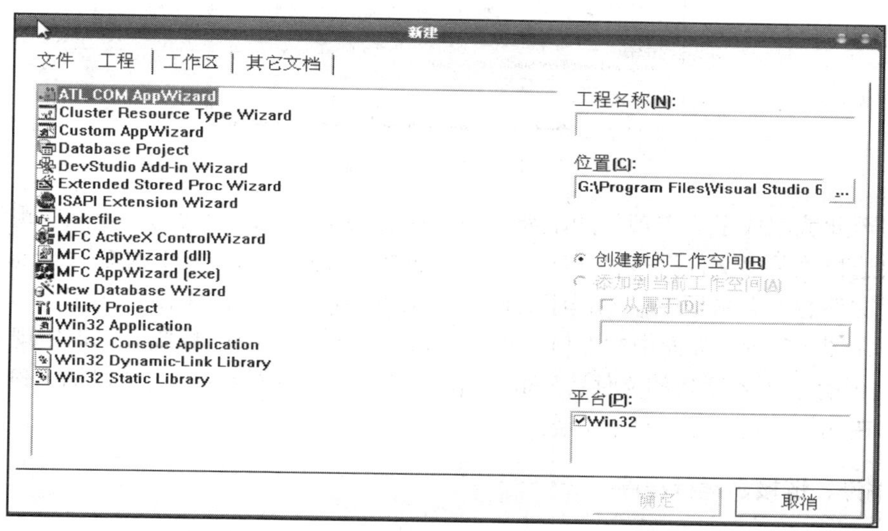

图 1.5　VC++ 6.0 新建工程窗口

在这个对话框中，选择“工程”选项卡中的 Win32 Console Application 选项，在“工程名称”文本框中输入一个项目名，如 hello，然后在“位置”文本框中输入文件的存放位置，最后单击“确定”按钮。

（2）在弹出的如图 1.6 所示的询问项目类型的对话框中，选中“一个空工程”单选按钮，单击“完成”按钮。

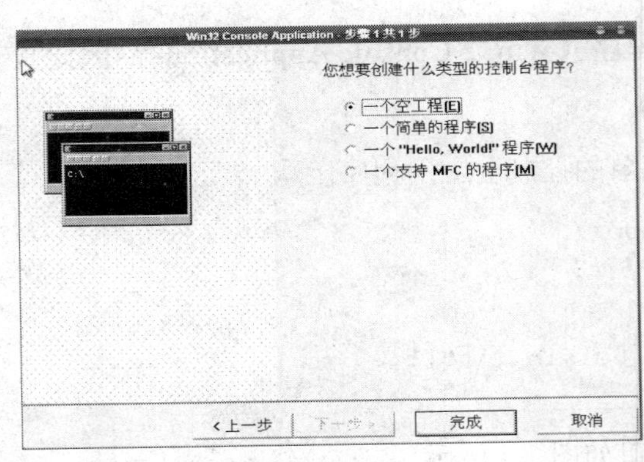

图 1.6　选择工程类型

（3）系统将显示如图 1.7 所示的对话框，即“新建工程信息”对话框。单击“确定”按钮。

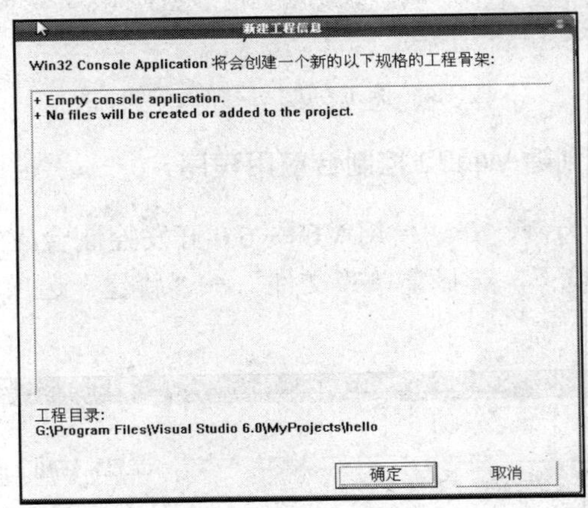

图 1.7　新建工程信息

（4）至此就完成了一个项目的框架。但程序员必须自己添加代码，才能实现所需的功能。再次选择菜单“文件”→“新建”选项，选择“文件”选项卡中的 C++ Source File 选项，在“文件名”文本框中输入程序文件名“Hello.cpp”，单击“确定”按钮。

（5）在图 1.3 所示界面中的左侧工作区窗口中选择 FileView 标签，可以发现在 Source Files 中已经有了刚才新建的文件：Hello.cpp。在右侧程序编辑窗口中可以输入例 1.2 中的源程序。在编辑的过程中，注意存盘。

2. 编译、链接、运行程序

（1）选择菜单“组建”→“组建［Hello.exe］”选项，或者使用快捷键 F7，或者单击按钮，进行编译链接。当下方输出窗口出现 Hello.exe－0 error(s), 0 warning(s)信息时，表示 Hello.exe 已经生成。

（2）如果没有错误，选择“组建”→“执行［Hello.exe］”选项，或者使用快捷键 Ctrl+F5，或者单击 ! 按钮，进行执行。此时会显示如图 1.4 所示的结果。

（3）在图 1.4 所示的窗口中，Press any key to continue 是系统自动加上的，表示 Hello 运行后，按任意键可以返回 VC++ 6.0 环境中。

1.4 上机实训 1：熟悉 VC++ 6.0

实训内容

上机学习使用 VC++ 6.0 系统环境。

编辑如下程序，编译正确后，运行该程序，并查看程序执行结果。【本实训指导见附录 D】

```
#include <stdio.h>
int max(int x, int y)
{
    int z;
    if(x>y)
    z=x;
    else
    z=y;
    return(z);
}

main()
{
    int a,b,c;
    scanf("%d%d",&a,&b);
    c=max(a,b);
    printf("max=%d\n",c);
}
```

1.5 小结

（1）作为一种兼有汇编语言和高级语言特性的语言，C 语言于 20 世纪 70 年代初由贝尔实验室研制。

（2）C 语言是一种结构化的程序设计语言。其特点是：语言简洁，结构紧凑，使用方便、灵活；运算符极其丰富，数据处理能力强；可移植性好；模块化的程序设计语言；面向过程的高级程序设计语言；可以直接调用系统功能。

（3）C 程序由函数构成。在每个 C 程序中，有且仅有一个 main()函数。

（4）任何函数（包括主函数 main()）都是由函数头和函数体两部分组成。其一般结构如下：

```
[函数类型] 函数名([函数形参表])                  /*函数头*/
{
    [数据定义和声明语句序列;]
    可执行语句序列;
}
```

（5）用 C 语言编写的程序称为 C 源程序，必须先由编译程序和链接程序将 C 源程序转换成对应的可执行程序（.exe）才能运行。

（6）C 语言程序有很多集成开发环境，如 Turbo C、Visual C++、Borland C++等。不论采用哪种环境，C 程序的开发必须经过编辑、编译、链接和执行 4 个步骤。本书使用 Microsoft Visual C++ 6.0 作为开发环境。

（7）本书涉及的 C 程序都是 Win32 控制台应用程序。

1.6 课后习题

1.6.1 单项选择题

（1）C 语言的源程序________主函数。

A. 可以没有

B. 可以有多个

C. 有且只有一个

D. 若有只有一个

（2）C 语言中规定：在一个源程序中，main 函数的位置________。

A. 必须在最开始

B. 必须在系统调用的库函数的后面

C. 可以任意

D. 必须在最后

（3）一个 C 程序的执行是从________。

A. 本程序的 main 函数开始，到 main 函数结束

B. 本程序文件的第一个函数开始，到本程序的最后一个函数结束

C. 本程序的 main 函数开始，到本程序的最后一个函数结束

D. 本程序文件的第一个函数开始，到本程序 main 函数结束

（4）一个 C 程序是由________。

A. 一个主程序和若干子程序组成

B. 一个或多个函数组成

C. 若干过程组成

D. 若干子程序组成

（5）以下叙述不正确的是________。

A. 一个 C 源程序可以由一个或多个函数组成

B. 一个 C 源程序必须包含一个 main 函数

C. C 程序的基本组成单位是函数

D. 在 C 程序中，注释说明只能位于一条语句的后面

1.6.2 填空题

（1）一个 C 源程序中至少应包含一个__________。

（2）在 VC++ 6.0 环境下，C 语言源程序文件的扩展名是________，经过编译后，生成文件的扩展名是________，经过链接后，生成文件的扩展名是_________。

（3）C 语言源程序的基本单位是_________。

第2章 数据类型及其运算

程序是为执行某一项任务而编写的有序指令序列，由数据和操作两个要素构成。数据是操作处理的对象，因而是程序的必要组成部分。在 C 程序中，不同类型的数据都必须遵守“先定义，后使用”的原则，即程序中的任何一个变量和数据都必须先定义其数据类型，然后才能使用。运算符与表达式可以实现对数据的处理以及按什么顺序进行处理。

学习目标：掌握 C 语言提供的各种数据类型，以及对数据进行处理的运算符和表达式的功能等知识，通过本章学习能够编写进行运算的 C 程序。

本章知识点

- 标识符
- C 语言的类型
- 常量
- 变量
- 运算符与表达式

C Programming

2.1 输入和显示文本的控件

在 C 语言的每一个程序中所使用的函数和变量等都应有唯一的名称，这样才能被识别和使用。函数和变量的名字通常被称为“标识符”。后面介绍的符号常量名、变量名、函数名、标号、数组名、文件名、结构体类型名和其他各种用户自定义的对象名都是标识符，其命名必须满足标识符的构成规则。

C 语言中允许用作标识符的字符有以下几类。

- 26 个英文字母，包括大小写（共 52 个）。
- 数字 0、1、…、9。
- 下划线。

标识符的构成规则如下。

- 必须由字母（a～z，A～Z）或下划线（_）作为第一个字符。
- 第一个字符后面可以跟任意的字母、数字或下划线。

在 C 语言中，大小写字母有不同的含义。例如，num、Num、NUM 为 3 个不同的标识符。

标识符是用于标识某个量的符号，因此，命名应尽量有相应的意义，以便阅读理解。例如，表示年可以用 year，表示长度可以用 length，表示和可以用 sum 等。

C 语言中有一些标识符被称为关键字，在系统中具有特殊用途，不能作为一般标识符使用。例如，用于整型变量定义的 int 关键字就不能用作变量名。

有些标识符虽然不是关键字，但 C 语言总是以固定的形式用于特定的环境，因此，用户也不要将其当做一般标识符使用，以免造成混乱。这些常用的标识符有 define、include、ifdef、ifndef、endif、elif。

例如，以下均是合法的标识符。

```
sum, mul, i, j3k4, book_5
```

以下均是不合法的标识符。

```
5i                    /*错在以数字开头*/
u.s                   /*错在出现"."*/
good bay              /*错在中间有空格*/
```

在所有合法的标识符中有一个特殊的小集合，其中的标识符称为 C 语言的“关键字”。作为关键字的每个标识符在 C 程序中都有预先定义好的特殊意义，这些关键字不能用于任何其他目的。例如，不能用关键字为程序中自己编写的内容命名。C 语言的关键字总共有 32 个，如下所示。

auto	break	case	char
const	continue	default	do
double	else	enum	extern

float	for	goto	if
int	long	register	return
short	signed	sizeof	static
struct	switch	typedef	union
unsigned	void	volatile	while

2.2 C 语言的数据类型

C 语言的数据类型及其分类关系如图 2.1 所示。从图中看到，C 语言的数据类型由基本类型、构造类型、指针类型、空类型四大类组成，基本类型是其他各种数据类型的基础。

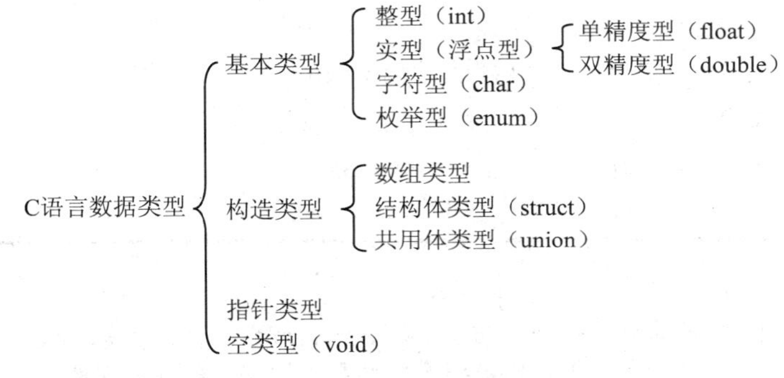

图 2.1 C 语言的数据类型

C 语言的基本类型包括整型、单精度型、双精度型、字符型和枚举型 5 种。枚举型是一种特殊的整型，将在第 8 章中专门介绍，这里只讨论前 4 种，其定义的关键字分别为 int、float、double 和 char。

除上述 4 种基本数据类型的关键字外，还有一些数据类型修饰符，用来扩充基本类型的意义，以便更准确地适应各种情况的需要。修饰符有 long（长型）、short（短型）、signed（有符号）和 unsigned（无符号）。这些修饰符与基本数据类型的关键字组合可以表示不同的数值范围以及数据所占内存空间的大小。

- short 只能修饰 int，short int 可以省略为 short。
- long 只能修饰 int 和 double，而且 long int 可以省略为 long。
- unsigned 和 signed 只能修饰 char 和 int，一般情况下，char 和 int 默认为 signed。实型数 float 和 double 总是有符号的，不能用 unsigned 修饰。

表 2.1 给出了基本类型和基本类型加上修饰符以后各数据类型所占内存空间的字节数和所表示的数值范围（以 16 位计算机为例，即按 ANSI C 描述）。

表 2.1 基本数据类型描述

类型	说明	字节	数值范围	备注
Int	整型	2	-32 768～32 767	-2^{15}～$(2^{15}-1)$

（续表）

类型	说明	字节	数值范围	备注
unsigned int	无符号整型	2	0～65 535	$0\sim(2^{16}-1)$
Signed int	有符号整型	2	-32 768～32 767	
short int	短整型	2	-32 768～32 767	
unsigned short int	无符号短整型	2	0～65 535	
Signed short int	有符号短整型	2	-32 768～32 767	
long int	长整型	4	-2 147 483 648～2 147 483 647	$-2^{31}\sim(2^{31}-1)$
unsigned long int	无符号长整型	4	0～4 294 967 295	$0\sim(2^{32}-1)$
Signed long int	有符号长整型	4	-2 147 483 648～2 147 483 647	
float	单精度型	4	$-3.4\times10^{38}\sim3.4\times10^{38}$	7 位有效数字
double	双精度型	8	$-1.7\times10^{308}\sim1.7\times10^{308}$	15 位有效数字
long double	长双精度型	16	$-3.4\times10^{4932}\sim3.4\times10^{4932}$	19 位有效数字
char	字符型	1	-128～127	$-2^{7}\sim(2^{7}-1)$
unsigned char	无符号字符型	1	0～255	$0\sim(2^{8}-1)$
signed char	有符号字符型	1	-128～127	

说明

表 2.1 是以 16 位计算机为例的，而 VC++ 6.0 运行于 32 位计算机环境中。以下程序是在 32 位计算机环境下输出表 2.1 中各数据类型的数据所占用的内存空间的字节数，其中，sizeof () 函数用来返回指定的数据类型占用内存空间的字节数。

```
#include <stdio.h>
main()
{
        printf("int:%d\n",sizeof(int));
        printf("unsigned int:%d\n",sizeof(unsigned int));
        printf("signed int:%d\n",sizeof(signed int));
        printf("short int:%d\n",sizeof(short int));
        printf("unsigned short int:%d\n",sizeof(unsigned short
                int));
        printf("signed short int:%d\n",sizeof(signed short
                int));
        printf("long int:%d\n",sizeof(long int));
        printf("unsigned long int:%d\n",sizeof(unsigned long
                int));
        printf("signed long int:%d\n",sizeof(signed long
                int));
        printf("float:%d\n",sizeof(float));
        printf("double:%d\n",sizeof(double));
        printf("long double:%d\n",sizeof(long double));
        printf("char:%d\n",sizeof(char));
        printf("unsigned char:%d\n",sizeof(unsigned char));
        printf("signed char:%d\n",sizeof(signed char));
}
```

程序运行结果如下：

```
int:4
```

```
unsigned int:4
signed int:4
short int:2
unsigned short int:2
signed short int:2
long int:4
unsigned long int:4
signed long int:4
float:4
double:8
long double:16
char:1
unsigned char:1
signed char:1
```

2.3 常量

在程序运行中，其值不发生改变的量称为常量。在基本数据类型中常量分为整型常量、实型常量、符号常量和字符型常量（包括字符常量和字符串常量）。

2.3.1 整型、实型及符号常量

1. 整型常量

整型常量即为整型常数，可以用十进制、八进制和十六进制 3 种形式表示。凡是以数字 0 开头的由数字 0～7 组成的序列均作为八进制数处理；凡是以 0x（或 0X）开头的由数字、字符 a～f（或 A～F）组成的序列均作为十六进制数处理；其他情况下的数字序列均作为十进制数处理。

整型常量中的长整型数据可以用 L（或小写字母 l）作后缀来表示，如 124L、568l 等。整型常量中的无符号型数据可以用 U（或小字字母 u）作后缀来表示，如 14U、56u 等。如果一个整型常量的后缀是 U（或 u）和 L（或 l），或者是 L 和 U，都表示 unsigned long 类型的常量。如 145UL、670ul 等。

2. 实型（浮点型）常量

实型常量是由整数部分和小数部分组成的，有十进制小数和十进制指数两种表示形式。

- 十进制小数形式：由数字和小数点组成。整数部分和小数部分可以省去一个，但不可以两者都省，而且小数点不能省，如 1.64、.37、43.、0.0 等。
- 十进制指数形式（或称科学计数法）：在定点数形式表示法后加 e（或 E）和数字来表示指数。指数部分可正可负，但必须为整数，并且字母 e(或 E)之前必须有数字。例如，1.754e3、17.54e2 均合法地表示了 1.754×10^3；而 e3、1e2.3、.e3、e 均是不合法的指数形式。另外，实型常量的后缀用 F（或 f）表示单精度型，而后缀用 L（或 l）表示长双精度型。例如，0.5e2f 表示单精度数，3.6e5L 表示长双精度数。

3. 符号常量

在 C 程序中，可以定义一个符号来代表一个常量，这种相应的符号称为符号常量。例如，用 PI 代表圆周率 π，即 3.141 592 6。定义符号常量的目的是为了提高程序的可读性，便于程序的调试、修改和移植。因此在定义符号常量时，所使用的符号常量名应尽可能地表达其所代表的常量的含义。

在 C 语言中，符号常量在使用前必须先用预处理命令#define 进行定义。例如：

```
#define TRUE   1
#define FALSE  0
```

它的格式是在#define 后面跟一个标识符和一串字符，彼此之间用空格隔开。由于不是 C 语句，因此语句末尾不用加分号)。当程序被编译时，先被编译预处理。即当预处理遇到#define 时，就用标识符后面的字符串替换程序中的所有该标识符。

习惯上，符号常量标识符使用大写字母，以便与变量名区别。另外，符号常量标识符一旦定义，就不能在其他地方给该标识符再赋值。例如：

```
TRUE=5!
```

是错误的写法。

2.3.2 字符型常量

字符型常量包括字符常量和字符串常量两类。

1. 字符常量

字符常量是指用一对单引号括起来的单个字符。例如，'a'、'9'、'!'等均是字符常量。其含义是该字符在内存中的编码值，在 C 语言中，字符是按其所对应的 ASCII 码值来存储的，例如，'a'的编码值是 97。

除了以上形式的字符常量外，C 语言还允许使用一种特殊形式的字符常量，即以反斜杠符（\）开头，后面跟字符的字符序列，称之为转义字符常量。转义字符常量用来表示控制及不可见的字符（见表 2.2），内存中存储的同样是该转义字符的 ASCII 码值。例如，'\n'表示换行，其 ASCII 码值为 10；'\a'表示响铃，其 ASCII 码值为 7 等。

表 2.2　常用转义字符

转义字符	意义	ASCII 码值
\a	响铃	0x07
\n	换行	0x0a
\t	横向跳格	0x09
\v	竖向跳格	0x0b
\b	退格（Backspace）	0x08
\r	回车	0x0d

（续表）

转义字符	意义	ASCII 码值
\f	换页（走纸）	0x0c
\0	空字符	0x00
\\	反斜杠	0x5c
\'	单引号	0x27
\"	双引号	0x22
\ddd	1～3 位八进制数所代表的字符	对应字符的 ASCII 码值

注意 转义字符\ddd（八进制数字）将字符的 ASCII 码值转换为对应的字符，表示任一个字符。例如，'\101'表示字符'A'，'\012'表示转义字符'\n'，'\0'或'\000'表示 ASCII 码值为 0 的控制字符，即空字符。

2. 字符串常量

字符串常量是用一对双引号（""）括起来的字符序列，例如：

```
"Welcome to Beijing"
"5401349"
"$10000.00"
" "            /*引号中有一个空格,本书中用' '表示一个空格*/
""             /*引号中什么也没有*/
"\a"           /*引号中有一个转义字符*/
```

字符串常量在内存中存储时，系统自动在每个字符串常量的尾部加一个字符串结束标志字符'\0'。因此，长度为 n 个字符的字符串常量在内存中要占用 n+1 个字节的空间。

例如，字符串“hello”在内存中的形式是

104	101	108	108	111	\0

为了能直观理解，以后表示字符串时，直接用字符本身表示。上例表示成

H	e	l	l	o	\0

在 C 语言中，没有专门的字符串变量，字符串常量如果需要存储在变量中，要用字符数组来解决。详细内容将在第 4 章中介绍。

【例 2.1】分析以下程序的执行结果。

```
/*文件名: lx2_1.cpp*/
#include <stdio.h>
#include <string.h>
main()
{
    char *cha="China\a\n\101\t\\";
    printf("%d\n",strlen(cha));
    printf("%s\n",cha);
}
```

【解】程序执行结果如下：

```
10
China
A      \
```

程序中"China\a\n\101\t\\"是一个字符串常量，由字符指针 cha 指向（有关字符指针的内容在第 6 章中介绍）。该字符串常量似乎有 17 个字符，实际只有 10 个字符，分别是 C、h、i、n、a、\a、\n、\101（对应字符'A'）、\t 和\，其中有 5 个转义字符。

字符常量 A（'A'）与字符串常量 A（"A"）的区别。

- 定界符不同：字符常量使用单引号，而字符串常量使用双引号。
- 长度不同：字符常量的长度固定为 1；而字符串常量的长度可以是 0，也可以是某个整数。
- 存储要求不同：前者是一个字符常量，在内存中只占一个字节的空间；而后者是一个字符串常量，由字符'A'和'\0'组成，在内存中占两个字节的空间。

2.4 变量

编写程序时，常常需要将数据存储在内存中，方便后面使用或者修改这个数据的值。因此，需要引入变量的概念。

2.4.1 变量的概念

在程序运行过程中，其值可以被改变的量称为变量。变量有以下 3 个要素。

- 变量名：每个变量都必须有一个名字，即变量名。变量的命名规则与用户自定义标识符的命名规则相同。
- 变量值：在程序运行过程中，变量值存储在内存中；不同类型的变量占用的内存单元（字节）数不同。在程序中，通过变量名来引用变量值。
- 变量的地址：变量在内存中存放其值的起始单元地址。

【例 2.2】编写一个程序，输出两个整数相加、相减和相乘的结果。

【解】程序如下：

```
/*文件名：lx2_2.cpp*/
#include <stdio.h>
main()
{
    int a,b;
    scanf("%d%d",&a,&b);
    printf("%d+%d=%d\n",a,b,a+b);
    printf("%d-%d=%d\n",a,b,a-b);
    printf("%d*%d=%d\n",a,b,a*b);
}
```

程序执行结果如下：

```
9 6↙
9+6=15
9-6=3
9*6=54
```

本程序中，a 和 b 定义成整型变量，用于接收用户输入的值。

2.4.2 变量的定义与初始化

在 C 语言中，变量在使用前必须先定义。在定义变量的同时，进行赋初值的操作称为变量初始化。

变量定义的格式如下：

```
[存储类型] 数据类型 变量名 1,变量名 2，……;
```

例如：

```
int i,j,k;            /*定义 i,j,k 为整型变量*/
long a,b;             /*定义 a,b 为长整型变量*/
float x,y,z;          /*定义 x,y,z 为实型变量*/
char ch1,ch2;         /*定义 ch1,ch2 为字符型变量*/
```

变量初始化的一般格式如下：

```
[存储类型] 数据类型 变量名 1[=初值 1],变量名 2[=初值 2],……;
```

例如：

```
float f1=66,f2,f3;
```

该语句定义了 f1、f2 和 f3 共 3 个实型变量，同时初始化了变量 f1。

2.5 运算符与表达式

前面介绍了各种数据类型，以及常量、变量的概念和定义，可以用代表一定运算功能的运算符将运算对象连接起来，并且以符合 C 语言中语法规则的一个说明运算过程的式子（即表达式），来完成对数据的处理。表达式中的操作数可以是常量、变量或子表达式。

2.5.1 C 语言运算符概述

C 语言中运算符和表达式种类很多，在高级语言中是少见的。正是丰富的运算符和表达式才使 C 语言功能十分完善，这也是 C 语言的主要特点之一。为了便于理解 C 语言运算符号，我们可以按功能和运算对象的个数来对运算符进行分类。

1. 运算符按照功能分类

（1）算术运算符　+　-　*　/　%　++　--
（2）关系运算符　>　>=　<　<=　==　!=
（3）逻辑运算符　!　&&　||
（4）位运算符　<<　>>　~　|　&　^
（5）赋值运算符　=　复合赋值运算符
（6）条件运算符　? :
（7）逗号运算符　,
（8）指针运算符　*　&
（9）求字节数运算符　sizeof
（10）强制类型转换运算符　(类型标识符)
（11）成员运算符　.　->
（12）下标运算符　[]
（13）其他　如函数调用运算符()

2. 运算符按照运算对象的个数分类

（1）单目运算符（仅对一个运算对象进行操作）

!、~、++、--、-（取负值）、(类型标识符)（用于类型转换）、*、&、sizeof

（2）双目运算符（连接两个运算对象）

+、-、*、/、%、<、<=、>、>=、==、!=、<<、>>、&、^、|

&&　||　=　复合赋值运算符

（3）三目运算符（连接 3 个运算对象）

?:

（4）其他

()、[]、.、->

3. 运算符的优先级及结合性

学习 C 语言的运算符，不仅要掌握各种运算符的功能以及各自可以连接的运算对象的个数，还要了解各种运算符彼此间的优先级及结合性。

- 优先级：当表达式中存在不同优先级的运算符参与操作时，优先级较高的先于优先级较低的进行运算。
- 结合性：当表达式中各种运算符优先级相同时，由运算符的结合性确定表达式的运算顺序。一类运算符的结合性为从左到右（占多数运算符），这是人们习惯的运算顺序；另一类运算符的结合性是从右到左，即单目运算符、三目运算符和赋值运算符。

例如：

表达式 x+y*z 的乘法优先级高于加法，所以该表达式先做 y*z 的运算，其结果再与 x 相加。

表达式 x-y+z 的加法、减法优先级相同，该表达式从左向右运算。

> **注意**　表达式仅仅是用运算符将运算对象连接起来，表示一个运算过程的式子，当其后加上分号时才构成 C 语言可以执行的表达式语句。例如，“w=x-y+c”仅为表达式，而“w=x-y+z;”为表达式语句。

2.5.2 算术运算符与算术表达式

1. 算术运算符

（1）单目运算符：-（取负）、+（取正）

单目运算符的优先级要比双目运算符高。

（2）双目运算符：+（相加）、-（相减）、*（相乘）、/（相除）、%（取余数）

这 5 个运算符中，*、/和%优先级相同且高于+、-，而在优先级相同的情况下，这 5 个运算符的结合性均是从左到右。

> **注意**　两个整数相除其结果为整数，即只取商的整数部分，不取小数部分。例如，5/2 的结果为 2，2/5 的结果为 0。%是取两整数相除后余数的运算符，只适用于整数的运算。例如，5%2 的结果为 1，2%5 的结果为 2。

2. 自增与自减运算符

C 语言提供了特有的自增++、自减--运算符，自增或自减运算符只能用于简单变量，常量和表达式是不能做这两种运算的。其同时完成的功能有两个：一是取由该运算符构成的表达式的值；二是实现简单变量（即运算对象）自身的加 1 或减 1 运算。

++、--运算符作用于简单变量有两种方式：一种是前缀方式，即运算符在简单变量的前面，如++n 或--n；另一种是后缀方式，即运算符在简单变量的后面，如 n++或 n--。因此，可以由自增和自减运算构成以下 4 种运算。设 n 为基本数据类型的变量，则：

```
n++      表示先取 n 的值，再使 n+1→n。
++n      表示先使 n+1→n，再取 n 的值。
n--      表示先取 n 的值，再使 n-1→n。
--n      表示先使 n-1→n，再取 n 的值。
```

> **注意**　当 n 为基本数据类型的变量时，++或--表示对 n 增 1 或减 1，但是当 n 为指针类型或数组下标变量时，其增 1、减 1 的概念与此处单纯的增 1、减 1 是不一样的，注意后续章节该概念的不同之处。
>
> 虽然对于基本数据类型的变量进行++、--运算完全可用 n=n±1 完成，但是使用++、--运算可以提高程序的执行效率。这是因为++、--运算只需要一条机器指令就可以完成，而 n=n±1 则要对应 3 条机器指令。
>
> 自增、自减运算符的运算对象只能是简单变量，不能是常量或是带有运算符的算式。例如，123++、(x+y)++是错误的。

【例 2.3】分析以下程序的执行结果。

```
/*文件名：lx2_3.cpp*/
#include <stdio.h>
main()
{
    int  x,y,a,b,c;
         x=3;
        a=x++;
        b=x++;
        c=x++;
        y=a+b+c;
        printf("\nx=%d,d=%d",x,y);
}
```

【解】程序执行结果如下：

```
x=6, y=12
```

【例 2.4】分析以下程序的执行结果。

```
/*文件名：lx2_4.cpp*/
#include <stdio.h>
main()
{
    int m,n,p,q;
    m=7;n=7;
    m=m++;
    n=++n;
    printf("m=%d,n=%d\n",m,n);
    p=m++;
    q=++n;
    printf("p=%d,q=%d\n",p,q);
}
```

【解】程序执行结果如下：

```
m=8,n=8
p=8,q=9
```

从结果中可知：第 1 次 m 的运算是后缀运算，n 的运算是前缀运算，其值都相同等于 8，因为 m 和 n 都是单独使用；第 2 次 m 的运算仍是后缀运算，n 的运算仍是前缀运算，但 p 和 q 的值不相同。

单独使用时，例如，m++或++n 的效果虽然是一样的，但为了一致，一般使用前一种表示方法。

3. 算术表达式

用括号、算术运算符和运算对象（也称操作数）连接起来的符合 C 语法规则的式子称为算术表达式。例如，(x+r)*8-(a+b) / 7 是一个合法的 C 语言算术表达式。该表达式的求值是先进行括号内的加、减运算，再将括号内的结果做乘法和除法运算。

2.5.3 表达式中数据间的混合运算与类型转换

在表达式所表述的运算过程中，运算符所处理的数据不可能都是同一类型。

【例 2.5】分析以下程序中的错误。

```
/*文件名: lx2_5.cpp*/
#include <stdio.h>
main()
{
    char a='B';int b=4,f=6;float c=1.8,d=7.2;double e=1.2;
    printf("%d\n",(a+b*c-d/e)%f);
}
```

【解】程序出现以下编译错误：

```
g:\programfiles\visualstudio6.0\myprojects\exam\chapter2\exam2_5\exam2_5
.cpp(5) : error C2296: '%' : illegal, left operand has type 'double'
```

因为程序中的 printf 语句要输出“(a+b*c-d/e)%f”表达式的值，是一个存在不同类型运算的 C 语言表达式，所以出现上述错误。从 C 语言关于不同数据类型混合运算的规定可以判断这个表达式是否正确。

C 语言规定，相同类型的数据可以直接进行运算，其运算结果还是原数据类型；而不同类型的数据运算，需要先将数据转换成同一类型，然后才可以进行运算。表达式中数据类型的转换可以分为两种形式：一种是数据类型的隐含转换；另一种是数据类型的强制转换。

1. 数据类型的隐含转换

一般来讲，对于由算术运算符、关系运算符、逻辑运算符和位操作运算符组成的表达式，要求这些双目运算符所连接的两个运算对象的类型一致。如果不一致，为了保证运算的精度，系统会将类型低的运算对象类型转换为类型高的运算对象类型，即系统把占用存储空间少的类型向占用存储空间多的类型转换。

各种数据类型的高低顺序如图 2.2 所示。这种由 C 语言系统自动完成的数据类型转换称为数据类型的隐含转换。

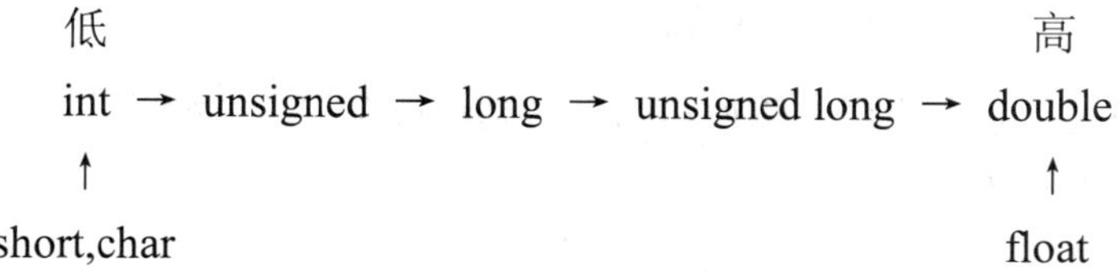

图 2.2　各种数据类型的高低顺序

在不同数据类型转换的过程中，其类型转换的顺序不是按箭头方向一步一步地进行，而是可以没有中间的某个类型。例如，一个 int 型数据与一个 float 型数据相运算，系统先将 int 型数据和 float 型数据自动地转换为 double 型数据，然后进行运算。

在表达式中若有不同类型的数据进行运算，什么时候需要进行类型转换主要取决于运算符的优先级以及运算符的结合性。

对于例 2.5，其中表达式(a+b*c-d/e)%f 的计算及数据类型转换的顺序如下。

（1）进行括号内的运算。b*c（b 和 c 由原来的 int 和 float 型均转换为 double 型，其运算结果为 double 型值 7.2）→a+(b*c)（a 由 char 型转换为 double 型值 66.0，再与 b*c 的结果相加，运算结果为 double 型值 73.2）→d/e（d 由 float 型转换为 double 型与 e 运算，结果为 double 型值 6.0）→(a+b*c-d/e)（该表达式的两个运算对象均为 double 型，所以结果也为 double 型值 67.2）。

（2）将(a+b*c-d/e)运算结果与 int 型的 f 进行求余（%）运算。但是，求余运算符只能在两个整型量之间进行，而(a+b*c-d/e)的结果是 double 型值，所以例 2.5 程序出现了编译错误，其错误为，程序第 5 行中运算符“%”左边的运算对象为 double 型值。

注意 在计算表达式时，数据类型的各种转换只影响表达式的运算结果，并不改变原变量的定义类型。

2. 数据类型的强制转换

采用一定的方式将某种数据类型强制地转换为指定的数据类型即为数据类型的强制转换。这种转换分为显式强制转换和隐式强制转换两种。

（1）显式强制转换。通过在数值、变量或表达式前加上带括号的类型标识符来实现，其一般形式为

```
(类型标识符)(表达式)
```

为了解决例 2.5 程序的错误，需要将 printf 语句输出的表达式改为

```
(int)(a+b*c-d/e)%f
```

这样，将(a+b*c-d/e)的运果结果 67.2 强制转换成 int 型值 67，才可以与 f 进行求余(%)运算，最后的计算结果为 1。

强制类型转换形式中的表达式要用括号括起来，否则只对紧随强制转换运算符的量进行类型转换。对单一数值或变量进行强制转换时，可以不用括号。例如：

```
(int)(x+y)          /*将 x+y 的值转换成整型*/
(int)x+y            /*将 x 转换成整型再与 y 相加*/
```

强制类型转换是一种不安全的转换，因为强制转换在将高类型转换为低类型时有可能造成数据精度的损失。例如：

```
double f=2.23;
int n;
n=(int)f;
```

这里由于将 double 型的 f 强制转换为 int 型，使 n 的值为 2，f 的小数部分被舍弃，损失了数值精度。

强制类型转换的结果是一个指定类型的中间值，而原来变量的类型未被改变。例如，(int)f，其结果是得到一个整型量 1，而 f 的原 double 型并未改变，f 内的值也未改变。

（2）隐式强制转换。有两种完成形式：一种是运用赋值运算符，另一种是在函数有返回值时总是将 return 后面的表达式值强制转换为函数的类型（当两者类型不一致时）。

【例 2.6】分析如下程序的结果。

```
/*文件名：lx2_6.cpp*/
#include <stdio.h>
void main()
{
  float PI=3.1415;
  int s,r=8;
  s=r*r*PI;
  printf("s=%d\n",s);
}
```

本例程序中，PI 为实型，s、r 为整型。在执行 s=r*r*PI 语句时，r 和 PI 都转换成 double 型计算，结果也为 double 型。但由于 s 为整型，因此赋值结果仍为整型，舍去了小数部分，结果为 s=201。

2.5.4 赋值运算符与赋值表达式

1. 赋值运算符与赋值表达式

- 赋值运算符：赋值符号“=”就是赋值运算符，是一个双目运算符，其结合性是从右至左。赋值运算符的左边部分称为左值，左值只能是一个变量；赋值运算符的右边部分称为右值，右值可以是一个表达式。
- 赋值表达式：由“=”连接的式子称为赋值表达式。其功能是将赋值号右边表达式的结果送到左边的变量中保存。例如：

```
x=a+b;
b=2*c+9;
```

由于赋值运算的右结合性，因此，赋值表达式须先计算赋值运算符右边表达式的值，然后赋值给左值。例如：

```
12=a;
123+m=678;
```

均是不合法的赋值语句。

2. 类型转换

运用赋值运算符构成的赋值表达式，在赋值运算符右值赋给左值的同时也完成了隐式强制类型转换的功能，即当左值（赋值运算符左边的变量值）和右值（赋值运算符右边的表达式值）的类型不同时，一律将右值类型强制转换为左值的类型。例如：

```
int b='B';
int c=3.1415;
```

表达式 b='B'中，先将右值'B'强制转换为 int 型值 66，然后赋给左值 b 保存；执行 c=3.141 5 时，将右值 3.141 5 强制转换成整型量 3 存入 c 中。

3. 复合赋值运算符和复合赋值表达式

- 复合赋值运算符：在简单赋值运算符“=”的前面加上一个双目运算符（算术运算

符或位运算符）后就构成了复合赋值运算符，包括+=（加赋值）、-=（减赋值）、*=（乘赋值）、/=（除赋值）、%=（求余赋值）、&=（按位与赋值）、|=（按位或赋值）、^=（按位异或赋值）、<<=（左移位赋值）、>>=（右移位赋值）。

- 复合赋值表达式：由复合赋值运算符组成的表达式。格式为：

```
变量 运算符= 表达式;
```

等价于

```
变量=变量 运算符 表达式;
```

例如，“a=a+b;”可以写成“a+=b;”，而“a=a*(b+c);”可以写成“a*=b+c;”。

【例 2.7】分析以下程序的执行结果。

```
/*文件名: lx2_7.cpp*/
#include <stdio.h>
void main()
{
    int x=2;
    x+=x-=x*x;
    printf("x=%d\n", x);
}
```

【解】程序执行结果如下：

```
x=-4
```

对于“x+=x-=x*x;”语句，先执行 x-=x*x，即 x=x-x*x=-2，再执行 x+=-2，即 x=x-2=-2-2=-4。所以输出结果为 x=-4。

2.5.5 关系运算符与关系表达式

1. 关系运算符

关系运算符用来测试两个操作数之间的关系。C 语言中的关系运算符均为双目运算符，包括>（大于）、<（小于）、>=（大于等于）、<=（小于等于）、==（等于）、!=（不等于），其中前 4 个的优先级相同且高于后两个的优先级（后两个的优先级相同）。关系运算符主要用在条件语句中，其结果为逻辑值（或称为布尔值）。如果比较后关系式成立，则称之为“真”（结果为非 0）；如果比较后关系式不成立，则称之为“假”（结果为 0）。

2. 关系表达式

关系表达式就是用关系运算符将两个任意类型的表达式连接起来的符合 C 语言语法规则的式子，其结果为逻辑值。如果比较后关系式成立，则称之为“真”（结果为非 0）；如果比较后关系式不成立，则称之为“假”（结果为 0）。

【例 2.8】分析以下程序的执行结果。

```
/*文件名: lx2_8.cpp*/
#include<stdio.h>
void main()
```

```
{
    int  a=123,b=234,c=345,d=456;
    int  t1,t2,t3;
    t1=a>b;
    t2=c!=d;
    t3=a==c-d;
    printf("t1=%d,t2=%d,t3=%d\n",t1,t2,t3);
}
```

运行结果如下：

```
t1=0,t2=1,t3=0
```

注意 “= =”和“=”是两种完全不同的运算符，前者为关系运算符中的相等运算符，后者为赋值运算符。

2.5.6 逻辑运算符与逻辑表达式

1．逻辑运算符

C 语言中的逻辑运算符有与、或、非 3 个，如表 2.3 所示。

表 2.3 C 语言中的逻辑运算符

运算符	含义	表达式举例
&&	逻辑与	(a>b)&&(i<1)
||	逻辑或	(a==1)||(b>0)
!	逻辑非	!(x>y)

逻辑运算符用于对几个关系运算表达式的运算结果进行组合，做出综合的判断。逻辑运算的结果以非 0 为“真”、0 为“假”。如果 A 代表一个关系表达式的运算结果，B 代表另一个关系表达式的运算结果，则 A 和 B 的各种逻辑运算的真值关系如表 2.4 所示。

表 2.4 逻辑运算真值表

A	B	A&&B	A||B	!A	!B
真	真	真	真	假	假
真	假	假	真	假	真
假	真	假	真	真	假
假	假	假	假	真	真

对于与运算，全真为真，有假为假；对于或运算，有真为真，全假为假。

2．逻辑表达式

由逻辑运算符连接运算对象所构成的符合 C 语言语法规则的式子称为逻辑表达式。由于 C 语言中并没有逻辑类型的数据，只是用非 0 表示“真”，用 0 表示“假”，所以逻辑表达式中的操作对象可以是任意合法的表达式或常量。

【例 2.9】体会下列各逻辑运算符的运用。

① (a=33)&&(-66)：&&连接了一个算术表达式和一个逻辑常量-66（-66 为逻辑真）。
② !25：!连接了一个逻辑常量 25，25 代表逻辑真。
③ 38||0：||连接了两个逻辑常量 38 和 0，前者为逻辑真，后者为逻辑假。

说明

① 对于逻辑与运算，如果第一个操作对象被判定为“假”，系统将不再判定或求解第二个操作对象。
② 对于逻辑或运算，如果第一个操作对象被判定为“真”，系统将不再判定或求解第二个操作对象。
③ 可以用多个逻辑运算符组合成更为复杂的组合关系表达式，如 x>2&&y>3&&z> 9&&k>8 和 (a>=11&&b>22)||c= =0。
④ 在数学上形式为 10≤X≤20 的式子，在 C 语言中不可以写成 10<=X<=20，而只能写成 10<=X && X<=20，其余类似。

【例 2.10】理解下列各逻辑运算表达式。

① x&&y&&z：如果 x 为 0，则不论 y、z 的取值如何，结果均为 0；如果 x 不为 0，而 y 为 0，则不论 z 的取值如何，结果均为 0。

② x||y||z：如果 x 为非 0，则不论 y、z 的取值如何，结果均为 1；只有 x 为 0，才去判断 y；只有 x、y 均为 0，才去判断 z。

2.5.7 条件运算符与条件表达式

条件运算符的一般格式如下：

表达式 1 ？表达式 2 ：表达式 3

条件运算符的运算规则是：如果“表达式 1”的值为非 0（即逻辑真），则运算结果等于“表达式 2”的值；否则，运算结果等于“表达式 3”的值，如图 2.3 所示。

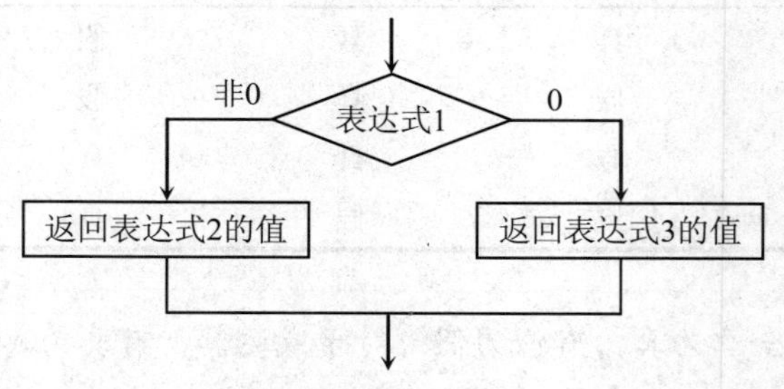

图 2.3 条件运算符的运算规则

条件运算符的优先级高于赋值运算符，但低于关系运算符和算术运算符。其结合性为“从右到左”（即右结合性）。

【例 2.11】编写一个程序，输出用户输入的整数，并指出是奇数还是偶数。

【解】使用条件表达式求解，程序如下：

```
/*文件名：lx2_11.cpp*/
#include <stdio.h>
main()
{
    int x;
    scanf("%d",&x);
    printf("%d是一个%s\n",x,(x%2==0 ? "偶数" : "奇数"));
}
```

【例 2.12】分析以下程序的执行结果。

```
/*文件名：lx2_12.cpp*/
#include <stdio.h>
void main()
{
    int a, b, c, d;
    c=(a=1)?(b=1,b+=a+5):(a=7,b=3);
    d=b*'a'/4;
    printf("%d%d%d%d\n", a, b, c, d);
}
```

【解】程序执行结果如下：

```
177169
```

对于语句“c=(a=1)?(b=1,b+=a+5):(a=7,b=3);”，先给 a 赋值 1 并返回真，执行（b=1，b+=a+5），是从左向右执行的，b=1，b=b+a+5=7，并返回 7，从而 c=7。d=7*97/4=169，所以输出结果为 177169。

> 注意：选择结构的 if 语句（第 3 章介绍）可以完全实现条件运算符的功能，但使用条件运算符在某些简单情况下可以使程序更加简洁。

2.5.8 逗号运算符与逗号表达式

逗号运算符的一般格式如下：

```
表达式1，表达式2,……，表达式n
```

逗号表达式由逗号运算符连接表达式构成，其结果与最后一个表达式的值相同，可以是任何类型。

例如，若有“int a=2；float b=3.6;”，则 2*a,3*b 的结果是 10.8（返回第二个表达式 3*b 的值）。

2.6 上机实训 2：熟悉数据类型和变量

实训内容

编辑如下程序，编译通过后，运行该程序，并对程序执行结果进行分析。【本实训指导见附录 D】

```
#include <stdio.h>
main()
{
    int i;
    float x;
    x=3.8;
    i=(int)x
    printf("x=%f,i=%d",x,i);

}
```

2.7 小结

（1）在 C 程序中使用的变量名、函数名、标号等统称为标识符。构成规则为，标识符只能是由字母（A～Z，a～z）、数字（0～9）、下划线（_）组成的字符串，并且其第一个字符必须是字母或下划线。同时应注意标识符是大小写敏感的，即 abc 和 Abc 是不同的标识符。

（2）在 C 语言中，数据类型可以分为基本类型、构造类型、指针类型、空类型四大类。其中，基本类型包括整型（int）、单精度型（float）、双精度型（double）、字符型（char）和枚举型（enum）5 种。构造类型又分为数组类型、结构体类型（struct）、共用体类型（union）3 种。

（3）在程序执行过程中，其值不发生改变的量称为常量。常量分为整型常量、实型常量、符号常量和字符型常量 4 种。常量的类型可以通过书写形式来判断，例如，6.5 是实型常量，而 6 是整型常量。

- 整型常量：有 3 种表示形式，即十进制、八进制（以数字 0 为前缀）和十六进制（以 0x 或 0X 为前缀）。整型常量中的长整型数据可以用 L（或小写字母 l）作后缀表示；整型常量中的无符号型数据可以用 U（或小写字母 u）作后缀表示。
- 实型常量：只能以十进制表示，分为十进制小数形式和指数形式（或称科学表示法）两种表示方式。
- 符号常量：在 C 语言中，可以用一个标识符来表示一个常量，称之为符号常量。其一般形式为

  ```
  #define 标识符 常量
  ```

  其中，#define 也是一条预处理命令（预处理命令都以"#"开头），称为宏定义命令（在后面预处理程序中将进一步介绍），其功能是把该标识符定义为其后的常量值。

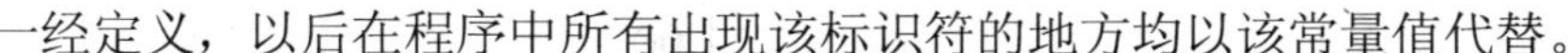

一经定义，以后在程序中所有出现该标识符的地方均以该常量值代替。

- 字符型常量：包含字符常量和字符串常量两类。字符常量是用一对单引号括起来的单个字符。还有一种特殊形式的转义字符常量，是以反斜杠符（\）开头，后面跟字符的字符序列。字符串常量是用一对双引号括起来的零个或多个字符的序列。

（4）在程序运行过程中其值可以被改变的量称为变量。变量由变量名和变量值两个要素组成。在程序中，通过变量名来引用变量的值。C 语言要求对所有用到的变量必须先定义、后使用。变量初始化是指在定义变量的同时进行赋初值的操作。

① 变量定义的一般格式：

```
[存储类型] 数据类型 变量名1, 变量名2, ……;
```

② 变量初始化的一般格式：

```
[存储类型] 数据类型 变量名1[=初值1], 变量名2[=初值2], ……;
```

（5）C 语言提供了丰富的运算符，归纳起来有算术运算符、关系运算符、逻辑运算符、位运算符、赋值运算符、条件运算符、逗号运算符、指针运算符、求字节数运算符、强制类型转换运算符、分量运算符、下标运算符和其他运算符等。

表达式是指用运算符和括号将运算对象（常量、变量和函数等）连接起来的，符合 C 语言语法规则的式子。

如果某表达式中的运算符都是算术运算符，则称该表达式为算术表达式；如果是赋值运算符，则称为赋值表达式；如果是逗号运算符，则称为逗号表达式。

（6）C 语言规定了所有运算符的优先级和结合性。所谓结合性，是指当一个运算对象两侧的运算符具有相同的优先级时，该运算对象是先与左边的运算符结合，还是先与右边的运算符结合。

结合性是 C 语言的独有概念。除单目运算符、条件运算符和赋值运算符是右结合性外，其他运算符都是左结合性。

（7）在进行混合运算时，如果一个运算符两侧的运算对象的数据类型不同，系统则按“先转换、后运算”的原则，首先将数据自动转换成同一类型，然后在同一类型数据间进行运算。

除自动转换外，C 语言也允许用户根据需要进行强制转换。数据类型强制转换的一般格式如下：

```
(类型标识符)(表达式)
```

2.8 课后习题

2.8.1 单项选择题

（1）以下选项中不合法的标识符是______。

A. abc.c　　B. file　　C. Main　　D. PRINTF

（2）以下选项中正确的整型常量是______。

A. 12.　　B. −20　　C.1,000　　D. 4 5 6

（3）以下选项中正确的实型常量是______。

A. 0　　B. 3. 1415　　C. $0.329×10^3$　　D. .871

（4）若变量已正确定义并赋值，符合 C 语言语法的表达式是______。

A. a=a+7;　　B. a=7+b+c,a++;　　C. int（12.3%4）;　D. a=a+7=c+b;

（5）以下叙述中正确的是______。

A. a 是实型变量，C 语言允许进行赋值 a=10，因此可以说实型变量中允许存放整型值

B. 在赋值表达式中，赋值号右边既可以是变量也可以是任意表达式

C. 执行表达式 a=b 后，在内存中 a 和 b 存储单元中的原有值都将被改变，a 的值已由原值改变为 b 的值，b 的值由原值变为 0

D. 已有 a=3,b=5。当执行了表达式 a=b,b=a 之后，则 a 中的值为 5，b 中的值为 3

2.8.2 填空题

（1）若 x 为 double 型变量，执行运算“x=3.2，++x”后表达式的值为________，变量 x 的值为________。

（2）C 语言中的标识符可以分为________、________和预定义标识符 3 类。

（3）表达式 3.5+1/2 的计算结果是________。

（4）在 C 语言中整数可以用________进制数、________进制数和________进制数 3 种数制表示。

第 3 章

C 程序结构及控制语句

本章在详细阐述 C 语言表达式语句、函数调用语句、控制语句、空语句以及复合语句五大类语句的语法要求和功能的基础上，通过大量实例，讲述顺序、选择和循环三种控制结构及其语句的使用方法和技巧。

学习目标：掌握顺序、选择和循环三种控制结构及语句的使用方法和技巧，通过本章学习，能设计和实现含有简单判断和循环结构的 C 程序。

本章知识点

- C 程序的 3 种基本控制结构
- 顺序结构
- 选择结构
- 循环结构
- 跳转语句

C Programming

3.1 C 程序的 3 种基本控制结构

C 程序的 3 种基本控制结构为顺序结构、选择结构和循环结构。研究表明，这 3 种基本结构可以组成所有的各种复杂程序。

1. 顺序结构

顺序结构中的各部分按书写顺序执行，如图 3.1 所示。

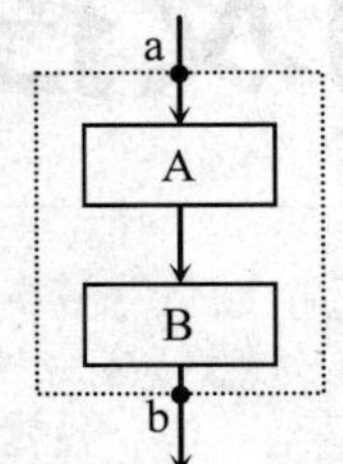

图 3.1　顺序结构

2. 选择结构

选择结构也称为分支结构，如图 3.2 所示。图 3.2（a）的执行流程根据判断条件 c 的成立与否，选择执行其中的一路分支。在图 3.2（b）所示的选择结构中，当 c 条件成立时，执行 A 操作，然后脱离选择结构；如果 c 条件不成立，则直接脱离选择结构。

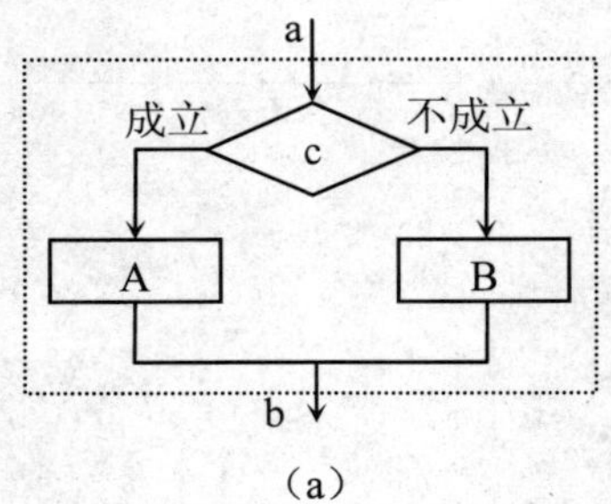

（a）

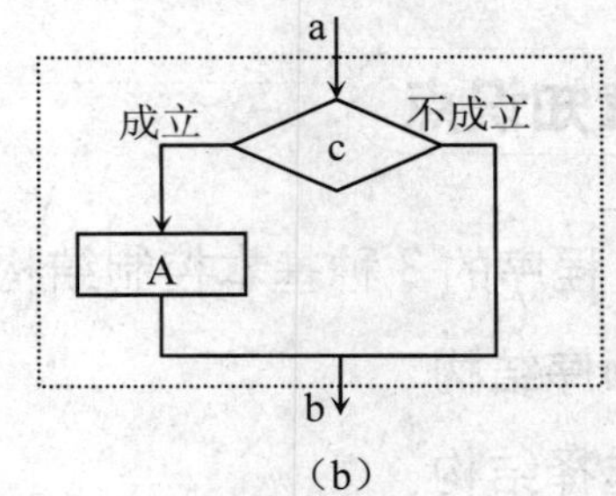

（b）

图 3.2　选择结构

3. 循环结构

循环结构有两种形式，即当型循环和直到型循环。如图 3.3 所示。

- 当型循环：如图 3.3（a）所示，首先判断条件 c 是否成立，若成立，则执行 A 操作，然后再判断条件 c 是否成立，若成立，再执行 A 操作，如此反复进行，直至某次判断 c 条件不再成立，就不再执行 A 操作而脱离循环结构。
- 直到型循环：如图 3.3（b）所示，首先执行 A 操作，然后判断条件 c 是否成立，如果不成立再执行 A 操作，再判断条件 c 是否成立，如果不成立再执行 A 操作，如此反复直到条件 c 成立，结束循环。

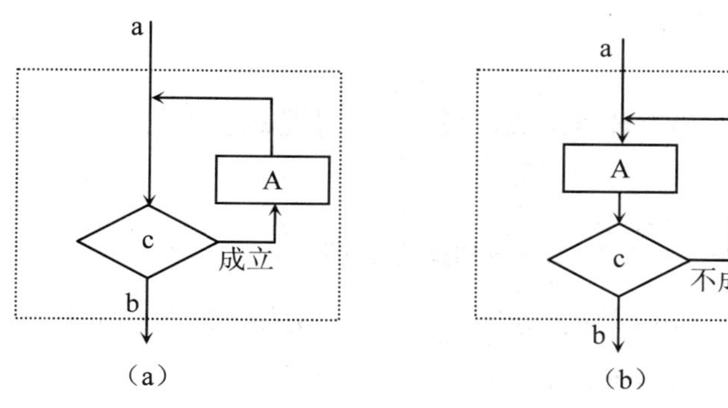

图 3.3　循环结构

编写 C 程序时，应注意以下两点。

- 3 种基本控制结构有一个共同的特点，即只有一个入口且只有一个出口。
- 3 种基本结构中的 A、B 操作是广义的，可以是一个操作，也可以是另一个基本结构或几种基本结构的组合。

3.2 顺序结构

顺序结构是 C 程序默认的执行顺序，也是最简单的程序结构，是构成复杂程序的基础。只包含顺序结构的程序会按照语句的书写顺序执行。本节先介绍各种顺序执行语句，然后讨论格式化输出函数 printf()、格式化输入函数 scanf()和单个字符的输入/输出函数。

3.2.1 C 程序语句

一个 C 程序是由若干语句组成的，每个语句以分号作为结束符。C 语言的语句可以分为 5 类，即控制语句、表达式语句、函数调用语句、空语句和复合语句。其中，除了控制语句外，其余 4 类都属于顺序执行语句，下面分别介绍。

1. 控制语句

控制语句用于控制程序流程，实现程序执行流程的转移。包括以下 9 种语句。

if()…else…	（条件语句）
switch	（多分支选择语句）
for()…	（循环语句）
do…while()	（循环语句）
while()	（循环语句）
break	（终止执行 switch 或循环语句）
continue	（结束本次循环语句）
goto	（无条件转向语句）
return	（从函数返回语句）

上述语句中的“()”表示其中是一个判定条件，“…”表示内嵌的语句。

2. 表达式语句

表达式语句由表达式加上分号组成，最常见的就是赋值语句，是由一个赋值表达式后面跟一个分号组成。例如：

```
n=8;        /*将 8 赋值给变量 n*/
x=5*x;      /*将变量 x 的值乘以 5 的结果赋给变量 x*/
```

事实上，任何表达式都可以加上分号成为语句，例如，经常在程序中出现如下的语句：

```
i++;        /*使 i 变量的值加 1*/
```

需要注意的是，有些写法虽然是合法的，但是没有保留计算结果，因而没有实际的意义。例如：

```
b-3;
i++-6;
```

3. 函数调用语句

由函数调用加上分号组成，例如：

```
printf("Hello");                /*调用库函数，输出字符串*/
```

函数是一段程序，这段程序可能存在于函数库中，也可能是由用户自己定义的，当调用函数时会转到该段程序执行。但函数调用语句与前后语句之间的关系是顺序执行的。

4. 空语句

只有分号组成的语句称为空语句。在程序中，如果没有什么操作需要进行，但从语句的结构上来说必须有一个语句时，可以书写一个空语句。

5. 复合语句

把多个语句用大括号括起来组成的一个语句称为复合语句。例如：

```
{
    a=3+9;
    b=15;
    c=sqrt(a*a+b*b);
}
```

复合语句内的各条语句都必须以分号结尾，在大括号外不能加分号。

3.2.2 输入输出函数

输入是指通过输入设备（如键盘、磁盘、光盘、扫描仪等）向计算机输入数据；输出是指通过计算机向外部输出设备（如显示器、打印机、磁盘、绘图仪等）输出数据。在 C 程序中，输入和输出操作是由输入输出函数来实现的。输入输出函数定义在标准 I/O 函数库中，相关的头文件为“stdio.h”。C 语言标准库中有一大批输入输出函数，其中与文件相关的输入输出函数将在第 10 章中详细介绍。本小节主要介绍字符输入输出函数 getchar、 putchar 及格式化输入输出函数 scanf、printf。

1．字符输出函数

函数原型： putchar(c)
功能： 向终端输出一个字符。

【例 3.1】 体会字符输出函数的功能。

```
/*文件名：lx3_1.cpp*/
#include<stdio.h>
main()
{
  char a='B',b='o',c='k';
  putchar(a);putchar(b);putchar(b);putchar(c);
  putchar('\n');
}
```

2. 字符输入函数

函数原型： getchar()
功能： 从键盘输入中得到一个字符。

【例 3.2】 体会字符输入函数的功能。

```
/*文件名：lx3_2.cpp*/
#include<stdio.h>
main()
{
  char a;
  printf("input a character\n");
  a=getchar();
  putchar(a);
  putchar('\n');
}
```

3．格式化输出函数

函数原型： printf("格式字符串"，输出项表)
功能： 产生格式化输出。

① 格式字符串用于说明输出的数据类型及格式。例如，“printf("a=%d, b=%f", a, b);”中的"a=%d, b=%f"，由格式说明符和普通字符两部分组成，其中格式说明符由%和格式字符组成；格式字符（如"a=%d, b=%f "中的 d、f）将决定输出项表中的各输出项的具体输出格式；普通字符是将按原样输出的字符（如"a=%d, b=%f"中的“a=”、“,”、“b=”均为普通字符）。

② 输出项表是与格式控制中说明的控制格式相对应的要输出的数据表（如“printf("a=%d, b=%f", a, b);”中的“a, b”）。输出项可以是常量、变量、表达式；当有多个输出项时，各项之间用逗号分隔。

③ 原则上，输出项表中变量的个数与类型应与格式说明中指定的数据的个数和类型一致，且从左到右一一对应。若类型不一致，则以格式控制中指定的格式为准（若个数不一致，可能出现意料不到的结果）。

printf 函数格式字符规定了对应输出项的输出格式，常用 printf 函数格式字符如表 3.1 所示。

表 3.1 printf 函数格式字符

格式字符	意义
d,i	按带符号十进制整数输出（正数不输出符号）
u	按无符号十进制整数输出
o	按无符号八进制整数输出（不输出前导符 o）
x, X	按无符号十六进制整数输出（不输出前导符 ox）
c	按字符型输出，只输出一个字符
s	按字符串输出
f	按浮点型小数输出，隐含输出 6 位小数
e, E	按科学计数法输出，数字部分的小数部分为 6 位
g, G	按 e 和 f 格式中较短的一种输出

printf 函数格式控制中的格式说明符在%和格式字符间还可以插入修饰符，用于确定数据输出的宽度、精度、小数位数、对齐方式等，能够更规范整齐地输出，当没有修饰符时，以上各项按系统默认设定输出。常用的修饰符如表 3.2 所示（其中 w、n 均代表一个正整数）。

表 3.2 printf 函数修饰符

修饰符	意义
0w	w 为输出宽度，不足 w 时，左补空格，如% 05d
-w	w 为输出宽度，不足 w 时，右补空格，如% -5d
+ w	w 为输出宽度，不足 w 时，左补空格，如% +5d
#	使八进制、十六进制输出带前导符：o、ox 或 oX。如%#o、%#x
w,n	w 为输出宽度，n 为小数位数或输出的字符个数。不够规定宽度，左补空格，超过规定宽度，按实际长度输出。如%6.2f、%4.9s
l	可加在格式字符 d、u、o、x 前面作前缀，输出 long 或 double 型时使用，如%ld

【例 3.3】体会 printf 函数的功能。

```
/*文件名：lx3_3.cpp*/
#include "stdio.h"
#include<stdio.h>
main()
{ int x=45,y=54;
  printf("%d %d\n",x,y);
  printf("%d,%d\n",x,y);
  printf("%c,%c\n",x,y);
  printf("a=%d,b=%d",x,y);
}
```

4．格式化输入函数

函数原型：scanf("格式字符串"，输入项地址表)
功能：执行格式化输入。

① 格式字符串的含义同 printf 函数。
② 输入项地址表由一个或多个变量地址组成，当变量地址有多个时，各变量地址之间用逗号“,”分隔。scanf 函数的输入表列只能采用“地址表列”，而不能采用“变量表列”的形式。例如，“scanf("%d%d%d", x, y, z)”是错误的。地址运算符是“&”，作用于变量，例如，&a 是指变量 a 在内存中的地址，其地址在变量定义时由编译程序确定。

scanf 函数格式字符规定了输入项中的变量以何种类型的数据格式被输入，常用 scanf 函数格式字符及意义如表 3.3 所示。

表 3.3　scanf 函数格式字符

格式字符	意义
d,i	输入有符号的十进制整数
u	输入无符号的十进制整数
o	输入无符号的八进制整数
x, X	输入无符号的十六进制整数
c	输入一个字符
s	输入一个字符串，输入的字符串的头、尾和中间都不能有空格
f	输入一个小数形式的浮点数，可以用小数或指数形式输入
e, E	输入一个指数形式的浮点数，可以用小数或指数形式输入

与 printf 函数格式控制类似，scanf 函数格式控制也可以插入修饰符。scanf 函数常用的修饰符如表 3.4 所示（其中 w 代表一个正整数）。

表 3.4　scanf 函数修饰符

修饰符	意义
l	输入 long 型（%ld，%lo，%lx，%lu）和 double 型（%lf，%le）数据
h	输入 short 型（%hd，%ho，%hx，%hu）数据
w	指定输入数据的宽度（正整数）
*	本项输入不赋给变量，即跳过

【例 3.4】体会格式输入输出函数的功能。

```
/*文件名：lx3_4.cpp*/
#include<stdio.h>
main()
{
  char x,y;
```

```
  printf("input character x,y\n");
  scanf("%c%c",&x,&y);
  printf("%c%c\n",x,y);
}
```

3.3 选择结构

在解决实际问题时，有时需要根据给定的条件来做出决定，选择结构程序可以根据所给定的条件是否满足，来决定从给定的两个或多个分支中，选择其中的一个分支来执行。C 语言中有两种选择结构语句：if 语句和 switch 语句。本节讨论这两种语句的使用格式等相关内容。

3.3.1 if 语句

if 语句根据给定的条件进行判断，以决定执行某个分支程序段。if 语句有 3 种使用形式。

1. 单分支 if 语句

单分支 if 语句的语法格式如下：

```
if （表达式） 语句;
```

其语义是，如果表达式的值为真，则执行其后的语句，否则不执行该语句。如图 3.4 所示。

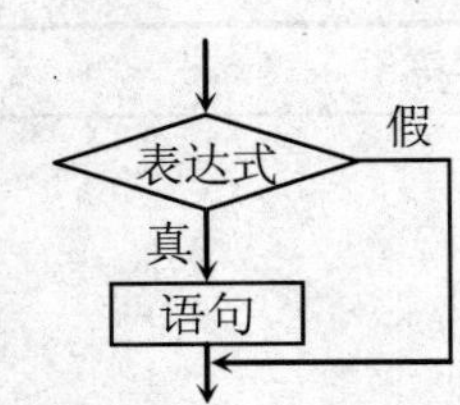

图 3.4 单分支 if 语句执行过程

【例 3.5】输入 3 个整数 x、y、z，把这 3 个数由小到大输出。

```
/*文件名：lx3_5.cpp*/
#include <stdio.h>
main()
{
    int x,y,z,t;
    scanf("%d%d%d",&x,&y,&z);
    if (x>y)
    {t=x;x=y;y=t;}                        /*交换 x,y 的值*/
    if(x>z)
    {t=z;z=x;x=t;}                        /*交换 x,z 的值*/
    if(y>z)
    {t=y;y=z;z=t;}                        /*交换 z,y 的值*/
    printf("small to big: %d %d %d\n",x,y,z);
}
```

2. 双分支 if 语句

双分支 if 语句的格式如下：

```
if(表达式)语句 1;
else 语句 2;
```

其语义是，如果表达式的值为真，则执行语句 1，否则执行语句 2。如图 3.5 所示。

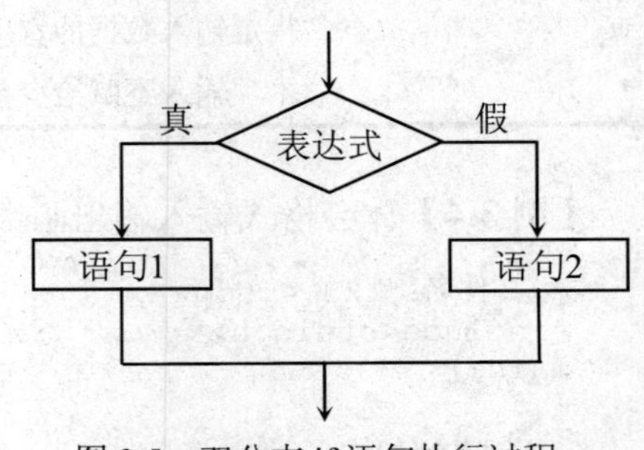

图 3.5 双分支 if 语句执行过程

在双分支 if 语句中，else 前面有一个分号，整个语句结束处有一个分号。例如：

```
if (x>y)
    printf("%d\n",x);
else
    printf("%d\n",y);
```

应注意的是，上例的语句都属于同一个 if 语句。else 子句不能作为语句单独使用，必须与 if 配对使用。

在 if 和 else 后面可以只含一个内嵌的操作语句（如上例），也可以有多个操作语句，此时用“{ }”将几个语句括起来成为一个复合语句。例如：

```
if (n=0)
{
    printf("Not employee record!");
    getchar();
}
```

其中，在第 5 行的“}”外面不加分号。因为 {} 内是一个完整的复合语句，不需另附加分号。

if 选择语句本身可以嵌套使用，也就是说，if 语句中的“语句 1”和“语句 2”还可以是 if 选择语句。例如：

```
if(…)
    if(…)
        语句 1;
    else
        语句 2;
else
    if(…)
        语句 3;
    else
        语句 4;
```

由于 if 选择语句中的 else 可以省略，因此，当 if 选择语句嵌套使用时，会出现 if 与 else 的配对问题。例如：

```
if(…)
    if(…)
        语句 1;
    else
        语句 2;
```

在上面的语句中，有两个 if 和一个 else，这时就出现了 if 与 else 的配对问题。C 语言规定，else 总是与其上面最近的 if 配对。如果要改变这种默认的配对关系，可以在相应的 if 选择语句上加 {} 来重新确定配对关系。例如：

```
if(…)
{
    if(…) 语句 1;
}
else
    语句 2;
```

【例 3.6】编写一个 C 程序，求输入两个整数的最大值。

【解】程序如下：

```
/*文件名：lx3_6.cpp*/
#include<stdio.h>
main()
{
    int x, y;
    printf("input two numbers:  ");
    scanf("%d%d",&x,&y);
    if(x>=y)
      printf("max=%d\n",x);
    else
      printf("max=%d\n",y);
}
```

3. 多分支 if 语句

多分支 if 语句的语法格式如下：

```
if (表达式 1) 语句 1;
else if (表达式 2) 语句 2;
      ⋮
else if (表达式 n) 语句 n;
else 语句 n+1;
```

其语义是，依次判断表达式的值，当出现某个值为真时，则执行其对应的语句，然后跳到整个 if 语句之外继续执行程序。如果所有的表达式均为假，则执行语句 n+1，然后继续执行后续程序。如图 3.6 所示。

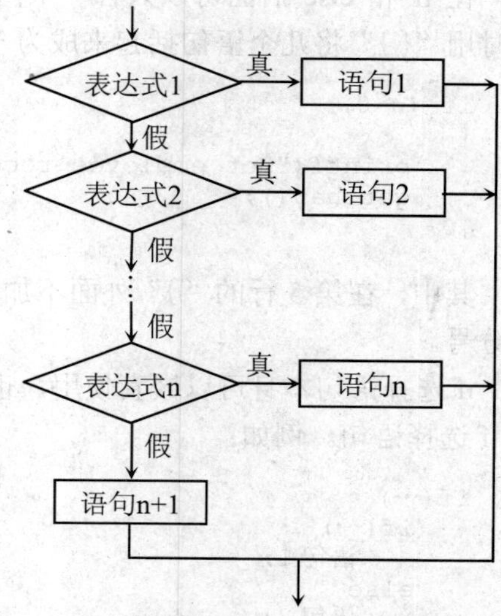

图 3.6　多分支 if 语句执行过程

【例 3.7】企业发放的奖金根据利润提成。利润 I 低于或等于 10 万元时，奖金可提 10%；利润高于 10 万元，低于 20 万元时，低于 10 万元的部分按 10%提成，高于 10 万元的部分，可提成 7.5%；利润在 20 万元到 40 万元之间时，高于 20 万元的部分，可提成 5%；40 万元到 60 万元之间时，高于 40 万元的部分，可提成 3%；60 万元到 100 万元之间时，高于 60 万元的部分，可提成 1.5%；高于 100 万元时，超过 100 万元的部分按 1%提成。从键盘输入当月利润 I，求应发放奖金总数。

【解】直接使用 if...else if...else 语句结构求解，程序如下。

```
/*文件名：lx3_7.cpp*/
#include <stdio.h>
main()
{
    long int i;
    int bonus1,bonus2,bonus4,bonus6,bonus10,bonus;
    scanf("%ld",&i);
    bonus1=100000*0.1;bonus2=bonus1+100000*0.75;
    bonus4=bonus2+200000*0.5;
    bonus6=bonus4+200000*0.3;
    bonus10=bonus6+400000*0.15;
    if(i<=100000)
        bonus=i*0.1;
    else if(i<=200000)
        bonus=bonus1+(i-100000)*0.075;
```

```
    else if(i<=400000)
        bonus=bonus2+(i-200000)*0.05;
    else if(i<=600000)
        bonus=bonus4+(i-400000)*0.03;
    else if(i<=1000000)
        bonus=bonus6+(i-600000)*0.015;
    else
        bonus=bonus10+(i-1000000)*0.01;
    printf("bonus=%d",bonus);
}
```

3.3.2 switch 语句

使用 if 语句的嵌套结构实现多分支选择功能时，程序的结构显得不够清晰。C 语言专门提供了 switch 语句。

switch 语句的一般形式如下：

```
switch (表达式)
{
   case 常量表达式 1:语句 1;
   case 常量表达式 2:语句 2;
      ⋮
   case 常量表达式 n:语句 n;
   [default: 语句 n+1;]
}
```

其语义是，计算表达式的值，并逐个与其后的常量表达式值相比较，当表达式的值与某个常量表达式的值相等时，就执行其后的语句，然后不再进行判断，继续执行之后所有 case 后面的语句。如果表达式的值与所有 case 后面的常量表达式均不相同时，则执行 default 后面的语句 n+1。其执行过程如图 3.7 所示。

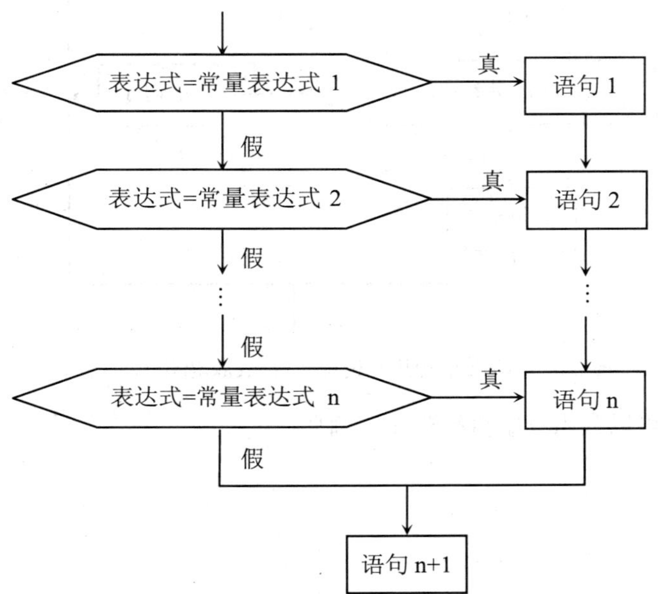

图 3.7 switch 语句执行过程（不带 break 语句）

case 后面的语句既可以是单语句，也可以是复合语句，是复合语句时，不需要用大括号括起来。case 常量表达式和 default 子句可以按任何顺序出现，但其本身不改变控制流程。在运行中要退出 switch 语句，就要使用 break 语句。其执行过程如图 3.8 所示。

switch 语句的一般形式如下：

```
switch (表达式)
{
    case 常量表达式 1:语句 1; break;
    case 常量表达式 2:语句 2; break;
      ⋮
    case 常量表达式 n:语句 n; break;
    default: 语句 n+1; break;
}
```

> **注意** 在使用 switch 语句时还应注意以下两点。
>
> - switch 后面圆括号内的“表达式”的值和 case 后面的“常量表达式”的值，都必须是整型或字符型，不允许是实型。
> - case 后面的各常量表达式的值不能相同，否则会出现错误。

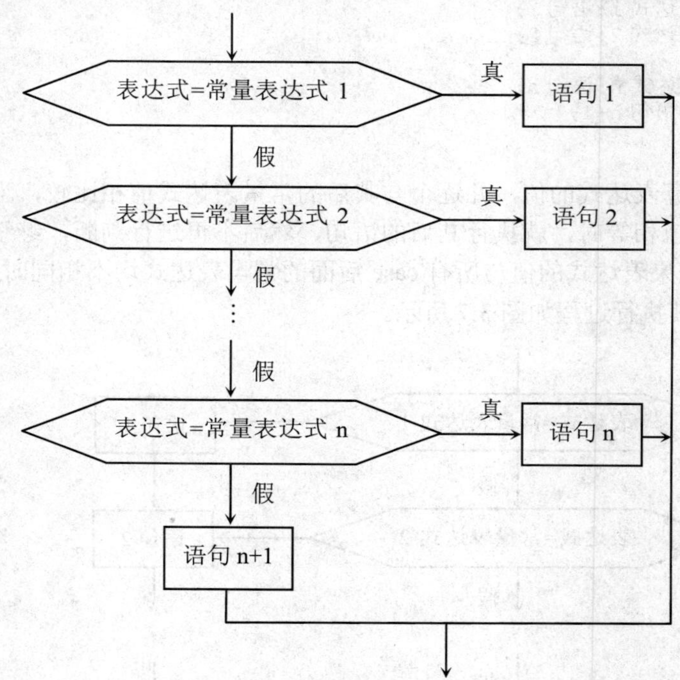

图 3.8　switch 语句执行过程（带 break 语句）

多个 case 的后面可以共用一组执行语句。例如：

```
switch(n)
{
    case 1:
    case 2:x=10;break;
}
```

表示当 n=1 或 n=2 时，都执行语句

```
x=10;break;
```

【例 3.8】分析以下程序在输入 5 时的执行结果。

```
/*文件名: lx3_8.cpp*/
#include <stdio.h>
main()
{
    int n;
    printf("输入星期序号:");
    scanf("%d",&n);
    switch(n)
    {
        case 1:printf("周一 ");
        case 2:printf("周二 ");
        case 3:printf("周三 ");
        case 4:printf("周四 ");
        case 5:printf("周五 ");
        case 6:printf("周六 ");
        default:printf("周日 ");
    }
    printf("\n");
}
```

【解】在上述程序中，switch 语句的各 case 子句没有使用 break 退出 switch 语句，输入 5 时，与 case 5 子句匹配，则执行后面所有的语句部分，输出为

```
周五 周六 周日
```

【例 3.9】编写一个程序，根据选择进行相应的工资记录操作。

【解】使用 switch 语句进行转换。对应的程序如下：

```
/*文件名: lx3_9.cpp*/
#include <stdio.h>
main()
{    int select;
     printf("\n  请输入您的选择(1～9):");
     scanf("%d",&select);
  switch(select)
  {
  case 1:printf("您选择的是增加工资记录");break;
  case 2:printf("您选择的是删除工资记录");break;
  case 3:printf("您选择的是查询工资记录");break;
  case 4:printf("您选择的是修改工资记录");break;
  case 5:printf("您选择的是插入工资记录");break;
  case 6:printf("您选择的是统计工资记录");break;
  case 7:printf("您选择的是排序工资记录");break;
  case 8:printf("您选择的是保存工资记录");break;
  case 9:printf("您选择的是显示工资记录");break;
  default: printf("按键有误，必须为数值 1～9");break;
  }
 }
```

3.4 循环结构

循环是计算机解题的一个重要特征。循环结构的特点是在给定条件成立时，反复执行某程序段，直到条件不成立为止。给定的条件称为循环条件，反复执行的程序段称为循环

体。C 语言提供了 3 种循环语句：while 语句、do-while 语句、for 语句。本节介绍各种循环语句的使用格式等相关内容。

3.4.1 while 语句

while 语句的使用格式如下：

```
while (表达式)
   语句;                    /*循环体*/
```

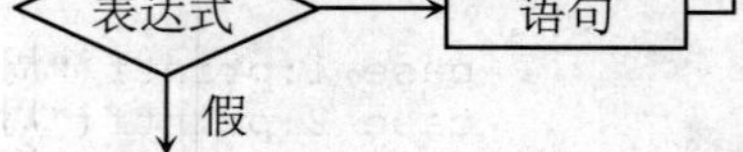

图 3.9 while 语句的执行过程

其执行过程是：计算表达式的值，当值为真（非 0）时，执行循环体语句。执行过程如图 3.9 所示。

如果“表达式”的值一开始就为“假”，则循环体一次也不执行。

当循环体由多个语句组成时，必须用大括号括起来，使其形成复合语句。例如：

```
while (i<=10)
{
   s=s+i;
   i++;
}
```

【例 3.10】猴子吃桃问题。猴子第一天摘下若干个桃子，当即吃了一半，还不过瘾，又多吃了一个。第二天早上又将剩下的桃子吃掉一半，又多吃了一个。以后每天早上都吃了前一天剩下的一半零一个。到第 10 天早上想再吃时，只剩下一个桃子了。求第一天共摘了多少。

【解】采取逆向思维的方法，从后往前推断。

```
/*文件名：lx3_10.cpp*/

#include <stdio.h>
main()
{
int day,x1,x2;
day=9;
x2=1;
while(day>0)
  {x1=(x2+1)*2;/*第一天的桃子数是第 2 天桃子数加 1 后的 2 倍*/
  x2=x1;
  day--;
  }
printf("the total is %d\n",x1);
}
```

程序运行结果如下：

```
the total is 1534
```

【例 3.11】编写一个程序，求 0～300 以内的奇数之和。

【解】程序如下：

```
/*文件名：lx3_11.cpp*/
#include <stdio.h>
main()
```

```
{
   int i,sum=0;
   i=1;
   while(i<=300)
       {
     sum=sum+i;
         i=i+2;
        }
   printf("%d\n",sum);
}
```

程序计算结果如下：

```
22500
```

3.4.2 do-while 语句

do-while 语句的使用格式如下：

```
do
   语句;                         /*循环体*/
while (表达式);
```

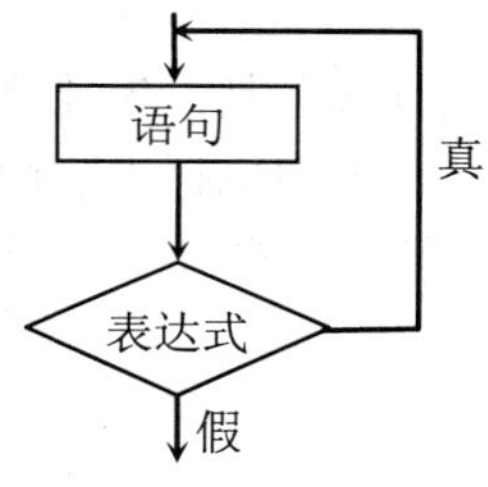

图 3.10 do-while 语句的执行过程

do-while 循环与 while 循环的不同在于，do-while 循环语句先执行循环中的语句，然后再判断表达式是否为真，如果为真则继续循环；如果为假，则终止循环。因此，do-while 循环至少要执行一次循环语句。其执行过程如图 3.10 所示。

如果 do-while 语句中的循环体是由多个语句组成的，则必须用大括号括起来，使其形成复合语句。

【例 3.12】 使用 do-while 语句改写例 3.10 程序。

【解】 程序如下：

```
/*文件名: lx3_12.cpp*/
#include <stdio.h>
main()
{
  int day,x1,x2;
  day=9;
  x2=1;
  do
    {x1=(x2+1)*2;  /*第一天的桃子数是第 2 天桃子数加 1 后的 2 倍*/
    x2=x1;
    day--;
    }while(day>0);
    printf("the total is %d\n",x1);
}
```

【例 3.13】 使用 do-while 语句改写例 3.11 的程序。

【解】 程序如下：

```
/*文件名: lx3_13.cpp*/
```

```
#include <stdio.h>
main()
{
   int i,sum=0;
   i=1;
   do {
       sum=sum+i;
       i=i+2;
       }
       while(i<=300);
     printf("%d\n",sum);
}
```

3.4.3 for 语句

for 语句的一般格式如下：

```
for (表达式 1;表达式 2;表达式 3)
    语句;                          /*循环体*/
```

其执行过程是：先计算“表达式 1”。进行第一轮循环，计算“表达式 2”，若为假，则退出循环，否则执行“语句”；计算“表达式 3”；返回进行第二轮循环，计算“表达式 2”，若为假，则退出循环，否则执行“语句”；计算“表达式 3”……其执行过程如图 3.11 所示。

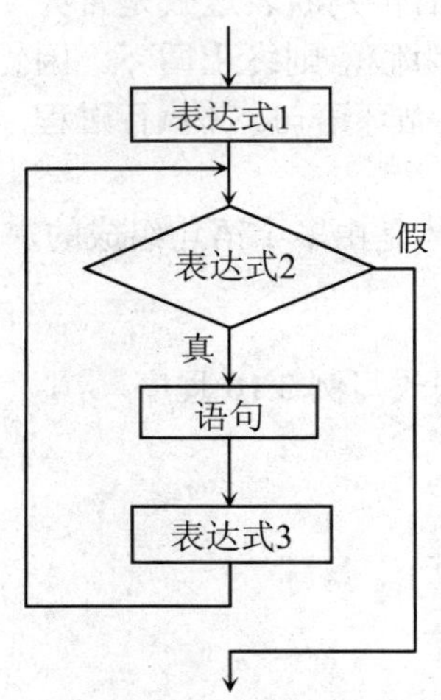

图 3.11　for 循环语句的执行过程

注意

for 循环语句的使用应注意以下 6 点。

- “表达式 1”、“表达式 2”和“表达式 3”都是选择项，可以省略，但其后的分号不能省略。
- 省略了 “表达式 1”，表示不对循环控制变量赋初值。
- 省略了 “表达式 2”，不做其他处理时便成为死循环，需要在循环体中用 break 等语句退出循环。
- 省略了 “表达式 3”，则不对循环控制变量进行操作，这时可以在语句体中加入修改循环控制变量的语句。
- “表达式 1” 和 “表达式 3” 可以同时省略，但需要使用相关语句保证循环结束。
- 3 个表达式都可以省略。例如，for(; ;)语句相当于 while(1)语句。

【例 3.14】使用 for 语句改写例 3.10 的程序。

【解】程序如下：

```
/*文件名：lx3_14.cpp*/
#include <stdio.h>
main(){

    int day,x1,x2;
    day=9;
    x2=1;
    for(day=9;day>0;day--)
        {x1=(x2+1)*2;/*第一天的桃子数是第 2 天桃子数加 1 后的 2 倍*/
    x2=x1;
    }
    printf("the total is %d\n",x1);
}
```

【例 3.15】使用 for 语句改写例 3.11 的程序。

【解】程序如下：

```
/*文件名：lx3_15.cpp*/
#include <stdio.h>
main()
{
   int i,sum=0;
   for (i=1;i<=300;i+=2)
       sum+=i;
   printf("%d\n",sum);
}
```

【例 3.16】一球从 100 米高度自由落下，每次落地后反跳回原高度的一半，再落下。求此球在第 10 次落地时，共经过多少米？第 10 次反弹多高？

【解】程序如下：

```
/*文件名：lx3_16.cpp*/
#include <stdio.h>
main()
{
float sn=100.0,hn=sn/2;
int n;
for(n=2;n<=10;n++)
  {
    sn=sn+2*hn;/*第 n 次落地时共经过的米数*/
    hn=hn/2; /*第 n 次反跳高度*/
  }
printf("the total of road is %f\n",sn);
printf("the tenth is %f meter\n",hn);
}
```

程序执行结果如下：

```
the total of road is 299.609375
the tenth is 0.097656 meter
```

3.4.4 循环结构的嵌套

当一个循环体内又包含另一个或多个完整的循环时，称为循环嵌套。前面介绍的 3 种循环都可以相互嵌套。循环的嵌套可以多层，但每一层循环在逻辑上必须是完整的。例如，两层循环嵌套（又称两重循环）的各种结构如下：

```
(1) while ( )           (2) do                  (3) for (;;)
    {                       {                       {
     ⋮                       ⋮                       ⋮
      while ( )               do                      for (;;)
      {                       {                       {
       ⋮                       ⋮                       ⋮
      }                       }                       }
     ⋮                       ⋮                       ⋮
    }                       }                       }
(4) while ( )           (5) for (;;)            (6) do
    {                       {                       {
     ⋮                       ⋮                       ⋮
      do                      while ( )               for (;;)
      {                       {                       {
       ⋮                       ⋮                       ⋮
      }while( );              }                       }
     ⋮                       ⋮                       ⋮
    }                       }                       }while( );
```

不论是几重循环，最后必须能够正确地退出整个循环过程。

【例 3.17】求 200 以内的全部素数。

【解】根据素数的定义，如果一个数 m 不能被 2～m-1 之间的任何数整除，就表明这个数是一个素数。

```
/*文件名：lx3_19.cpp*/
#include <stdio.h>
main()
{
 int m,n,i,prime;
 i=0;
 for(m=2;m<=200;m++)
 {
     prime=1;
 for(n=2;n<m;n++)
   if (m%n==0)
       prime=0;
if(prime)
{
    printf("%5d",m);
    i++;
    if(i%3==0)
```

```
        printf("\n");
    }
  }
  if(i%3!=0)
  printf("\n");
  }
```

【例 3.18】编写一个程序，输入正整数 k，在屏幕上输出高为 k 的等腰三角形。

【解】程序如下：

```
/*文件名: lx3_20.cpp*/
#include <stdio.h>
main()
{
    int i,j,k;
    printf("k:");
    scanf("%d",&k);
    for (i=1;i<=k;i++)                /*循环 k 次，每次输出一行*/
    {
        for (j=1;j<=k-i;j++)          /*输出该行前面的空格*/
            printf(" ");
        for (j=1;j<=2*i-1;j++)
            printf("$");
        printf("\n");
    }
}
```

【例 3.19】编写一个程序，输出从 2～n（n 由用户输入）中的所有素数。

【解】判定素数的另一个条件是正整数 n 不能被 2～$\sqrt{n}$ 之间的所有整数整除。程序如下：

```
/*文件名: lx3_21.cpp*/
#include <stdio.h>
#include <math.h>                     /*包括 sqrt()函数声明*/
main()
{
    int n, m, ss, i, j, num=1;
    printf("n:");
    scanf("%d", &n);
    printf("从 2 到%d 的所有素数如下:\n", n);
    for (i=2;i<=n;i++)                /*循环查找素数*/
    {
        ss=1;
        m=(int)sqrt(i);
        for (j=2;j<=m;j++)
            if (i%j==0)               /*条件为真时表示不是素数，退出 for 循环*/
            {
                ss=0;
                break;
            }
        if (ss==1)                    /*条件为真时表示 i 是素数*/
        {
            printf("%4d", i);
            if (num++%10==0)          /*每行最多输出 10 个数*/
                printf("\n");
        }
    }
    printf("\n");
}
```

本程序的一次执行结果如下：

```
n:30↙
从 2 到 30 的所有素数如下:
2    3    5    7    11    13    17    19    23    29
```

3.4.5 循环结构程序设计应用

穷举与迭代是循环算法中的两类具有代表性的算法。

1. 穷举法

穷举法也称为枚举法。基本思想是，对问题的所有可能状态一一测试，直到找到解或将所有可能状态都测试为止。

在穷举法编程中，主要是使用循环语句和选择语句，循环语句用于穷举所有可能的情况，而选择语句判定当前的条件是否为所求的解。其基本格式如下：

```
for (循环变量 x 取所有可能的值)
{
    ⋮
    if (x 满足指定的条件)
        输出 x;
    ⋮
}
```

【例 3.20】 将一张面值为 100 元的人民币等值换成 5 元、1 元和 0.5 元的零钞，要求每种零钞不少于 1 张，有哪几种组合？

【解】 程序如下：

```
/*文件名: lx3_23.cpp*/
#include <stdio.h>
main()
{
    int i, j, k;
    printf(" 5元 1元 5角\n");
    for(i=1; i<=20; i++)
        for(j=1; j<=100-i; j++)
            { k=100-i-j;
             if(5*i+1*j+0.5*k==100)
                 printf(" %3d %3d %3d\n", i, j, k);
            }
}
```

【例 3.21】 数字 1、2、3、4 能组成多少个互不相同且不重复的三位数？都是多少？

【解】 可以填在百位、十位、个位的数字都是 1、2、3、4。组成所有的排列后再去掉不满足条件的排列，程序如下：

```
/*文件名: lx3_24.cpp*/
#include <stdio.h>
main()
{
    int i,j,k;
    printf("\n");
```

```
    for(i=1;i<5;i++)
        for(j=1;j<5;j++)
            for (k=1;k<5;k++)
            {
                if (i!=k&&i!=j&&j!=k)
                    printf("%d,%d,%d\n",i,j,k);
            }
}
```

2. 迭代法

迭代就是不断用新值取代变量的旧值或由旧值递推出变量的新值。迭代机制需要以下一些要素：

- 迭代表达式
- 迭代变量
- 迭代初值
- 迭代终止条件

当一个问题的求解过程能够由一个初值使用一个迭代表达式进行反复的迭代时，便可以用效率极高的重复程序描述，所以迭代也是用循环结构实现的，只不过要重复的操作是不断从一个变量的旧值出发计算变量的新值。其基本格式如下：

```
迭代变量赋初值;
循环语句
{
    计算迭代式;
    新值取代旧值;
}
```

【例 3.22】求解兔子繁殖问题。著名意大利数学家 Fibonacci 曾提出一个有趣的问题：设有一对新生兔子，从第 3 个月开始每个月都生一对兔子。按此规律，并假设没有兔子死亡，半年后共有多少对兔子？

【解】人们发现每月的兔子数组成如下数列：

```
1, 1, 2, 3, 5, 8, 13, 21, 34, …
```

并把这个数列称为 Fibonacci 数列。那么，这个数列如何导出呢？

观察 Fibonacci 数列可以得到如下规律：从第 3 个数开始，每一个数都是其前面两个相邻数之和。这是因为，在没有兔子死亡的情况下，每个月的兔子数由上一个月的老兔子数和这一个月刚生下的新兔子数两部分组成。上一个月的老兔子数即其前一个数，这一个月刚生下的新兔子数恰好为上上月的兔子数。因为上一个月的兔子中还有一部分到这个月还不能生小兔子，只有上上月已有的兔子才能每对生一对小兔子。

上述算法可以描述为

$$fib_{n-1}=fib_{n-2}=1 \qquad (n<3) \qquad (1)$$

$$fib_n=fib_{n-1}+fib_{n-2} \qquad (n\geqslant 3) \qquad (2)$$

第（2）式即为迭代表达式，第（1）式为迭代初值。用 C 语言来描述第（2）式为

```
fib=fib1+fib2;
fib2=fib1;                  /*为下一次迭代作准备*/
```

```
    fib1=fib;
```

用 i 作循环变量，表示月份，因此迭代条件为 3≤i≤6，程序中迭代变量为 fib、fib1 和 fib2。程序如下：

```
/*文件名：lx3_25.cpp*/
#include <stdio.h>
main()
{
    int i,fib,fib1,fib2;
    fib1=fib2=1;
    printf("%d %d ",fib1,fib2);      /*输出前两个月的兔子数*/
    for (i=3;i<=6;i++)
    {
        fib=fib1+fib2;
        printf("%d ",fib);           /*输出第 i 个月的兔子数*/
        fib2=fib1;
        fib1=fib;
    }
    printf("\n");
}
```

程序执行结果如下：

```
1 1 2 3 5 8
```

【例 3.23】编写一个程序，求分数序列$\frac{2}{1}$、$\frac{3}{2}$、$\frac{5}{3}$、$\frac{8}{5}$、$\frac{13}{8}$、$\frac{21}{13}$、…的前 100 项之和。

【解】用 sum 累加各项之和，当前项为$\frac{y}{x}$，对于第一项$\frac{2}{1}$，x=1，y=2；对于第二项$\frac{3}{2}$，x=原来的 y，y=原来的 x+原来的 y；如此迭代下去。对应的程序如下：

```
/*文件名：lx3_26.cpp*/
#include <stdio.h>
main()
{
    int x,y,i,temp;
    double sum=0;
    x=1;
    y=2;
    for (i=1;i<=100;i++)
    {
        sum+=(double)y/x;
        temp=x;
        x=y;
        y=temp+y;
    }
    printf("sum=%f\n",sum);
}
```

3.5 跳转语句

3.5.1 break 语句和 continue 语句

C 语言允许在特定条件成立时，使用 break 语句强行结束循环，或使用 continue 语句跳过循环体其余语句转向循环继续条件的判定语句。这使得循环控制更加灵活。

break 和 continue 语句的一般格式如下：

```
break;
continue;
```

其中，break 强行结束循环，转向循环语句下面的语句。continue 语句对于 for 循环，跳过循环体其余语句，转向循环变量增量表达式的计算；对于 while 和 do-while 循环，跳过循环体其余语句，转向循环继续条件的判定语句。

break 和 continue 语句对循环控制的影响是不同的。continue 语句只结束本次循环，而不是终止整个循环的执行；break 语句则是结束整个循环过程，不再判断执行循环的条件是否成立。例如，对于以下两个循环结构：

```
(1) while (表达式 1)
    {
        语句 1;
        if (表达式 2) break;
        语句 2;
    }
```

```
(2) while (表达式 1)
    {
        语句 1;
        if (表达式 2) continue;
        语句 2;
    }
```

程序（1）的流程图如图 3.12 所示，程序（2）的流程图如图 3.13 所示。注意图 3.12 和图 3.13 中当“表达式 2”为真时流程图的转向是不同的。

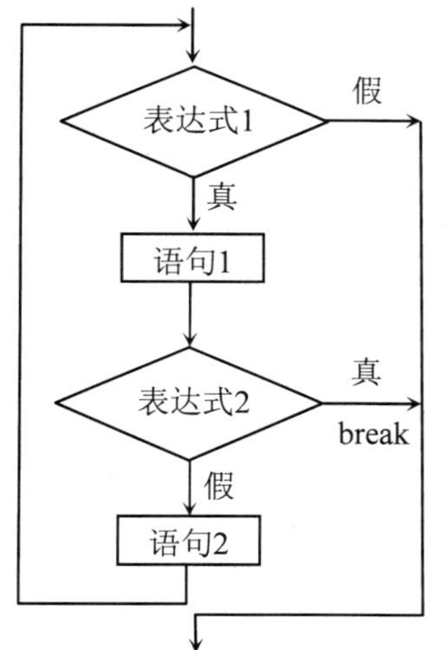

图 3.12　break 语句对循环控制的影响

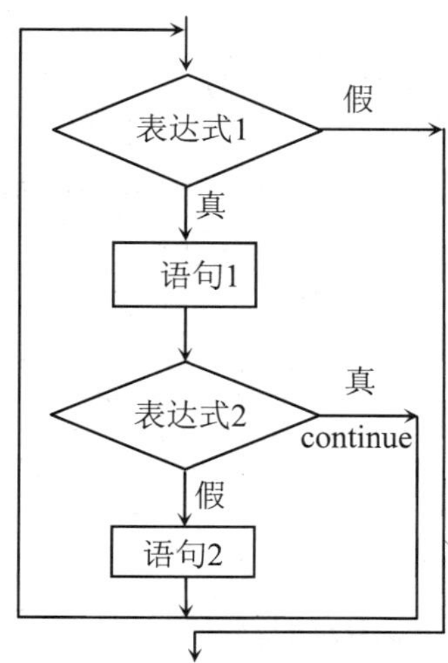

图 3.13　continue 语句对循环控制的影响

> **注意** 在循环语句中，break 从最近的循环体内跳出。循环语句可以嵌套，但 break 语句不能同时跳出多层循环。

【例 3.24】 求在调和级数中，第几项的值大于 15。

【解】 调和级数第 n 项的形式为 $1+\frac{1}{2}+\frac{1}{3}+\cdots+\frac{1}{n}$，求使和大于 15 的最小的 n。

```
/*文件名：lx3_17.cpp*/
#include <stdio.h>
main()
```

```
{
int n;
float sum;
sum=0.0;
n=1;
for(; ; )
{
    sum=sum+1.0/n;
    if (sum>15)
        break;
    n++;
}
printf("n=%d\n",n);
}
```

程序执行结果如下：

```
n=1673860
```

【例 3.25】验证哥德巴赫猜想：任意一个不小于 6 的偶数总能表示成两个素数之和。

【解】程序如下：

```
/*文件名：lx3_18.cpp*/
#include <stdio.h>
#include "math.h"
main()
{
    int a,b,c,d;
    scanf("%d",&a);
    for(b=3;b<=a/2;b+=2)
    {
        for(c=2;c<=sqrt(b);c++)
        if(b%c==0) break;
        if(c>sqrt(b))
        d=a-b;
        else break;
        for(c=2;c<=sqrt(d);c++)
        if(d%c==0) break;
        if(c>sqrt(d))
        printf("%d=%d+%d\n",a,b,d);
    }
}
```

3.5.2 goto 语句

goto 语句是一种无条件转移语句，建议在程序中最好不要使用。这是因为 goto 语句会破坏结构化设计中的 3 种基本结构，并给阅读和理解程序带来困难。但在多层嵌套退出时，使用 goto 语句比较合理。goto 语句格式如下：

```
goto 语句标号;
```

其中的语句标号是用户任意选取的标识符，其后跟一个“:”，可以放在程序中任意一条语句之前，作为该语句的一个代号。执行 goto 语句后，程序将跳转到该标号处并执行其后的语句。另外，标号必须与 goto 语句同处于一个函数中，但可以不在一个循环层中。

【例 3.26】采用 goto 语句改写例 3.10 的程序。

【解】程序如下：

```
/*文件名：lx3_22.cpp*/
#include <stdio.h>
main(){
    int day,x1,x2;
    day=9;
    x2=1;

loop: x1=(x2+1)*2;/*第一天的桃子数是第 2 天桃子数加 1 后的 2 倍*/
    x2=x1;
    day--;
if(day>0) goto loop;
    printf("the total is %d\n",x1);
}
```

3.6 上机实训 3：计算

实训内容

根据下面的公式计算 PI，直到最后一项的绝对值小于1.0×10^{-6}。【本实训指导见附录 D】

$$\frac{\pi^2}{6}=\frac{1}{1^2}+\frac{1}{2^2}+\frac{1}{3^2}+\cdots+\frac{1}{n^2}$$

实训提示

利用库函数 fabs()控制求和级数最后一项绝对值的精度。

3.7 小结

（1）C 语言中的语句可以分为 5 类：表达式语句、函数调用语句、控制语句、空语句和复合语句，都是以分号（;）作为结束符的。其中，表达式语句由一个表达式后面加上分号构成；函数调用语句用于调用一个实现具体功能的函数；控制语句即流程控制语句，包括 3 种，即顺序、选择和循环；空语句不执行任何操作，仅由一个分号构成，不实现任何功能；复合语句是由一对大括号（{}）括起来的一系列语句的组合，其地位与一条语句是相同的。选择和循环控制语句是本章学习的重点内容。

（2）C 语言提供了 if 和 switch 两种选择控制语句。其中，if 语句可以实现两路或多路分支选择，包括 if、if...else、if...else if...else 3 种形式；switch 语句主要用于实现多路分支选择，判定条件只能用常量表达式，灵活程度不高。

（3）C 语言提供了 while、do-while 和 for 3 种循环控制语句。尽管 3 种语句可以相互替换，实现同一个程序的循环控制，但 for 语句的功能最强大、使用最广泛、复杂度最高。学习 3 种循环控制语句的重点在于弄清相同与不同之处，以便在不同场合加以灵活运用。

（4）为实现程序流程的灵活控制，C 语言还提供了 goto、break 和 continue 3 种跳转语句。goto 语句会严重破坏程序的清晰性，建议尽量不用；break 语句必须与 switch 和 3 种循环控制语句配合使用，用于终止 switch 后续语句的执行以及跳出循环体，提前结束整个循环。continue 语句用于循环控制语句，使得当前循环的剩余语句不被执行，强行进入下一次循环。

3.8 课后习题

3.8.1 单项选择题

（1）若 a、b、c、d 都是 int 型变量且初值为 0，以下选项中不正确的赋值语句是________。

A. a=b=c=100;

B. d++;

C. c+b;

D. d=(c=22)-(b++);

（2）有以下程序段：

```
int n=0,p;
do{scanf(“%d”,&p);n++;}while(p!=12345 &&n<3);
```

此处 do-while 循环的结束条件是________。

A. p 的值不等于 12345 并且 n 的值小于 3

B. p 的值等于 12345 并且 n 的值大于等于 3

C. p 的值不等于 12345 或者 n 的值小于 3

D. p 的值等于 12345 或者 n 的值大于等于 3

（3）下面程序的运行结果是________。

```
main()
    { int a=15,b=21,m=0;
      switch(a%3)
    { case 0:m++;break;
      case 1:m++;
      switch(b%2)
    { default:m++;
      case 0:m++;break;
    }
    }
   printf("%d\n",m);
    }
```

A. 1　　B. 2　　C.3　　D. 4

（4）下列程序的输出结果是________。

```
main()
    { int x=3,y=0,z=0;
   if(x=y+z)printf("* * * *");
   else printf("# # # #");}
```

A. 有语法错误不能通过编译

B. 输出* * * *

C. 可以通过编译，但是不能通过链接，因而不能运行

D. 输出# # # #

（5）若执行下面的程序时从键盘上输入 5，则输出是________。

```
main()
    { int x;
      scanf("%d",&x);
      if(x++>5) printf("%d\n",x);
      else printf("%d\n",x--);}
```

A. 7　　B. 6　　C. 5　　D. 4

（6）结构化程序设计所规定的 3 种基本控制结构是________。

A. 输入、处理、输出　　B. 树形、网形、环形

C. 顺序、选择、循环　　D. 主程序、子程序、函数

（7）以下程序段的输出结果是________。

```
main()
    { int a=5,b=4,c=6,d;
    printf("%d\n",d=a>b?(a>c?a:c):(b));
    }
```

A. 5　　B. 4　　C. 6　　D. 不确定

（8）下列程序的输出结果是________。

```
main()
    { int y=9;
    for( ; y>0; y--)
    { if(y%3==0)
    { printf("%d", --y);continue;}
    }
    }
```

A. 741　　B. 852　　C. 963　　D. 875421

3.8.2 填空题

（1）以下程序的执行结果是______。

```
main()
    { int x=2;
    while(x--);
    printf("%d\n", x);}
```

（2）下面 pi 函数的功能是根据以下的公式，返回满足精度 ε 要求的 π 值。请填空。

```
double pi(double eps)
    { double s=0.0, t=1.0;
    int n;
    for( ______; t>eps; n++)
    { s+=t;
    t=n*t/(2*n+1);}
    return(2.0 * ______);}
```

（3）以下程序的执行结果是______。

```
#include
   main()
   { int a, b;
   for(a=1,b=1;a<=100;a++)
   { if(b>=20) break;
   if(b%3==1)
   {b+=3;
   continue;
   }
   b-=5;
   }
   printf("%d\n",a);
   }
```

（4）若运行时从键盘上输入 2.0，则下面程序的输出结果是______。

```
#include <stdio.h>
   main()
   { float x,y;
   scanf("%f",&x);
   if(x<0.0) y=0.0;
   else if((x<5.0)&&(x!=2.0))
   y=1.0/(x+2.0);
   else if (x<10.0) y=1.0/x;
   else y=10.0;
   printf("%f\n",y);
   }
```

（5）以下程序的执行结果是______。

```
main()
   { int x=1, y=0, a=0, b=0;
   switch(x)
   { case 1:
   switch(y)
   { case 0: a++;break;
   case 1: b++;break;
   }
   case 2:
   a++; b++; break;
   }
   printf("a=%d, b=%d\n",a,b);
   }
```

第 4 章

数　组

在现实世界中，我们经常会遇到大量的一组组有规律的同类型数据。例如，一个企业有 50 名员工，每个员工都有编号和基本工资，现要求按基本工资由高到低进行排序。如果定义大量的简单变量，即使对每个变量有相同的操作也不能用同一语句来处理，程序将变得异常繁琐。为了处理方便，C 语言把具有相同类型的若干变量，按有序的形式用同名的带下标的变量组成一个数组。对各个变量的相同操作可以利用循环改变下标值进行重复地处理，使程序变得简明清晰。带下标的变量由数组名和用方括号括起来的下标共同来表示，称为数组元素。通过数组名和下标可以直接访问数组的每个元素。数组有两个特点：一是数组的长度是确定的，在定义的同时确定了大小，在程序中不允许随机变动；二是数组的元素必须是相同类型，不允许出现混合类型。

学习目标：掌握一维数组、二维数组、字符数组等的定义和使用方法，并将这些知识与用法应用到程序设计中。

本章知识点

- 一维数组
- 二维数组
- 字符数组和字符串数组

C Programming

4.1 一维数组

在C语言中使用数组必须先进行定义。一旦定义了一个数组，系统将在内存中为其分配一个所申请大小的存储空间，该空间大小固定，以后不能改变。

4.1.1 一维数组的定义

一维数组的定义方式如下：

数据类型 数组名[常量表达式]；

在C语言中，一个数组的名字表示该数组在内存中所分配的一块存储区域的首地址，因此，数组名是一个地址常量，不允许对其进行修改。“常量表达式”表示该数组元素的个数，即数组的大小，必须是正整数。

例如，以下语句定义了一个长度为10的一维数组，数组元素均为float型。

```
float a[10];
```

在定义了一个数组后，系统会在内存中分配一片连续的存储空间用于存放数组。对于上面定义的数组a，其内存中的存放形式如图4.1所示。

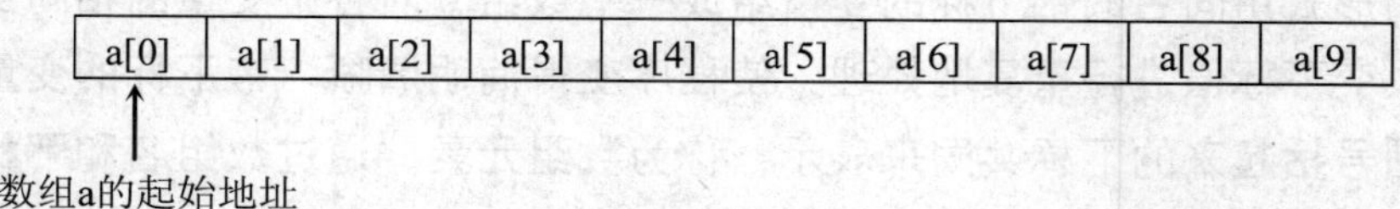

图4.1 数组元素的存储形式

> 注意
> C语言规定，一个数组中的元素下标必须从0开始。所以，定义数组时，若“常量表达式”指出数组长度为n，数组元素下标只能从0到n-1。“常量表达式”能包含常量，但不能包含变量。

4.1.2 一维数组元素的引用

一维数组元素的引用方式如下：

数组名[下标]

其中，“下标”可以是整型常量或整型表达式。下标是数组元素到数组开始的偏移量，第1个元素的偏移量是0（亦称0号元素），第2个元素的偏移量是1（亦称1号元素），依此类推。例如，a[6]表示引用数组a的下标为6的元素，即6号元素。

4.1.3 一维数组的初始化

每个数组元素都表示一个变量，对数组的赋值也就是对数组元素的赋值。在定义数组的语句中，可以直接为数组赋初值，这称为数组的初始化。

数组初始化方法是将数组元素的初值依次放在由大括号括起来的初始值表中，初值之间由逗号隔开。

一维数组的初始化有如下几种方式。

（1）对数组的全部元素赋初始值。例如：

```
int a[3]={3, 4, 5};
```

该语句执行之后有：

```
a[0]=3, a[1]=4, a[2]=5
```

（2）对数组的部分元素赋初始值。例如：

```
int b[5]={3, 4, 5};
```

该语句执行之后有：

```
b[0]=3, b[1]=4, b[2]=5, b[3]=0, b[4]=0
```

（3）对数组的全部元素赋初始值时，也可以将数组定义为一个不确定长度的数组。例如：

```
int a[]={3, 4, 5};
```

该语句执行之后 a 数组的长度自动确定为 3，并有：

```
a[0]=3, a[1]=4, a[2]=5
```

【例 4.1】 编写一个程序，将一个数组逆序输出。

【解】 程序如下：

```
/*文件名：lx4_1.cpp*/
#include <stdio.h>
#define N 5
main()
{
int a[N]={9,6,5,4,1},i,temp;
printf("\n original array:\n");
for(i=0;i<N;i++)
printf("%4d",a[i]);
for(i=0;i<N/2;i++)
{temp=a[i];
a[i]=a[N-i-1];
a[N-i-1]=temp;
}
printf("\n sorted array:\n");
for(i=0;i<N;i++)
printf("%4d\n",a[i]);
}
```

【例 4.2】用一维数组计算 Fibonacci 数列的前 12 项。

【解】在例 3.25 中介绍了 Fibonacci 数列的计算过程，其定义如下：

$$
\begin{cases}
f(1)=1 \\
f(2)=1 \\
f(n)=f(n-1)+f(n-2) \quad n>2
\end{cases}
$$

这里使用一组数组 f[]来求解，即用 f[i]存放 f(i)的值。由于数组的下标从 0 开始，这里不需要下标为 0 的元素，所以对于 f(i)（1≤i≤12），需要定义一个含 13 个元素的数组 f[]。程序如下：

```
/*文件名：lx4_2.cpp*/
#include <stdio.h>
main()
{
    int f[13], i;
    f[1]=0;f[2]=1;
    for (i=3;i<=12;i++)
        f[i]=f[i-2]+f[i-1];
    for (i=1;i<=20;i++)
    {
        if ((i-1)%5==0) printf("\n");          /*每输出 5 个数后换行*/
        printf("%10d", f[i]);
    }
}
```

【例 4.3】编写一个程序，输入 10 个职工的工资，统计工资分别在小于 3000、大于或等于 3000 并小于 5000 以及大于等于 5000 的职工人数。

【解】用一维数组 gz[]存放职工工资，如第 i（0≤i≤9）个职工工资。通过一次循环统计出职工工资在各等级的人数。程序如下：

```
/*文件名：lx4_3.cpp*/
#include <stdio.h>
#define N 10                          /*符号常量*/
main()
{
    int gz[N],i;
    int count5000=0,count3000=0,count0=0;
        for (i=0;i<N;i++)
        scanf("%d",&gz[i]);
        for (i=0;i<N;i++)
        if (gz[i]>=5000) count5000++;
        else if(gz[i]>=3000) count3000++;
        else count0++;
   printf("%d,%d,%d\n",count5000,count3000,count0);
}
```

4.1.4 一维数组的应用

一维数组的应用范围很广，这里主要讨论一维数组的查找和排序。

1. 一维数组的查找

一维数组的查找是指找出指定数据在数组中的位置（或下标）。常用的查找方法有顺序查找和二分查找。

（1）顺序查找

顺序查找的基本思想是：从数组第一个元素开始，顺序扫描数组，并将数组元素和给定值 k 相比较，若当前扫描元素与 k 相等，则查找成功；若扫描结束后，仍未找到等于 k 的元素，则查找失败。

在含有 n 个元素的整数数组 m 中，采用顺序查找法查找元素 t（成功时返回元素的下标，失败时返回-1）的过程如下：

```
int i=0;
while (i<n && m[i]!=t)i++;
if (i<n)
   return i;                /*查找成功返回*/
else
   return -1;               /*查找失败*/
```

【例 4.4】编写一个程序，在给定的数组 b 中查找用户输入的值，并提示相应的查找结果。

【解】直接采用顺序查找方法求解。程序如下：

```
/*文件名：lx4_4.cpp*/
#include <stdio.h>
#define N 10
main()
{
   int a[]={1,3,22,8,30,5,6,13,2,7},i=0,d;
   printf("d:");
   scanf("%d",&d);
   while (i<N && a[i]!=d) i++;
   if (i<N)
      printf("a[%d]=%d\n",i,d);
   else
      printf("%d 未找到\n",d);
}
```

程序执行结果如下：

```
d:30↙
a[4]=30
```

上述程序中，在 1，3，22，8，30，5，6，13，2，7 序列中查找 30 的过程是顺序进行的，先与 1 比较（i=0），1≠30；然后与 3 比较（i=1），3≠30；再与 22 比较（i=2），22≠30；接着再与 8 比较（i=3），8≠30；再与 30 比较(i=4)，30=30,查找成功。一共比较 5 次。

（2）二分查找

二分查找又称二分检索或折半查找。使用二分查找法时，被查找的一维数组的元素必须是有序的，即数组元素递增或递减排列。

二分查找的基本思想是：设 a[low..high]是当前的查找区间，先确定该区间的中点位置 mid=(low+high)/2，然后将待查的 k 值与 a[mid]比较。

- 若 a[mid]=k，则查找成功并返回此位置。
- 若 a[mid]>k，则新的查找区间是左子表 a[low..mid-1]。

- 若 a[mid]<k，则新的查找区间是右子表 a[mid+1..high]。

下一次查找是针对新的查找区间进行的。

在含有 n 个有序元素的一维整数数组 a 中，采用二分查找法查找元素 k（成功时返回元素的下标，失败时返回-1）的过程如下：

```
int low=0,high=n-1,mid;          /*设置当前查找区间上、下界的初值*/
while (low<=high)                /*当前查找区间 a[low..high]非空*/
{
    mid=(low+high)/2;
    if (a[mid]==k)
        return mid;              /*查找成功返回*/
    if (a[mid]>k)
        high=mid-1;              /*继续在 a[low..mid-1]中查找*/
    else
        low=mid+1;               /*继续在 a[mid+1..high]中查找*/
}
return -1;                       /*当 low>high 时表示查找区间为空，查找失败*/
```

【例 4.5】编写一个程序，在给定的有序数组 b 中查找用户输入的值，并提示相应的查找结果。

【解】直接使用二分查找方法求解。程序如下：

```
/*文件名：lx4_5.cpp*/
#include <stdio.h>
#define N 10
main()
{
    int b[]={0,1,2,3,4,5,6,7,8,9},k;
    int low=0,high=N-1,mid;
    printf("k:");
    scanf("%d",&k);
    while (low<=high)
    {
        mid=(low+high)/2;
        if (b[mid]==k)
        {
            printf("b[%d]=%d\n",mid,k);
            return;
        }
        if (b[mid]>k)
            high=mid-1;
        else
            low=mid+1;
    }
    printf("%d 未找到\n",k);
}
```

程序执行结果如下：

```
k:5↙
b[5]=5
```

上述程序中，在 0，1，2，3，4，5，6，7，8，9 序列中查找 5 的过程是：查找区间为[0..9]，mid=4，与 b[4]（值为 4）比较，4<5；查找区间变为[5..9]，mid=7，与 b[7]（值为 7）比较，5<7；查找区间变为[5..6]，mid=5，与 b[5]（值为 5）比较，5=5，查找成功。一共比

较 3 次（若采用顺序查找法，需比较 6 次）。

2. 一维数组的排序

排序是将一个无序的数据序列按照某种顺序（递增或递减）重新排列。下面介绍 3 种常用的排序方法，并假设是递增排序。

（1）冒泡排序

冒泡排序的基本思想是：设想被排序的数组 a[0..n−1]垂直竖立，将每个元素 a[i]看作是重量为 a[i]的气泡。

根据轻气泡不能在重气泡之下的原则，从下往上扫描数组 a，凡扫描到违反本原则的轻气泡，则两两相邻元素交换，就使其向上“漂浮”，如此反复进行，直到任何两个气泡都是轻者在上，重者在下为止。

当某一趟排序时，若没有发生任何相邻元素的交换，则表示已排好序，因此可以退出排序过程。

对含有 n 个整数的数组 a 实现冒泡排序（从小到大）的过程如下：

```
int i,j,tmp;
int exchange;                    /*交换标志*/
for (i=0;i<n-1;i++)              /*最多做 n-1 趟排序*/
{
    exchange=0;
    for (j=n-2;j>=i;j--)
        if (a[j+1]<a[j])         /*交换元素*/
        {
            tmp=a[j+1];          /*tmp 暂存数组元素，用于元素交换*/
            a[j+1]=a[j];
            a[j]=tmp;
            exchange=1;          /*发生了交换，故将交换标志置为真*/
        }
    if (!exchange)               /*本趟未发生交换，提前终止算法*/
        return;
}
```

【例 4.6】 编写一个程序，对给定的职工工资数组 gz[]采用冒泡排序法进行从小到大的排序。

【解】 程序如下：

```
/*文件名：lx4_6.cpp*/
#include <stdio.h>
#define N 10
main()
{
    int gz[]={3500,4300,2800,5200,6500,1500,7600,5000,2000,3000};
    int i,j,tmp,exchange;
    printf("排序前:");
    for (i=0;i<N;i++)
        printf("%d ",gz[i]);
    printf("\n");
    for (i=0;i<N-1;i++)
    {
        exchange=0;
        for (j=N-2;j>=i;j--)
```

```
                if (gz[j+1]<gz[j])
                {
                    tmp=gz[j+1];
                    gz[j+1]=gz[j];
                    gz[j]=tmp;
                    exchange=1;
                }
            if (!exchange)              /*本趟未发生交换,排序完成,退出 for 循环*/
                break;
        }
        printf("排序后:");
        for (i=0;i<N;i++)
            printf("%d ",gz[i]);
        printf("\n");
    }
```

程序执行结果如下：

```
排序前：3500,4300,2800,5200,6500,1500,7600,5000,2000,3000
排序后：1500 2000 2800 3000 3500 4300 5000 5200 6500 7600
```

上述程序对数组 gz 排序的过程如图 4.2 所示，每行前给出 i 值，后面的序列表示该趟执行完后的结果。从中看到，第 i 趟之后，确定了 gz[i]的正确位置，即 gz[i]上浮到正确的位置。当 i 等于 3 时，本趟未发生元素交换，退出 for 循环。

```
初始序列：  3500  4300  2800  5200  6500  1500  7600  5000  2000  3000
   i=0：    1500  3500  4300  2800  5200  6500  2000  7600  5000  3000
   i=1：    1500  2000  3500  4300  2800  5200  6500  3000  7600  5000
   i=2：    1500  2000  2800  3500  4300  3000  5200  6500  5000  7600
   i=3：    1500  2000  2800  3000  3500  4300  5000  5200  6500  7600
```

图 4.2　冒泡排序过程

（2）直接插入排序

直接插入排序的基本思想是：假设待排序的数据存放在数组 a[0..n−1]中，排序过程的某一中间时刻，a 被划分成两个子区间 a[0..i−1]和 a[i..n−1]。其中，前一个子区间是已排好序的有序区；后一个子区间则是当前未排序的部分，称其为无序区。

直接插入排序的基本操作为，将当前无序区的第 i 个元素 a[i]插入到有序区 a[0..i−1]中适当的位置上，使 a[0..i]变为新的有序区。将 a[i](tmp=a[i])插入到 a[0..i−1]中的过程是：从 a[i−1]开始向 a[0]方向比较，若 tmp＜a[i−1]，则 a[i−1]后移一个位置，如此下去，找到一个 a[j]，刚好 tmp≥a[j]，则将 tmp 插入到 a[j]的后一个位置，即 a[j+1]=tmp。

对含有 n 个整数的数组 a 实现直接插入排序（从小到大）的过程如下：

```
for (i=1;i<N;i++)                       /*每趟排序 a[i]*/
    if (a[i]<a[i-1])                    /*若 a[i]大于有序区中所有元素,则位置不变*/
    {
        tmp=a[i];j=i-1;                 /*将 a[i]保存在临时变量 tmp 中*/
        do                              /*在有序区 a[0..i-1]中查找 a[i]的插入位置*/
        {
            a[j+1]=a[j];                /*将有序区中大于 a[i]的元素后移*/
            j--;
        } while (tmp<a[j] && j>=0);    /*当 a[i]≥a[j]时终止*/
        a[j+1]=tmp;                     /*a[i]插入到正确的位置上*/
    }
```

【例 4.7】对例 4.6 采用直接插入排序法进行从小到大的排序。

【解】程序如下：

```
/*文件名：lx4_7.cpp*/
#include <stdio.h>
#define N 10
main()
{
    int gz[]={3500,4300,2800,5200,6500,1500,7600,5000,2000,3000};
    int i,j,tmp;
    printf("排序前:");
    for (i=0;i<N;i++)
        printf("%d ",gz[i]);
        printf("\n");
    for (i=1;i<N;i++)
        if (gz[i]<gz[i-1])
        {
            tmp=gz[i];j=i-1;
            do
            {
                gz[j+1]=gz[j];
                j--;
            } while (tmp<gz[j] && j>=0);
            gz[j+1]=tmp;
        }
    printf("排序后:");
    for (i=0;i<N;i++)
        printf("%d ",gz[i]);
        printf("\n");
}
```

上述程序对数组 gz 排序的过程如图 4.3 所示。

```
初始序列:    3500,4300,2800,5200,6500,1500,7600,5000,2000,3000
i=1:         3500,4300,2800,5200,6500,1500,7600,5000,2000,3000
i=2:         2800,3500,4300,5200,6500,1500,7600,5000,2000,3000
i=3:         2800,3500,4300,5200,6500,1500,7600,5000,2000,3000
i=4:         2800,3500,4300,5200,6500,1500,7600,5000,2000,3000
i=5:         1500,2800,3500,4300,5200,6500,7600,5000,2000,3000
i=6:         1500,2800,3500,4300,5200,6500,7600,5000,2000,3000
i=7:         1500,2800,3500,4300,5000,5200,6500,7600,2000,3000
i=8:         1500,2000,2800,3500,4300,5000,5200,6500,7600,3000
i=9:         1500,2000,2800,3000,3500,4300,5000,5200,6500,7600
```

图 4.3　直接插入排序过程

（3）直接选择排序

直接选择排序的基本思想是：第 i 趟排序开始时，当前的有序区和无序区分别为 a[0..i−1]和 a[i..n−1]（0≤i≤n−2），与直接插入排序法中的有序区和无序区的概念相同。

第 i 趟排序是从当前无序区中选出最小的元素 a[k]，将 a[k]与无序区的第 i 个元素 a[i]交换，使 a[0..i]和 a[i+1..n−1]分别变为新的有序区和新的无序区。因为每趟排序均使有序区中增加一个元素，且有序区中的元素均不大于无序区中的元素，即第 i 趟排序之后 a[0..i]≤a[i+1..n−1]，所以进行 n−1 趟排序之后有 a[0..n−2]≤a[n−1]，也就是说，经过 n−1 趟排序之后，整个数组 a[0..n−1]递增有序，其中 a[i..j]表示 a[i]到 a[j]的元素序列，a[k]＜a[i..j]表示 a[k]小于 a[i]到 a[j]的所有元素。

对含有 n 个整数的数组 a 实现直接选择排序（从小到大）的过程如下：

```
for (i=0;i<N-1;i++)                     /*做第 i 趟排序(0≤i≤N-2)*/
{
    k=i;
    for (j=i+1;j<N;j++)                 /*在无序区 a[i..N-1]中选最小者 a[k]*/
        if (a[j]<a[k])
            k=j;                        /*k 记下目前找到的最小者的位置*/
    if (k!=i)
    {
        tmp=a[i];a[i]=a[k];a[k]=tmp;    /*交换 a[i]与 a[k]*/
    }
}
```

【例 4.8】对例 4.6 采用直接选择排序法进行从小到大的排序。

【解】程序如下：

```
/*文件名：lx4_8.cpp*/
#include <stdio.h>
#define N 10
main()
{
    int gz[]={3500,4300,2800,5200,6500,1500,7600,5000,2000,3000};
    int i,j,k,tmp;
    printf("排序前:");
    for (i=0;i<N;i++)
        printf("%d ",gz[i]);
    printf("\n");
    for (i=0;i<N-1;i++)
    {
        k=i;
        for (j=i+1;j<N;j++)
            if (gz[j]<gz[k])
                k=j;
        if (k!=i)
        {
            tmp=gz[i];gz[i]=gz[k];gz[k]=tmp;
        }
    }
    printf("排序后:");
    for (i=0;i<N;i++)
        printf("%d ",gz[i]);
    printf("\n");
}
```

上述程序对数组 gz 排序的过程如图 4.4 所示。

```
初始序列:   3500,4300,2800,5200,6500,1500,7600,5000,2000,3000
i=0:        1500,4300,2800,5200,6500,3500,7600,5000,2000,3000
i=1:        1500,2000,2800,5200,6500,3500,7600,5000,4300,3000
i=2:        1500,2000,2800,5200,6500,3500,7600,5000,4300,3000
i=3:        1500,2000,2800,3000,6500,3500,7600,5000,4300,5200
i=4:        1500,2000,2800,3000,3500,6500,7600,5000,4300,5200
i=5:        1500,2000,2800,3000,3500,4300,7600,5000,6500,5200
i=6:        1500,2000,2800,3000,3500,4300,5000,7600,6500,5200
i=7:        1500,2000,2800,3000,3500,4300,5000,5200,6500,7600
i=8:        1500,2000,2800,3000,3500,4300,5000,5200,6500,7600
```

图 4.4　直接选择排序过程

4.2 二维数组

每个元素都带有两个下标的数组为二维数组。

4.2.1 二维数组的定义

二维数组的定义格式如下：

```
数据类型  数组名[常量表达式 1][常量表达式 2];
```

其中，“数据类型”是指每个数组元素的类型，“常量表达式 1”指出数组的行数，“常量表达式 2”指出数组的列数，常量表达式 1 和 2 必须都是正整数。

二维数组中元素的存放顺序是：按行优先存放，即在内存中先顺序存放第一行的元素，再存放第二行的元素，如此类推。

二维数组可以看成是一个特殊的一维数组，其元素又是一维数组。

例如，以下语句定义了一个 3×4（3 行 4 列）的二维数组 a，每个数组元素为 int 型。

```
int a[3][4];
```

该数组元素的存储顺序是：

```
a[0][0], a[0][1], a[0][2], a[0][3],
a[1][0], a[1][1], a[1][2], a[1][3],
a[2][0], a[2][1], a[2][2], a[2][3]
```

4.2.2 二维数组元素的引用

二维数组元素的引用方式如下：

```
数组名[下标表达式 1][下标表达式 2]
```

其中，下标表达式可以是整型常量或整型表达式。因为二维数组是以行优先排列的，所以对于如下定义的二维数组：

```
int A[M][N];              /*M 行 N 列*/
```

其元素 A[i][j]（$0 \leqslant i \leqslant M-1$，$0 \leqslant j \leqslant N-1$）排在第 i*N+j+1 个存储位置。例如，上面定义的二维数组 a，a[2][2]元素的序号=2*4+2+1=11。

4.2.3 二维数组的初始化

二维数组的初始化有如下几种方式。

（1）对数组的全部元素赋初始值。

- 分行给二维数组赋初始值，例如：

```
int a[3][2]={{1, 2}, {3, 4}, {5, 6}};
```

该语句执行之后有：

```
a[0][0]=1, a[0][1]=2, a[1][0]=3, a[1][1]=4, a[2][0]=5, a[2][1]=6
```

- 按数组存储时的排列顺序赋初始值，例如：

```
int a[3][2]={1, 2, 3, 4, 5, 6};
```

该语句执行之后有：

```
a[0][0]=1, a[0][1]=2, a[1][0]=3, a[1][1]=4, a[2][0]=5, a[2][1]=6
```

- 允许省略第一维长度来给二维数组赋初始值，例如：

```
int b[][2]={1, 2, 3, 4, 5, 6};
```

该语句执行之后，自动计算出第一维长度=6/2=3，因此同样有：

```
a[0][0]=1, a[0][1]=2, a[1][0]=3, a[1][1]=4, a[2][0]=5, a[2][1]=6
```

（2）对数组的部分元素赋初始值。例如：

```
int a[3][2]={{1}, {2, 3}, {4}};
```

该语句执行之后对各行的元素赋值，对一行内未给出初值的元素自动赋值 0，因此有：

```
a[0][0]=1, a[0][1]=0, a[1][0]=2, a[1][1]=3, a[2][0]=4, a[2][1]=0
```

如果没有进行初始化，在定义二维数组时，所有维的长度都必须给出。

【例 4.9】编写一个程序，将一个二维数组行和列的元素互换，存放到另一个二维数组中（转置矩阵）。如：

$$B=\begin{bmatrix}1 & 2 & 3\\4 & 5 & 6\\7 & 8 & 9\end{bmatrix} \qquad B'=\begin{bmatrix}1 & 4 & 7\\2 & 5 & 8\\3 & 6 & 9\end{bmatrix}$$

【解】将下三角部分的元素 B[i][j]（0≤j<i）与对应的上三角元素 B[j][i]交换即可。程序如下：

```
/*文件名：lx4_9.cpp*/
#include <stdio.h>
main()
{
    int B[3][3]={1,2,3,4,5,6,7,8,9};
    int i,j,tmp;
    printf("原矩阵:\n");
    for (i=0;i<3;i++)                          /*输出原矩阵的元素*/
    {
        for (j=0;j<3;j++)
            printf("%3d ",B[i][j]);
        printf("\n");
    }
```

```
    for (i=0;i<3;i++)
        for (j=0;j<i;j++)
        {
            tmp=B[i][j];
            B[i][j]=B[j][i];
            B[j][i]=tmp;
        }
    printf("转置矩阵:\n");                /*输出转置矩阵的元素*/
    for (i=0;i<3;i++)
    {
        for (j=0;j<3;j++)
            printf("%3d ",B[i][j]);
        printf("\n");
    }
}
```

程序执行结果如下：

```
原矩阵：
1  2  3
4  5  6
7  8  9
转置矩阵：
1  4  7
2  5  8
3  6  9
```

【例 4.10】某企业对不超过 50 名员工进行工资收入统计。按员工编号从小到大的顺序依次输入基本工资、奖金，在扣除 20%个人所得税后统计每个员工的实发工资。编写一个程序，实现上述功能。

【解】定义一个 gz[50][2]数组，gz[0]、gz[1]分别存放员工的基本工资和奖金，sk[50]数组存放每个员工的个人所得税，sfgz[50]数组存放每个员工的实发工资。程序如下：

```
/*文件名：lx4_10.cpp*/
#include <stdio.h>
#define N 50
main()
{
    int gz[N][2];
        float sk[N],sfgz[N];
    int i,j,n;
        printf("员工人数:");
    scanf("%d",&n);
        printf("输入工资和奖金\n");
    for (i=0;i<n;i++)
    {
        printf("第%d 个员工：", i+1);
        scanf("%d%d",&gz[i][0],&gz[i][1]);
    }
    for (i=0;i<N;i++)              /*计算每个员工的个人所得税*/

        sk[i]=(gz[i][0]+gz[i][1])*0.2;

    for (i=0;i<N;i++)              /*计算每个员工的实发工资*/
    {
        sfgz[i]=(gz[i][0]+gz[i][1])*0.8;
    }
    printf("\n  编号    基本工资  奖金  个人所得税  实发工资\n");
    for (i=0;i<n;i++)              /*输出每个员工的数据*/
```

```
    {
        printf("%5d: ", i+1);
            printf("%8d%9d", gz[i][0],gz[i][1]);
            printf("%10.1f",sk[i]);
            printf("%10.1f\n",sfgz[i]);

    }

    printf("\n");
}
```

程序执行结果如下：

```
员工人数：3↙
输入工资和奖金
第 1 个员工：3000  1000↙
第 2 个学生：5000  2000↙
第 3 个学生：4000  2500↙
编号     基本工资      奖金       个人所得税     实发工资
1        3000          1000        800.0          3200.0
2        5000          2000        1400.0         5600.0
3        4000          2500        1300.0         5200.0
```

说明

如果不在定义数组时设置初值，数组元素数据的输入必须逐个进行，赋值或键盘输入与变量输入的方法相同，用 scanf()函数通过键盘输入元素时，元素名前必须有“&”。二维数组一般通过两重循环改变行下标和列下标来对数组元素逐个访问。

4.3 字符数组和字符串数组

4.3.1 字符数组

1. 字符数组的定义

用来存放字符的数组是字符数组。字符数组的定义和引用方式与前面讨论的一维数组相同。例如：

```
char str[8];
```

定义 str 是一个字符数组，其中有 8 个元素，每个元素是一个字符。

字符数组除了有一般数组所具有的性质外，还具有自己的特殊性。

- 字符数组存储的是一串字符序列，其中还可以包含第 2 章介绍的转义字符序列。
- 一个字符数组的字符构成一个字符串。字符数组有一个特殊的串结束符号，放在字符串的最后位置上以标记一个串的结束。这个串结束标记为 ASCII 字符的 0，即空字符，表示成'\0'。例如，上面定义的 str 字符数组最多可以存储 9 个字符，还剩一个字符位置用来存放串结束符。

2. 字符数组的初始化

可以在定义字符串的同时为字符串初始化。例如，以下定义语句：

```
char str[5]={'a', 'b', 'c', 'd', '\0'};
```

将字符数组 str 初始化成：

```
str[0]='a', str[1]='b', str[2]='c', str[3]='d', str[4]='\0'
```

但这种为字符数组初始化的方法比较麻烦，不仅要为每个元素都加上一对单引号，还要最后多加一个字符串结束标记。

可以使用简单的方法为字符数组进行初始化。例如：

```
char str[5]="abcd";
```

实现与前面初始化一样的功能。对于这种赋初值的方法，编译系统会自动在字符串的结尾加上一个结束标记。

当然，也可以使用以下更简单的方法定义并初始化字符数组 str，即省去数组的维数定义：

```
char str[]="abcd";
```

字符数组 str 在内存中的存储方式为

a	b	c	d	\0

由于字符串结束符的存在，一个字符串在内存中所占的存储空间比实际存储的字符个数多 1。

注意

字符数组中的元素是字符。因此在对字符数组元素赋值时，必须使用单引号。与普通数组一样，字符数组名是地址常量，其值为数组本身在内存中存放区域的首地址，即字符串中第一个字符的存储地址。以下的赋值语句是错误的：

```
str="abcd";
```

在初始化表中的初值个数可以少于数组元素的个数，这时，只为数组的前几个元素赋初值，其余的元素将自动被赋以“空格”符。如果初始化表中的初值个数多于数组元素的个数，则被当作语法错误来处理。

【例 4.11】分析以下程序的错误。

```
#include <stdio.h>
main()
{
    char s[5]="Hello";
    printf("%s\n", s);
}
```

【解】字符数组 s 的长度为 5，但初始化时存放 5 个字符，没有空间可以存放字符串的结束标记，存在数组越界错误。应将 str 的初始化改为

```
char s[6]="Hello";
```

或

```
char s[]="Hello";
```

3. 字符串的输入和输出

字符串的输入和输出实际上就是字符数组的输入和输出。C 语言主要使用 scanf()和 printf()函数实现字符串的输入和输出。

在使用格式符“%s”输入字符串时，在 scanf()函数中的“输入项地址表”部分应直接写出字符数组的名字，而不再用取地址运算符“&”，因为 C 语言规定数组的名字就代表该数组的起始地址。

用“%s”格式符输入时，从键盘输入的字符串的长度（字符个数）应短于已定义的字符数组的长度，因为在输入的有效字符的后面，系统将自动地添加字符串结束标记'\0'。

利用格式符“%s”输入的字符串是以“空格”、Tab 或“回车”来结束输入的。通常，在利用一个 scanf()函数同时输入多个字符串时，字符串之间以“空格”为间隔，最后按“回车”结束输入。

在利用格式符“%s”输出字符串时，在 printf()函数中的“输出项表”部分应直接写字符数组的名字，而不能写数组元素的名字，同时，所输出的字符串必须以'\0'结尾，但'\0'字符并不显示出来。

另外，还可以使用 getchar()、putchar()函数来输入、输出单个字符。

4. 字符串处理函数

（1）gets()

其使用格式为

```
gets(字符数组);
```

该函数在输入字符串方面与 scanf()函数的差别是：使用 gets()函数输入的字符串可以包含空格；而 scanf()遇到空格时表示输入结束。例如：

```
char str[20];
gets(str);
```

运行时从键盘输入

```
I am a student↙
```

结果是将此字符序列 15 个字符和'\0'字符共 16 个存入 str。

（2）puts()

其使用格式为

```
puts(字符数组);
```

其功能是输出字符串，其中可以包含'\0'字符(将其转换成'\n')和转义字符等。例如：

```
char s[]="Good\n\Morning";
puts(s);
```

运行时输出：

```
Good
Morning
```

（3）strcat()

其使用格式为

```
strcat(字符数组 1, 字符数组 2);
```

其功能是把“字符数组 2”连接到“字符数组 1”的后面，结果放在“字符数组 1”中。因此，“字符数组 1”的长度应足够长，否则出错。

（4）strcpy()

其使用格式为

```
strcpy(字符数组 1, 字符串 2);
```

其功能是将“字符串 2”复制到“字符数组 1”中。“字符数组 1”的长度应足够长，否则出错。

（5）strcmp()

其使用格式为

```
strcmp(字符串 1, 字符串 2);
```

其功能是比较两个字符串。若“字符串 1”等于“字符串 2”，则返回 0；若“字符串 1”小于“字符串 2”，则返回一个负整数；若“字符串 1”大于“字符串 2”，则返回一个正整数。

（6）strlen()

其使用格式为

```
strlen(字符串);
```

其功能是返回“字符串”的长度，不包括'\0'。

在使用字符串时应注意以下几点。

- 不能用赋值语句将一个字符串常量直接赋给一个字符数组，但可以使用 strcpy()函数进行赋值。例如：

  ```
  str="abcd";
  ```

  是不正确的，应改为

  ```
  strcpy(str, "abcd");
  ```

- 两个字符串不能直接比较大小，应使用 strcmp()函数。例如：

  ```
  if (str1>str2) printf("1");
  ```

  是不正确的，应改为

  ```
  if (strcmp(str1, str2)>0) printf("1");
  ```

由于字符数组都有一个长度定义，当超界时会出错，因此在处理字符串时最好的方式是使用指针（参见第 6 章）。

【例 4.12】 编写一个程序，输入一个字符串，并逆序输出。

【解】 逆序字符串 s[0..n−1]的过程是：依次将 s[0]与 s[n−1]、s[1]与 s[n−2]、……进行交

换。程序如下：

```
/*文件名：lx4_12.cpp*/
#include <stdio.h>
#include <string.h>  /*包括 strlen()的声明*/
#define N 100
main()
{
    char s [N];
    int i;
    printf("字符串:");
    gets(s);
    printf("逆  序:");
    for (i=strlen(s);i>=0;i--)
       putchar(s[i]);
    printf("\n");
}
```

程序执行结果如下：

```
字符串：Hello! ↙
逆  序：!olleH
```

【例 4.13】编写一个程序，将一个子字符串插入到主字符串的指定位置。

【解】先分别获取主串（str1）和子串（str2）以及插入位置 n，将 str1[0]～str1[n−1]复制到 str3 中，接着将 str2 复制到 str3 中，再将 str1[n]至最后字符复制到 str3 中，最后输出 str3。程序如下：

```
/*文件名：lx4_13.cpp*/
#include <stdio.h>
main()
{
    int n,i,j,k;
    char str1[20],str2[20],str3[40];
    printf("主字符串:");
    gets(str1);
    printf("子字符串:");
    gets(str2);
    printf("起始位置:");
    scanf("%d",&n);
    for (i=0;i<n;i++)
       str3[i]=str1[i];
    for (j=0;str2[j]!='\0';j++)
       str3[i+j]=str2[j];
    for (k=n;str1[k]!='\0';k++)
       str3[j+k]=str1[k];
    str3[j+k]='\0';
    printf("结果字符串:%s\n",str3);
}
```

程序执行结果如下：

```
主字符串：I  happy! ↙
子字符串：am↙
起始位置：2↙
结果字符串：I am happy!
```

4.3.2 字符串数组

1. 字符串数组的定义

字符串数组的每个元素又都是一个字符串。字符串数组是二维数组。采用二维字符串数组时，可以先将二维变成若干个一维数组，其处理方法与一维数组相同。例如：

```
char c[10], str[2][10];
```

该定义中，str 是一个具有两个字符串元素的一维字符串数组，每个字符串元素的长度为 10 个字符，包括字符串结束符。

一维字符串数组元素的引用，使用的是第一个下标元素，例如：

- str[0]表示数组中第一个字符串元素的首地址。
- str[1]表示数组中第二个字符串元素的首地址。

因此

```
str[0]="ABCD";
```

这种赋值是错误的，因为 str[0]是一个地址常量，不允许赋值。赋值语句

```
str[0][0]="ABCD";
```

也是错误的，因为 str[0][0]是字符，不是字符串。

2. 字符串数组赋值操作

可以使用以下 4 种方法对字符串数组进行赋值操作。

（1）初始化赋值。例如：

```
char name[2][8]={"Mary", "Smith"};
```

结果为

```
name[0]="Mary", name[1]="Smith"
```

name 字符串数组的存储结构如图 4.5 所示，该字符串数组含有两个元素，每个元素用于存放一个字符串，每个元素的长度是相同的，但实际存放的字符个数可能不同。

name[0]	M	a	r	y	\0	
name[1]	S	m	i	t	h	\0

图 4.5 name 字符串数组的存储结构

（2）使用 scanf()函数赋值。例如：

```
scanf("%s", name[0]);
```

则将键盘输入的一个字符串赋给 name[0]。

（3）使用标准字符串函数赋值。例如：

```
strcpy(name[0], "Smith");
```

则将字符串"Smith"赋给 name[0]。

（4）使用一般赋值语句赋值。例如：

```
name[0][0]='M';name[0][1]='a';name[0][2]='r';name[0][3]='y';
```

则将字符串"Mary"赋给 name[0]。

4.4 上机实训 4：学生成绩统计

实训内容

从键盘上输入若干个学生的成绩，统计计算出平均成绩，并输出低于平均分的学生成绩，用输入负数结束输入。【本实训指导见附录 D】

实训提示

通过格式化输入函数输入学生成绩，并将其存入到一维数组中。

4.5 小结

（1）数组是可以通过下标访问的相同类型数据元素的集合，而下标则是用于标识数组元素位置的正整数。

（2）一维数组。

- 一维数组的定义方式：

  数据类型 数组名[常量表达式]；

- 一维数组元素的引用方式：

  数组名[下标]

- 一维数组的查找：一维数组常用的查找方法有顺序查找和二分查找。
- 一维数组的排序：常用的一维数组排序方法有冒泡排序、直接插入排序和直接选择排序。

（3）二维数组。

- 二维数组的定义方式：

  数据类型　数组名[常量表达式 1][常量表达式 2]；

- 二维数组元素的引用方式：

  数组名[下标表达式 1][下标表达式 2]

（4）字符数组。

字符数组是用来存放字符的数组，其定义和引用方式与一维数组相同。在C语言中没有直接提供字符串类型，字符串被定义为一个字符数组。

（5）字符串数组。

字符串数组的每个元素又都是一个字符串。字符串数组是二维数组。

4.6 课后习题

4.6.1 单项选择题

（1）以下关于数组的描述错误的是_______。

A. 字符数组可以存放字符串

B. 字符数组中的字符串可以整体输入和输出

C. 可以在赋值语句中通过赋值运算符“=”对字符数组整体赋值

D. 不可以用关系运算符对字符数组中的字符串进行比较

（2）下述关于字符数组的描述正确的是_______。

A. 数组的大小是固定的，但可以有不同类型的数组元素

B. 数组的大小是可变的，但所有数组元素的类型必须相同

C. 数组的大小是固定的，所有数组元素的类型必须相同

D. 数组的大小是可变的，可以有不同类型的数组元素

（3）下面语句的输出结果是_______。

```
int i;
int x[3][3]={1,2,3,4,5,6,7,8,9};
for(i=0;i<3;i++) printf("%d",x[i][i]);
```

A. 159　　B. 147　　C. 357　　D. 369

（4）下面语句的输出结果是_______。

```
main( )
   { int n[3],i,j,k;
   for(i=0;i<3;i++) n[i]=0;
   k=2;
   for (i=0;i<k;i++)
   for (j=0;j<k;j++) n[j]=n[i]+1;
   printf("%d\n",n[1]); }
```

A.2　　B. 1　　C. 0　　D. 3

（5）不能把字符串Hello!赋给数组b的语句是_______。

A. char b[10]={'H', 'e', 'l', 'l', 'o', '!'};

B. char b[10];b="Hello!";

C. char b[10];strcpy(b,"Hello!");

D. char b[10]="Hello!";

（6）当执行下面程序且输入ABC时，输出的结果是_______。

```
#include
   main()
```

```
{ char ss[10]="12345";
gets(ss);printf("%s\n",ss); }
```

A. ABC　　B. ABC9　　C. 123456ABC　　D. ABC456789

（7）以下程序输出结果是_______。

```
#include
  f(int b[], int n)
  { int i, r;
    r=1;
    for(i=0; i<=n; i++) r=r*b[i];
    return r;
  }
  main()
  { int x, a[]={ 2,3,4,5,6,7,8,9};
    x=f(a, 3);
    printf("%d\n",x);
  }
```

A. 720　　B.120　　C. 24　　D. 6

4.6.2 填空题

（1）以下程序的输出结果是_______。

```
main()
   { int b[3][3]={0,1,2,0,1,2,0,1,2},i,j,t=1;
   for(i=0;i<3;i++)
   for(j=i;j<=i;j++) t=t+b[i][b[j][j]];
  printf("%d\n",t);
  }
```

（2）以下程序的执行结果是_______。

```
main()
   { char s[]="abcdef";
   s[3]= '\0';
   printf("%s\n",s);
   }
```

（3）以下程序的执行结果是_______。

```
main()
   { int arr[10],i,k=0;
   for( i=0; i<10; i++)
   arr[i]=i;
   for( i=1; i<4; i++)
   k+=arr[i]=i;
   printf( "%d\n", k);}
```

（4）定义如下变量和数组：

```
int k;
int a[3][3]={9,8,7,6,5,4,3,2,1};
```

则下面语句的输出结果是_______。

```
for(k=0;k<3;k++)printf("%d",a[k][k]);
```

第5章

函　数

函数是 C 源程序的基本组成单位，也是程序设计的重要手段。使用函数可以将一个复杂的程序按照其功能分解成若干个功能相对独立的基本模块，并分别对每个模块进行设计；最后将这些基本模块按照层次关系进行组装，完成复杂程序的设计。这样可以使程序结构清晰，便于编写、阅读和调试。在 C 程序中进行模块化程序设计时，这些基本模块就是用函数来实现的。掌握 C 语言函数的相关内容是进行模块化设计的基础。

学习目标：理解 C 语言函数定义、声明和调用的概念，掌握内部函数和外部函数、内部变量和外部变量、函数调用中数据传递过程、变量的存储类型和递归函数设计等相关知识和使用方法。

本章知识点

- 函数的定义与调用
- 内部函数和外部函数
- 内部变量和外部变量
- 变量的存储类型
- 函数的数据传递
- 数组作为函数参数
- 递归函数

C Programming

5.1 函数的定义与调用

一个 C 程序是由若干个函数组成的。C 语言中的函数分为两类，即库函数和自定义函数。

系统提供的库函数又称标准函数。C 语言提供了丰富的库函数（每个库函数都是一段完成特定功能的程序，由于这些功能往往是程序设计人员的共同需求，因此这些功能被设计成标准的程序块，并经过编译后以目标代码的形式存放在库文件中），这些函数包括了常用的数学函数（如求余弦值的 cos()函数，求平方根值的 sqrt()函数）、字符和字符串处理函数、输入/输出函数等。这些库函数由系统定义，在程序中可以直接调用，但在调用之前需要进行函数声明。对每一类的库函数，系统都提供了相应的头文件，该头文件包括了这一类函数的声明，如 printf()、scanf()等函数的声明包含在“stdio.h”文件中，cos()、sqrt()等函数的声明包含在“math.h”文件中，strlen()、strcmp()等函数的声明包含在“string.h”文件中。在程序中使用这些函数时，在程序开头应使用#include 宏命令包括相应的头文件，其目的是声明这些函数。

自定义函数是用户自己定义的函数。本节介绍自定义函数的定义和调用方法。

5.1.1 函数定义

函数定义就是编写完成函数功能的程序块。函数定义的格式有两种，即传统格式和现代格式。早期的 C 编译系统均使用传统格式。

传统的函数定义的一般格式如下：

```
存储类型 数据类型 函数名(形参表)
形参定义语句序列;
{
    数据定义和声明语句序列;
    可执行语句序列;
}
```

现代的函数定义的一般格式如下：

```
存储类型 数据类型 函数名(形参定义表)
{
    数据定义和声明语句序列;
    可执行语句序列;
}
```

传统的函数定义和现代的函数定义之间的差别仅在于后者将形参的定义（包括数据类型和形参名）一律放在函数名后的圆括号中。当有多个形参时，可以用逗号进行分隔。

C 语言中变量不仅有数据类型，还有存储类型。在函数定义格式中，存储类型和数据类型均是指变量的存储类型和数据类型。数据类型用来说明变量所占的存储空间的大小和可以进行的操作；存储类型用来标示变量的生命期和作用域，即变量起作用的范围。在 C 语言中有 4 种存储类型关键字：auto、static、extern、register。有关“存储类型”的概念将在 5.4 节介绍，另有如下 5 点说明。

- “数据类型”指出该函数通过 return 返回值的类型，除了取常用的各种数据类型如 int、float、char 等外，还有一种特殊类型即 void。void 型的函数无返回值。默认的数据类型值为 int 型。

- 函数的形参表由一个或多个形参组成，多个形参彼此之间用逗号分隔。也可以没有形参，但函数名后的“()”不能省略。形参可以是变量、指针或数组名等，但不能是表达式或常量等。
- void 型函数不能包含 return 语句，其他类型函数至少包含一个 return 语句。
- “数据定义和声明语句序列”和“可执行语句序列”构成了函数体，其中“可执行语句序列”包含实现函数功能的若干 C 语句，其中使用到的变量需要在“数据定义和声明语句序列”中进行定义或声明。如果函数有返回值，则应包含 return 语句。
- C 语言规定，函数的定义不能嵌套，即不能在函数的定义体内又包含另一个函数的定义。这就保证了每一个函数是一个独立的和功能单一的程序单元。在由多个函数组成的 C 语言程序中，函数定义的先后顺序与其被调用的先后次序无关，即函数的定义次序不影响其调用次序。由此可以看出，一个 C 语言的程序实质上是一系列相互独立的函数的定义，函数之间只存在调用和被调用的关系。

【例 5.1】 编写一个函数 sum(n)，用于计算 1+3+…+2n+1 的值。

【解】 sum()函数的定义如下：

```
int sum(int n)
{
    int i,s=0;
    for (i=1;i<=2*n+1;i+=2)
    s=s+i;
    return s;
}
```

5.1.2 函数调用

所有的函数被 main()函数直接或间接调用才能执行。如果在程序里定义的某个函数不被 main()函数直接或间接调用，在程序执行中就不会参与程序的执行，因而对程序完成的工作也不能有任何贡献。

C 语言中函数调用的一般格式如下：

```
函数名(实参表)
```

在调用函数时，函数名后圆括号中的多个实参彼此之间用逗号分隔。如果调用无参函数，则实参表为空，但函数名之后的“()”不能省略。实参与形参的个数必须相等，对应类型应一致，实参与形参按顺序对应，一一传递数据。

在一个函数中调用另一个函数时，程序控制就从调用函数中转移到被调用函数，并且从被调用函数的函数体起始位置开始执行该函数的语句。在执行完函数体中的所有语句或者遇到 return 语句时，程序控制就返回调用函数中原来的断点位置继续执行。

例如，调用上述 sum()函数的语句为

```
int d;
d=sum(10);
```

调用函数的一般执行过程如下。

（1）传递实参给被调用函数的形参。

（2）将控制传给被调用函数，开始执行被调用函数。

（3）被调用函数保存调用函数的执行现场，其中包括断点等。

（4）执行被调用函数的函数体，每遇到调用其他函数时，就重复（2）调用其他函数。

（5）被调用函数执行结束时（如遇到 return 语句，或者遇到函数体的结束括号“}”时），恢复现场，控制返回调用函数（如主函数）的调用后继续执行。

【例 5.2】编写一个程序，实现对例 5.1 的函数调用。

【解】程序如下：

```
/*文件名：lx5_2.cpp*/
#include <stdio.h>
int sum(int n)
{
    int i,s=0;
    for (i=1;i<=2*n+1;i+=2)
    s=s+i;
    return s;
}
main()
{
    int n;
    printf("Input a integer number:");
    scanf("%d",&n);
    printf("sum(%d)=%d\n",n,sum(n));
}
```

程序执行结果如下：

```
Input a integer number:5↙
sum(5)=36
```

5.1.3 函数的返回值与函数类型

函数的返回值是指函数被调用之后，执行函数体中的程序段所取得的并返回给主调函数的值。C 语言中的函数兼有其他语言中的函数和过程两种功能，从这个角度看，又可以把函数分为有返回值函数和无返回值函数两种。有返回值函数相当于其他语言中的函数，无返回值函数则相当于其他语言中的过程。函数类型就是函数定义首部的类型名时所定义的类型，即函数返回值的类型。

1. 函数返回值与 return 语句

函数的返回值是通过函数中的 return 语句来获得的。return 语句的格式如下：

```
return 表达式;
```

或

```
return(表达式);
```

或

```
[return;]
```

return 语句的功能是：返回主调函数，并将“表达式”的值带回给主调函数。

当程序执行到函数体的 return 语句时，程序的流程就返回到主调函数中调用该函数处，并将“表达式”的值作为函数值带回到调用处。例如，对于例 5.2 中的 sum()函数，当在 main()主函数中遇到调用语句时，sum()函数中的“return s;”语句的功能就是将表达式 s 的值作为函数值并返回到 main()函数的调用语句中。

函数可以有返回值，有返回值函数中必须有 return 语句，并可以根据需要有多个 return 语句。函数也可以没有返回值，无返回值函数的末尾可以有一个不带表达式的 return 语句。

【例 5.3】采用有返回值函数设计输出一个给定整数的绝对值。

【解】程序如下：

```
/*文件名：lx5_3.cpp*/
#include <stdio.h>
int abs(int x)
{
    return x>0?x:-x;
}
main()
{
    int n;
    scanf("%d",&n);
    printf("%d\n",abs(n));
}
```

上述程序中，abs()函数含有一个 return 语句返回绝对值，然后通过 main()中的 printf()函数输出该绝对值。

【例 5.4】采用无返回值函数设计输出一个给定整数的绝对值。

【解】程序如下：

```
/*文件名：lx5_4.cpp*/
#include <stdio.h>
void abs(int x)
{
    int y=(x>0?x:-x);
    printf("%d\n",y);
}
main()
{
    int n;
    scanf("%d",&n);
    abs(n);
}
```

程序中，abs()函数没有包含 return 语句，直接通过 printf()函数输出绝对值。

2. 函数类型

函数类型就是函数定义首部的类型名所定义的类型，也就是函数返回值的类型，因此，在定义函数时，无返回值函数的类型定义为 void，有返回值函数的类型应与 return 语句中返回值表达式的类型一致。例如，在很多情况下，main()函数无返回值，因此，最好定义成

```
void main()
{
   ⋮
}
```

当有返回值函数的类型定义与 return 语句中表达式的类型不一致时，则以函数类型定义为准。对于数值型数据，系统能自动进行类型转换，其他数据则按出错处理。

如果默认函数类型定义，则系统一律按整型处理。

【例 5.5】分析以下程序的执行结果。

```
/*文件名: lx5_5.cpp*/
#include <stdio.h>
min(float x,float y)
{
    return x<y?x:y;
}
main()
{
    printf("%d\n",min(2.3,3.5));
}
```

【解】程序执行结果如下：

```
2
```

上述程序中，min()函数的定义没有指定类型，系统默认为 int 型。return 语句中的表达式为 float 型，其值 2.3 自动转换为整数 2 返回给 main()函数。

5.1.4 被调用函数声明

在程序中调用一个函数时，需要声明该函数的数据类型和参数，称为函数声明。函数在程序的数据定义或声明部分声明。C 语言规定，如果调用一个函数发生在该函数的定义之前，则在调用前必须对该函数进行声明。对于程序中调用系统提供的标准函数，其函数声明已经包含在头文件中，不必在程序中再次声明。

和函数定义格式相对应，函数声明格式也有传统格式和现代格式两种。传统的函数声明格式如下：

```
数据类型 函数名();                    /*不给出形参定义*/
```

在传统格式的程序中，当调用 int 型和无返回值（void）函数时，可以默认其声明。现代的函数声明来源于 ANSI C，又称为函数原型。其函数声明如下：

```
存储类型 数据类型 函数名(形参定义表);  或  存储类型 数据类型 函数名(形参数据类型表);
```

与传统函数声明相比，现代函数声明格式中增加了形参的定义信息。

例如，前面定义的 sum()函数，采用传统声明时，既可以不声明（默认声明），也可以用如下声明：

```
int sum();
```

采用现代声明：

```
int sum(int n);  或  int sum(int);
```

注意 多个函数声明的顺序无要求。如果函数的声明放在源文件的开头，则该声明对整个源文件都有效。如果函数的声明是在调用函数定义的内部，则该声明仅对该调用函数有效。

5.1.5 函数应用举例

【例 5.6】求 3 个整数的最大公因子。

【解】可以先求两个整数的最大公因子，然后用这个公因子与第 3 个数再求最大公因子，程序如下：

```
/*文件名：lx5_6.cpp*/
#include <stdio.h>
int gcd(int m,int n)
{
    int r;
    while (n!=0)
    {
        r=m%n;
        m=n;
        n=r;
    }
    return(m);
}
main()
{
    int a,b,c,g;
    printf("Input three integers:\n");
    scanf("%d%d%d",&a,&b,&c);
    g=gcd(a,b);
    g=gcd(g,c);
    printf("gcd=%d\n",g);
}
```

【例 5.7】计算 $s=\sum_{i=1}^{n} i^3!$，其中 n 是用户输入的一个整数。

【解】定义一个函数 cub，用于求一个数的立方值；定义函数 fac，用于求一个数的阶乘，而 fac 需要调用 cub。程序如下：

```
/*文件名：lx5_7.cpp*/
#include <stdio.h>
long cub(int p)
{
    int k;
    k=p*p*p;
    return k;
}
long fac (int q)
{
```

```
    long c=1;
    int i;
    long j;
    j=cub(q);
    for(i=1;i<=j;i++)
        c=c*i;
    return c;
}
main()
{
    int i;
    int n;
    long s=0;
    scanf("%d",&n);
    for(i=1;i<=n;i++)
        s=s+fac(i);
    printf("s=%ld\n",s);
}
```

【例 5.8】编写一个程序，用迭代法求某数 a 的平方根。已知求平方根的迭代公式为

$$x_1 = \frac{1}{2}\left(x_0 + \frac{a}{x_0}\right)$$

【解】利用以上迭代公式求 a 的平方根的算法步骤如下：

（1）先自定一个初值 x_0，作为 a 的平方根值，在下面的程序中，取 $a/2$ 作为 x_0 的初值，利用迭代公式 $x_1=(x_0+a/x_0)/2$ 求出一个 x_1。

（2）把新求得的 x_1 代入 x_0 中，准备用此新的 x_0 再去求出一个新的 x_1。

（3）利用迭代公式再求出一个新的 x_1 值，也就是用新的 x_0 又求出了一个新的平方根值 x_1，此值将更趋近真正的平方根值。

（4）比较前后两次所求的平方根值 x_0 和 x_1，若其误差小于或等于指定的10^{-6}，则认为 x_1 就是 a 的平方根；否则再转向步骤（2），继续循环进行迭代。

程序如下：

```
/*文件名：lx5_8.cpp*/
#include <stdio.h>
#include <math.h>
float sqrt1(float a)
{
    float x0,x1;
    x0=a/2;
    x1=(x0+a/x0)/2;
    do
    {
        x0=x1;
        x1=(x0+a/x0)/2;
    } while (fabs(x0-x1)>1e-6);
    return x1;
}
main()
{
    float a;
    printf("输入 a:");
    scanf("%f",&a);
    if (a>0)
    {
```

```
        printf("自定义函数求解:%f\n",sqrt1(a));
        printf("库 函 数 求 解:%f\n",sqrt(a));    /*库函数求解的结果*/
    }
}
```

程序执行结果如下：

```
输入 a:5↙
自定义函数求解: 2.236068
库 函 数 求 解: 2.236068
```

【例 5.9】Hanoi 塔问题。一块木板上有 3 根针 A、B、C。A 针上套有若干个大小不等的圆盘，大的在下，小的在上。要把这若干个圆盘从 A 针移到 C 针上，每次只能移动一个圆盘，移动可以借助 B 针进行。但在任何时候，任何针上的圆盘都必须保持大盘在下，小盘在上。试给出移动的步骤。

【解】设 A 上有 n 个盘子。如果 n=1，则将圆盘从 A 直接移动到 C。如果 n≠1 则分为 3 步：把 n-1 个圆盘从 A 移到 B，把最下面一个圆盘从 A 移到 C，把 n-1 个圆盘从 B 移到 C。在递归调用过程中 n=n-1，故 n 的值逐次递减，最后 n=1 时终止递归，逐层返回。

```
/*文件名: lx5_9.cpp*/
#include <stdio.h>
void move(int n,char x,char y,char z)
{
    if(n==1)
        printf("%c-->%c\n",x,z);
    else
    {
        move(n-1,x,z,y);
        printf("%c-->%c\n",x,z);
        move(n-1,y,x,z);
    }
}
void main()
{
    int h;
    printf("\ninput number:\n");
    scanf("%d",&h);
    printf("the step to moving %2d diskes:\n",h);
    move(h,'a','b','c');
}
```

运行情况：

```
input number:
4↙
the step to moving 4 diskes:
a→b
a→c
b→c
a→b
c→a
c→b
a→b
a→c
b→c
b→a
```

```
c→a
b→c
a→b
a→c
b→c
```

5.2 内部函数和外部函数

函数在本质上是全局的。C 语言根据函数能否被其他源文件中的函数调用，将函数分为内部函数和外部函数。

5.2.1 内部函数

1. 内部函数的概念

如果在一个源文件中定义的函数只能被本源文件中的函数调用，而不能被同一程序中其他源文件中的函数调用，则这种函数称为内部函数。内部函数的作用域局限于定义其源文件内部。

2. 内部函数的定义

定义一个内部函数，若指定函数的“存储类型”为关键字 static，则表示该函数是内部函数。static 不能省略。采用现代的函数定义方式定义内部函数的一般格式如下：

```
[static] 数据类型 函数名(形参定义表)
{
    函数体;
}
```

使用内部函数的好处是：不同的人编写不同的函数时，不用担心自己定义的函数是否会与其他源文件中的函数同名。

5.2.2 外部函数

1. 外部函数的概念

如果在一个源文件中定义的函数除了可以被本源文件中的其他函数调用外，也可以被其他源文件中的函数所调用，则这种函数称为外部函数。外部函数的作用域是整个源程序。

2. 外部函数的定义

在定义一个函数时，若指定函数的“存储类型”为关键字 extern，则表示该函数是外部函数。extern 可以省略，所以一般的函数都默认定义为 extern。采用现代的函数定义方式定义外部函数的一般格式如下：

```
[extern] 数据类型 函数名(形参定义表)
{
    函数体;
}
```

与调用本源文件中的函数一样，需要对被调用的外部函数进行如下声明：

```
[extern] 数据类型1 函数名1(形参定义表1)[, 数据类型2 函数名2
(形参定义表2)……];
```

注意 由于函数默认定义为extern存储类型，所以，如果指定函数的存储类型为static，则需要在函数定义和声明的前面都加上关键字static。

5.3 内部变量和外部变量

变量的有效范围称为变量的作用域。所有的变量都有自己的作用域，变量定义的位置不同，其作用域也不同，所以作用域是从空间角度对变量特性的一个描述。按照变量的作用域不同，可以将C语言中的变量分为内部变量和外部变量。

5.3.1 内部变量

在一个函数（包括 main()函数）内部或复合语句内部定义的变量称为内部变量。内部变量只在该函数范围内或该复合语句范围内有效。在函数之外或复合语句之外就不能使用这些变量了。所以，内部变量也称为局部变量。

一般情况下，局部变量只有定义，没有声明，因为局部变量不能跨越几个源程序文件使用。

C 语言允许在不同的函数中使用相同的变量名，而代表不同的对象，被分配不同的存储单元，互不干扰，也不会发生混淆。

【例 5.10】分析以下程序的执行结果。

```
/*文件名：lx5_10.cpp*/
#include <stdio.h>
main()
{
    int a=2;
    {
        int a=10;
        printf("a=%d\n",a);
    }
    printf("a=%d\n",a);
}
```

【解】程序执行结果如下：

```
a=10
a=2
```

上述程序中，定义了两个变量a，值为2的a的作用域为整个main()函数，值为10的a的作用域为所在的复合语句。但在该复合语句中，前者被屏蔽，所以第一个printf语句输出后者的值（即 10），当退出复合语句时，后者消失，前者变为有效，所以第二个 printf 语句输出前者的值（即 2）。

5.3.2 外部变量

在函数外部定义的变量称为外部变量。外部变量不属于任何一个函数，其作用域是：从外部变量的定义位置开始，到本源文件结束为止。外部变量可以被作用域内的所有函数直接引用，所以外部变量又称全局变量。

外部变量可以加强函数模块之间的数据联系，但又使函数依赖于外部变量，这些函数都有可能修改其值，因而使函数的独立性降低。从模块化程序设计的观点来看，这是不利的。另外，外部变量在程序整个运行过程中都要占用内存单元，有可能造成不必要的内存资源浪费。因此不是非用不可时，不提倡使用外部变量。

在同一源文件中，允许外部变量和内部变量同名。同名时在内部变量的作用域内，外部变量将被屏蔽而不起作用。

【例 5.11】分析以下程序的执行结果。

```
/*文件名：lx5_11.cpp*/
#include <stdio.h>
void fun();
int a=2;              /*外部变量定义*/
main()
{
    int a=10;
    fun();
    printf("a=%d\n",a);
}
void fun()
{
    printf("a=%d\n",a);
}
```

【解】程序执行结果如下：

```
a=2
a=10
```

上述程序中，定义了两个变量 a，值为 2 的 a 是外部变量，其作用域为整个程序，值为 10 的 a 是内部变量，其作用域是 main()函数。执行 main()函数时，外部变量 a 被屏蔽，当调用 fun()函数时，在该函数中出现的 a 是外部变量，所以其中的 printf 语句输出 2，当返回 main()函数后，外部变量 a 消失，所以 main()函数中的 printf 语句输出 10。

外部变量的作用域是从定义点开始到本源文件结束为止的。如果定义点之前的函数需要引用这些外部变量，则需要在函数内对被引用的外部变量进行声明。外部变量声明的一般形式如下：

```
extern  数据类型  外部变量[,外部变量 2……];
```

可以通过对外部变量的声明将其作用域延伸到定义点的位置之前的函数中。

外部变量的定义和外部变量的声明是不同的。外部变量的定义必须在所有的函数之外，且只能定义一次；外部变量的声明则出现在要使用该外部变量的函数内，而且可以出现多次。外部变量在定义时分配内存单元，并可以初始化；外部变量声明时，不能再赋初值，只是表明在该函数内要使用这些外部变量。

【例 5.12】 分析以下程序的执行结果。

```
/*文件名：lx5_12.cpp*/
#include <stdio.h>
void fun();
main()
{
    extern int a;              /*外部变量声明*/
    fun();
    printf("a=%d\n",a);
}
int a;                         /*外部变量定义*/
void fun()
{
    a=10;
}
```

【解】 程序执行结果如下：

```
a=10
```

上述程序中，外部变量 a 的定义位置在 main()函数的定义之后，因此，在 main()函数中要引用外部变量 a 就必须先声明，使其作用域延伸到该函数中才能引用。

5.4 变量的存储类型

存储类型是指数据在内存中存储的方法，既确定了所定义的变量在内存中的存储位置，也确定了变量的作用域和生存期。在内存中，供用户使用的存储空间由程序代码区、静态存储区和动态存储区 3 部分组成，如图 5.1 所示。数据分别存放在静态存储区和动态存储区中。动态存储区用来保存函数调用时的返回地址、自动类型的内部变量等。静态存储区用来存放外部变量及静态类型的内部变量。

动态存储区(堆栈)

静态存储区

程序代码区

图 5.1 C 程序在内存中的存储映像

5.4.1 内部变量的存储类型

内部变量有如下几种存储类型。

1. 自动内部变量

自动内部变量简称自动变量。当在函数内部或复合语句内定义变量时，如果没有指定存储类型或使用了关键字 auto，系统就认为所定义的变量具有自动存储类型。

自动变量的存储单元被分配在内存的动态存储区中。每当进入函数体（或复合语句）

时，系统自动为自动变量分配存储单元，退出时自动释放这些存储单元，再次进入函数体（或复合语句）时，系统将为其另行分配存储单元，变量的值不可能被保留，因此，这类内部变量的作用域是从定义的位置起，到函数体（或复合语句）结束为止。

因为动态存储区内为某个变量分配的存储单元位置随程序的运行而改变，变量中的初值也随之改变，所以这种变量必须赋初值；不同函数中使用了同名自动变量也不会相互影响。

【例 5.13】分析以下程序的执行结果。

```
/*文件名: lx5_13.cpp*/
#include <stdio.h>
void fun();
main()
{
    fun();
    fun();
}
void fun()
{
    int a=1;                                  /*自动变量*/
    a++;
    printf("a=%d\n",a);
}
```

【解】程序执行结果如下：

```
a=2
a=2
```

上述程序中，函数 fun()中的变量 a 为自动变量，其作用域只是 fun()函数，所以两次调用该函数的输出结果相同。

2. 寄存器内部变量

寄存器内部变量简称寄存器变量，也是一种自动变量。寄存器变量与自动变量的区别仅在于：寄存器变量使用关键字 register 进行定义，并建议编译程序将这类变量的值保存在 CPU 的寄存器中，而不是内存中，这样执行速度更快些。因此，可以把频繁使用的少数变量指定为寄存器变量，从而提高程序的运行速度。

正因为寄存器变量不是保存在内存中，所以不能进行取地址等运算。

【例 5.14】分析以下程序存在的错误。

```
#include <stdio.h>
main()
{
    register int n;
    n=100;
    printf("%d\n", &n);
}
```

【解】程序中寄存器变量 n 不能使用“&”运算符取地址。正确的方法是将寄存器变量改为自动变量，即定义为 int n。

3. 静态内部变量

当在函数体（或复合语句）内部用static来定义一个变量时，称该变量为静态内部变量（不能简称为静态变量，因为存在静态外部变量）。静态内部变量的作用域与自动变量和寄存器变量一样，但是与前者有两点本质上的区别。

- 在整个程序运行期间，静态内部变量在内存的静态存储区中占据着永久性的存储单元，即使退出函数，下次再进入该函数时，静态内部变量仍使用原来的存储单元。由于并不释放这些存储单元，因此这些存储单元中的值得以保留，从而可以继续使用存储单元中原来的值。由此可见，静态内部变量的生存期一直延续到程序运行结束。
- 静态内部变量的初值是在编译时赋给的，在程序执行期间不再赋初值。对于未赋初值的静态内部变量，C编译系统自动为其赋初值0。

【例5.15】分析以下程序的执行结果。

```
/*文件名：lx5_15.cpp*/
#include <stdio.h>
void fun();
main()
{
    fun();
    fun();
}
void fun()
{
    static int x=1;                 /*静态内部变量*/
    x++;
    printf("x=%d\n",x);
}
```

【解】程序执行结果如下：

```
x=2
x=3
```

上述程序中，函数fun()中的变量x为静态内部变量，当在main()函数中第一次调用fun()时，执行“static int x=1;”语句，退出该函数时，x=2；当第二次调用fun()时，不再执行“static int x=1;”语句给x赋初值1，而是x=2，再执行“x++;”语句，使x=3。所以两次调用fun()函数的输出结果不相同。

【例5.16】分析以下程序的执行结果。

```
/*文件名：lx5_16.cpp*/
#include <stdio.h>
int func(int x,int y)
{
    static int m=0,i=2;
    i+=m+1;
    m=i+x+y;
    return m;
}
main()
{
```

```
    int  k=4, n=1,p;
    p=func(k,n);printf("%d,",p);
    p=func(k,n);printf("%d\n",p);
}
```

【解】func 函数中的 m 和 i 都是静态变量，第一次调用时 m 初值为 0，i 初值为 2，退出该函数时 m 和 i 不会释放存储空间，以后再调用 func 时，不再给 m 和 i 置初值，直接使用以前的结果。程序执行结果为

```
8,17
```

5.4.2 外部变量的存储类型

外部变量有下述几种存储类型。

1. 静态外部变量

当用 static 定义外部变量时，该变量称为静态外部变量。静态外部变量只限于在当前源文件中使用，不能被其他源文件中的函数所引用。

2. 非静态外部变量

当用 extern 声明外部变量时，该变量称为非静态外部变量。使用非静态外部变量的作用有两种。

（1）在同一源文件内用 extern 来扩展外部变量的作用域。外部变量定义之后，若其引用函数在前时，应该在引用函数中用 extern 对此外部变量进行声明，以便通知编译程序该变量是一个已在外部定义了的外部变量，已经分配了存储单元，不需要再另外开辟存储单元。例如，例 5.12 程序中的变量 a。

（2）在不同源文件内用 extern 来扩展外部变量的作用域。一个 C 程序总是由若干个函数组成，这些函数可以分别存放在不同的源文件中，每个源文件可以单独编译，这些可以单独编译的源文件称为“编译单位”。每一个程序由多个编译单位组成，并且在每个文件中均需要引用同一个外部变量时，为了防止变量名重复定义，应在其中一个文件中定义所有的外部变量，而其他用到这些外部变量的文件中用 extern 对这些变量进行声明，表示这些变量已在其他编译单位中定义，通知编译系统不必再为其开辟存储单元。

【例 5.17】有一个程序由以下两个文件 a.c 和 b.c 组成，分析以下程序的执行结果。

a.c 文件：

```
#include <stdio.h>
int n;                          /*外部变量定义*/
main()
{
    n=1;
    fun();
    printf("main:n=%d\n", n);
}
```

b.c 文件：

```
#include <stdio.h>
```

```
extern int n;        /*外部变量声明*/
void fun()
{
    printf("fun:n=%d\n", n);
    n++;
}
```

【解】程序执行结果如下。

```
fun:n=1
main:n=2
```

在 a.c 中定义了外部变量 n，此时为其分配相应的存储空间，在 b.c 中只是对该变量进行声明。在 main()函数中，先给外部变量 n 赋初值 1，调用 fun()函数，输出 1 并使 n=2，返回 main()函数，再输出 2。

5.5 函数的数据传递

在一个函数中调用另一个函数时，实参的值传递给对应的形参，从而实现了把数据由调用函数传递给被调用函数。实参应在以下几个方面与形参保持一致。

- 实参的个数和形参的个数应该相等，也就是说，在函数定义中有几个形参，在函数调用时就应该有几个实参。
- 参数的个数在两个以上时，实参与形参应该在顺序上一一对应。因为实参与形参的结合是按照位置对应关系进行的，即第一个实参的值传递给第一个形参，第二个实参的值传递给第二个形参，依此类推。
- 实参的类型一般应该与对应形参的类型相同。如果所给实参的类型与对应的形参类型不同，系统将实参的类型进行类型转换，然后将转换结果传递给对应的形参。

在使用参数传递数据时，可以采用两种方式，即传值方式和传址方式，对应的函数调用分别称为传值调用和传址调用。本质上讲，C 语言中只有传值方式，因为地址也是一种值，为了讲述方便，将其分开讨论。另外，还可以使用外部变量在函数间传递数据。

5.5.1 传值调用

使用数据传值方式在函数间传递数据就是把数据本身作为实参传递给形参，在被调用函数运行完后，并不将形参的结果回传给实参。

使用传值方式传递数据的特点是：由于数据在传递方和被传递方占用不同的内存空间（函数的形参属于自动变量），因此形参在被调用函数中无论如何变化，都不会影响调用的函数中相应实参的值。

例如，有如下程序：

```
#include <stdio.h>
void swap(int x, int y)
{
```

```
    int temp;
    temp=x;x=y;y=temp;
}
main()
{
    int a=2, b=3;
    swap(a, b);
    printf("a=%d, b=%d\n", a, b);
}
```

该程序中，函数调用采用传值调用，swap(x,y)函数用于交换 x 和 y 的值。其调用时数据传递如图 5.2 所示（图中实箭头表示数据传递方向）。执行完函数后，x 和 y 的结果并不返回给实参 a 和 b，所以并未起到交换 a、b 的功能。最后程序的输出为

```
a=2, b=3
```

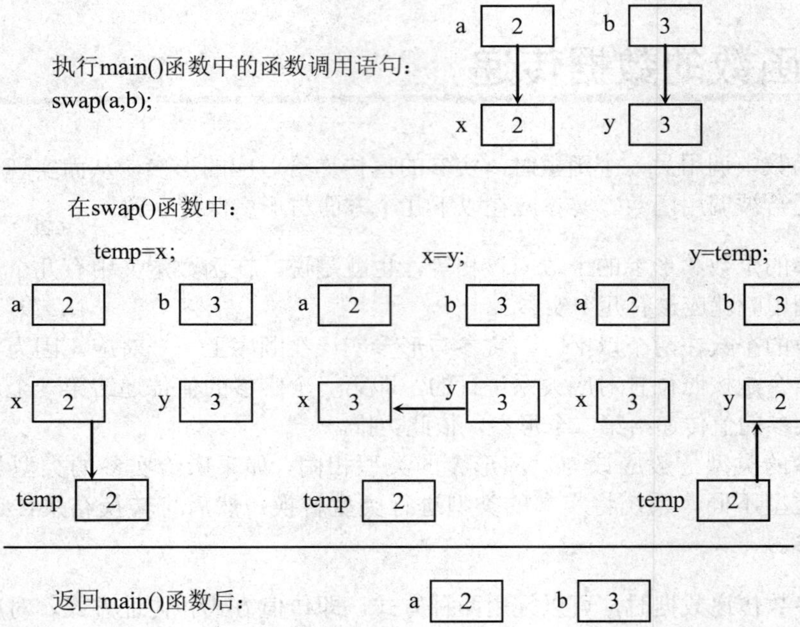

图 5.2　函数间的传值调用

5.5.2 传址调用

传址方式传递的数据是存储实参的地址。在这种方式中，以数据的存储地址作为实参调用一个函数，而被调用函数的形参必须是可以接受地址值的指针变量，并且其数据类型必须与被传递数据的数据类型相同。

使用地址传递方式传递数据的特点是：由于数据无论是在调用的函数中还是被调用函数中都使用同一个存储空间，因此在被调用函数中对该存储空间的值做出某种变动后，必然会影响到使用该空间的调用函数中的变量值。

例如，将前面的程序修改如下：

```
#include <stdio.h>
void swap(int *x, int *y)
{
```

```
    int temp;
    temp=*x;*x=*y;*y=temp;
}
main()
{
    int a=2, b=3;
    swap(&a, &b);
    printf("a=%d, b=%d\n", a, b);
}
```

上述程序主要是改动了函数调用时的数据传递方式，swap()函数的两个形参均改为 int 的指针类型。其调用时数据传递如图 5.3 所示（图中实箭头表示数据传递方向，虚箭头表示地址指向）。执行完函数后，x 和 y 的结果返回给实参 a 和 b，所以起到交换 a、b 的功能。最后程序的输出为

```
a=3, b=2
```

利用地址传递方式的特点，可以从函数中返回多个结果。上面的例子就是从 swap()函数返回两个 int 型数值 x 和 y。

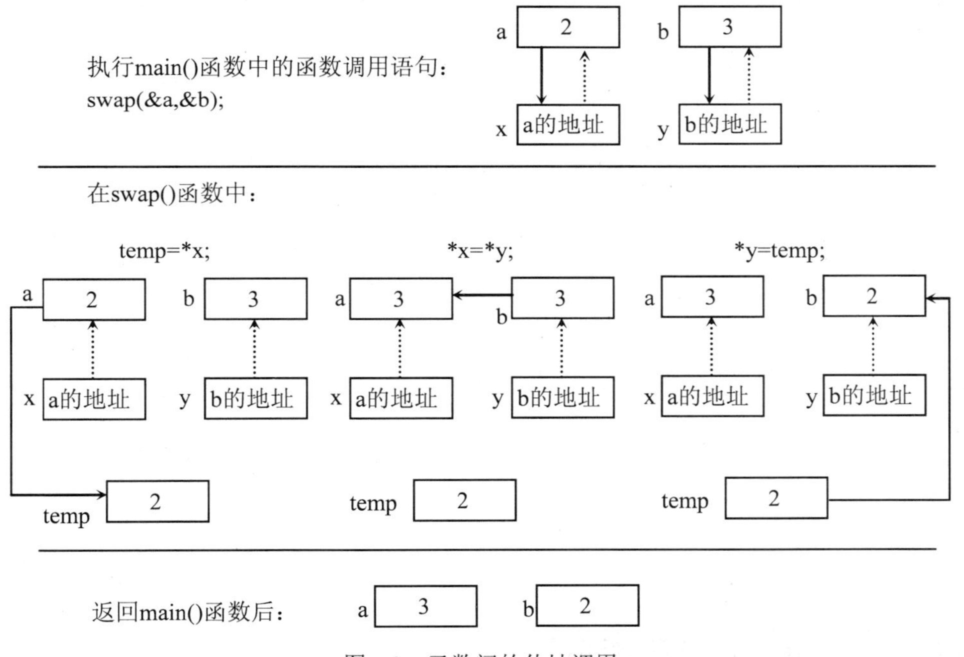

图 5.3 函数间的传址调用

5.5.3 外部变量传递数据

在函数外部定义的变量是外部变量，在所有的函数中都是可见的，因此可以利用这个特性在函数间传递数据。例如，例 5.11 就是使用 1 个外部变量 a 在两个函数间传递数据。

注意 尽管可以使用全局变量在函数调用中传递数据，但从函数的封装性和软件工程的角度出发，最好不要采用这种方法。

5.6 数组作为函数参数

在C程序中经常把数组作为函数参数，分为两种情况：一种是把数组元素作为函数参数，另一种是把数组名作为函数参数。下面分别讨论。

5.6.1 数组元素作为函数参数

由于实参可以是表达式形式，数组元素可以是表达式的组成部分，因此，数组元素也可以作为函数的实参。与用变量作实参一样，是单向传值方式。

【例 5.18】 编写一个程序，输出给定的工资数组中工资大于等于5000的人数。

【解】 设计一个函数 count5000(x)，当 $x \geqslant 5000$ 时返回1，否则返回0。在 main()函数中，扫描整个工资数组 gz，对每个数组元素，调用 count5000()函数，并累加返回的数值。程序如下：

```
/*文件名：lx5_18.cpp*/
#include <stdio.h>
#define N 10
int count5000(int x);
main()
{   int gz[N],i;
    int num=0;
   for (i=0;i<N;i++)
       scanf("%d",&gz[i]);
    for (i=0;i<10;i++)
       num+=count5000(gz[i]);
     printf("num=%d\n",num);
}
int count5000(int x)
{
    if (x>=5000)
       return 1;
    else
       return 0;
}
```

5.6.2 数组名作为函数参数

当数组名作为函数实参时，其形参也要应用数组名（可以使用指针变量，参见第6章），且实参数组与形参数组类型应一致。

由于数组的名字就是该数组的首地址，因此当把数组的存储首地址即数组名作为实参来调用函数时就是传址方式。

实参数组和形参数组大小可以一致，也可以不一致。C 编译系统对形参数组大小不做语法检查，只是将实参数组的首地址传递给形参数组。另外，形参数组也可以不指定大小，在定义数组时在数组名后面跟一对空的方括号。

【例 5.19】编写一个程序，输出给定的成绩数组中全部成绩的平均分。

【解】设计一个函数 fun()，其参数包括一维整型数组 b[]和该数组元素个数 n，该函数扫描数组 b 的所有元素，用 s 累加所有元素值，最后返回平均值。程序如下：

```
/*文件名：lx5_19.cpp*/
#include <stdio.h>
#define N 10
float fun(int b[],int n);
main()
{
    int a[]={90,65,48,82,52,67,45,92,58,87};
    float avg;
    avg=fun(a,N);
    printf("avg=%g\n",avg);
}
float fun(int b[],int n)
{
    float s=0;
    int i;
    for (i=0;i<n;i++)
        s+=b[i];
    return s/N;
}
```

程序执行结果如下：

```
avg=68.6
```

在上述程序中，用数组名 a 作函数实参，此时不是把数组的值传递给形参 b，而是把实参数组 a 的起始地址传递给形参数组，这样 a 和 b 两个数组就共占同一段内存单元，如图 5.4 所示。

由于形参和实参数组共占同一段内存单元，因此形参数组各元素的值发生变化，就会使实参数组元素的值同时发生变化。

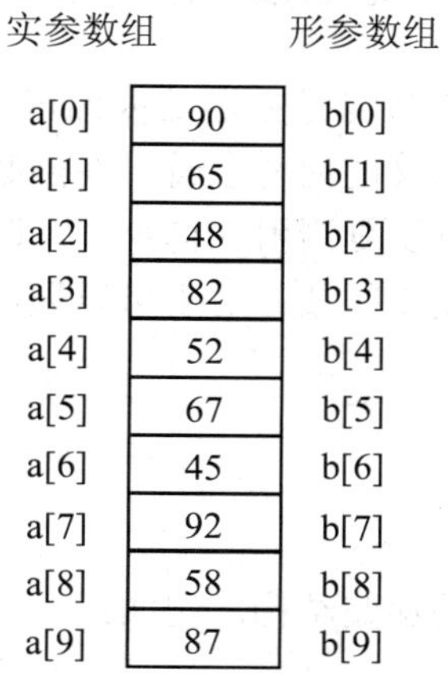

实参数组		形参数组
a[0]	90	b[0]
a[1]	65	b[1]
a[2]	48	b[2]
a[3]	82	b[3]
a[4]	52	b[4]
a[5]	67	b[5]
a[6]	45	b[6]
a[7]	92	b[7]
a[8]	58	b[8]
a[9]	87	b[9]

图 5.4 形参数组和实参数组共占存储单元

【例 5.20】分析以下程序的执行结果。

```
/*文件名：lx5_20.cpp*/
```

```
#include <stdio.h>
#define N 10
void fun(int b[],int n)
{
    int i,temp;
    for (i=0;i<n/2;i++)
    {
        temp=b[i];
        b[i]=b[n-i-1];
        b[n-i-1]=temp;
    }
}
main()
{
    int a[N],i;
    for (i=0;i<N;i++)
        a[i]=2*i;
    for (i=0;i<N;i++)
        printf("%d ",a[i]);
    printf("\n");
    fun(a,N);
    for (i=0;i<N;i++)
        printf("%d ",a[i]);
    printf("\n");
}
```

【解】程序执行结果如下：

```
0 2 4 6 8 10 12 14 16 18
18 16 14 12 10 8 6 4 2 0
```

上述程序中，fun()函数的功能是逆序数组 b 的所有元素。在调用 fun()函数时，形参数组 b 和实参数组 a 共占同一段内存单元，当函数中数组 b 发生改变时，实参数组 a 也随之改变了。

5.7 递归函数

递归函数又称自调用函数，其特点是在函数内部可以直接或间接地自己调用自己。C 语言可以使用递归函数。从函数定义的内容上看，在函数体内出现调用该函数自身的语句时就是递归函数。执行递归函数将反复调用其自身，每调用一次就进入新的一层。

递归函数的结构十分简练，便于阅读。对于可以采用递归算法实现的函数，可以编写成递归函数。

5.7.1 递归模型

递归模型反映一个递归问题的递归结构，例如：

```
f(1)=1                                /*①*/
f(n)=n*f(n-1)        n>1              /*②*/
```

第一个式子给出了递归的终止条件，第二个式子给出了 f(n)的值与 f(n-1)的值之间的关系，把第一个式子称为递归出口，把第二个式子称为递归体。

一般情况下，一个递归模型由递归出口和递归体两部分组成，前者确定递归到何时为止，后者确定递归的方式。

递归出口的一般格式为

```
f(s0)=m0
```

这里的 s_0 与 m_0 均为常量。有的递归问题可能有几个递归出口。

递归体的一般格式为

```
f(s)=g(f(s1), f(s2), …, f(sn), c)
```

这里的 s 是一个递归“大问题”，s_1，s_2，…，s_n 为递归“小问题”，c 是可以直接（用非递归方法）解决的问题，g 是一个非递归函数，反映了递归问题的结构。例如，上例中，语句②可描述为

```
f(n)=*(n,f(n-1))
```

其中，非递归函数为 g(x,y)=x*y，对应的 c 值取 n，是可以直接求值的。

5.7.2 递归的执行过程

递归是把一个不能或不好直接求解的“大问题”转化成一个或几个“小问题”来解决，再把这些“小问题”进一步分解成更小的“小问题”来解决，如此分解，直至每个“小问题”都可以直接解决（此时分解到递归出口）。

为了讨论方便，简化上述递归模型：

```
f(s0)=m0
f(s)=g(f(s'), c)
```

求 $f(s_n)$的分解过程如下：

```
f(sn)
 ↓
f(sn-1)
 ↓
      ⋮
 ↓
f(s1)
 ↓
f(s0)
```

一旦遇到递归出口，分解过程就结束，开始求值过程，所以分解过程是“量变”过程，即原来的“大问题”在慢慢变小，但尚未解决，遇到递归出口后，便发生了“质变”，即原递归问题便转化成直接问题。上面的求值过程如下：

```
f(s0)=m0
 ↓
f(s1)=g(f(s0), c0)
 ↓
f(s2)=g(f(s1), c1)
 ↓
 ⋮
 ↓
```

$f(s_n)=g(f(s_{n-1}), c_{n-1})$

这样 $f(s_n)$便计算出来了，因此，递归的执行过程由分解和求值两部分构成。

【例 5.21】分析以下程序的执行结果。

```
/*文件名: lx5_21.cpp*/
#include <stdio.h>
int fun(int i)
{
    if (i==1)
        return i;
    else
        return i*fun(i-1);
}
main()
{
    printf("%d\n",fun(4));
}
```

【解】程序执行结果如下：

```
24
```

上述程序中，fun()是一个递归函数，其递归模型如下：

```
fun(1)=1
fun(i)=i*fun(i-1)  i>1
```

fun(4)的执行过程如图 5.5 所示。

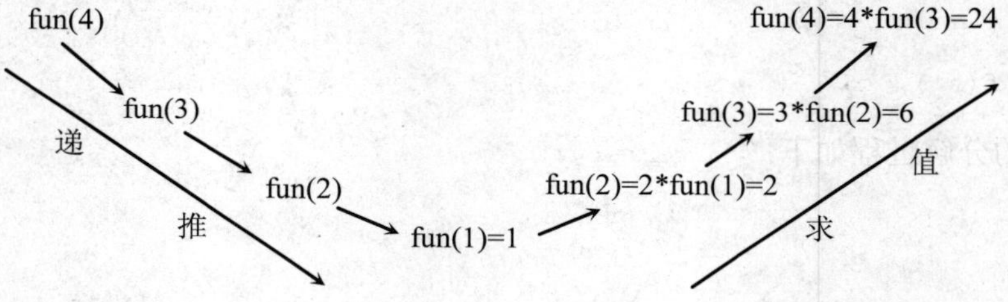

图 5.5 fun(4)调用递归函数的过程

【例 5.22】用递归方法编写一个程序，求 n!。

【解】程序如下：

```
/*文件名: lx5_22.cpp*/
#include "stdio.h"
long fact(int j)

{
    int sum;
    if(j==0)
        sum=1;
    else
        sum=j*fact(j-1);
    return sum;
}
main()
```

```
{
    int i;
    scanf("%d",&i);
    printf("%d!=%d\n",i,fact(i));
}
```

5.8 上机实训 5：分析程序输出结果

实训内容

分析以下程序的输出结果。【本实训指导见附录 D】

```
#include<stdio.h>
char cchar(char ch)
{
    if(ch>='A'&&ch<='Z') ch=ch-'A'+'a';
    return ch;
}
main()
{
    char s[]="ABC+abc=defDEF",*p=s;
while(*p)
{
    *p=cchar(*p);
    p++;
}
printf("%s\n",s);
}
```

5.9 小结

（1）C 语言是通过函数实现模块化程序设计的。函数分为库函数和自定义函数，库函数由 C 编译系统提供，可以直接调用，自定义函数需要定义。一般情况下所指函数均为自定义函数。

（2）函数定义分为传统函数定义和现代函数定义两种。

- 传统函数定义的一般格式：

```
存储类型 数据类型 函数名(形参表)
形参定义语句序列;
{
    数据定义和声明语句序列;
    可执行语句序列;
}
```

- 现代函数定义的一般格式：

```
存储类型 数据类型 函数名(形参定义表)
{
    数据定义和声明语句序列;
    可执行语句序列;
}
```

（3）在函数中可以使用 return 语句来返回函数计算结果。return 语句的一般格式如下：

```
return(表达式)；  或  return 表达式；
```

若函数体中不包含 return 语句或直接使用“return;”语句，表示是无返回值函数，其函数的“数据类型”指定为 void。

（4）在调用函数之前，应对该函数（称为被调用函数）进行声明。和函数定义格式相对应，函数声明格式也有传统格式和现代格式两种。

- 传统函数声明格式：

```
数据类型 函数名()；                    /*不给出参数声明*/
```

- 现代函数声明格式：

```
存储类型 数据类型 函数名(形参定义表)；
```

或

```
存储类型 数据类型 函数名(形参数据类型表)；
```

与传统函数声明相比，现代函数声明格式中增加了形参的定义信息。本书中的函数声明均采用现代函数声明格式。

（5）C 语言中函数调用的一般格式如下：

```
函数名(实参表)
```

调用无参函数时，默认实际参数表，但圆括号不能省略。实参的个数、类型和顺序只有与被调用函数所要求的参数个数、类型和顺序一致才能正确地进行数据传递。虽然实参对形参的数据传送是单向的，但是仍根据形参是普通数据还是地址将函数调用分为传值调用和传址调用。

- 传值调用：在函数间传递普通数据，就是把数据本身作为实参传递给形参，在被调用函数运行完毕时并不将形参的结果回传给实参。
- 传址调用：在函数间传递地址数据，通过间接方式将形参的结果回传给实参。

（6）在一个函数内部定义的变量是内部变量，只在该函数范围内有效，内部变量也称局部变量。

在函数外部定义的变量称为外部变量。外部变量不属于任何一个函数，其作用域是：从外部变量的定义位置开始，到本源文件结束为止。外部变量可被作用域内的所有函数直接引用，外部变量又称全局变量。

当定义点之前的函数需要引用这些外部变量时，需要在函数内对被引用的外部变量进行声明。外部变量声明的一般形式如下：

```
extern 数据类型 外部变量表；
```

（7）函数在本质上是全局的。C 语言根据函数能否被其他源文件中的函数调用将函数分为内部函数和外部函数。

- 内部函数：只能被本源文件中的函数调用。定义一个内部函数时，在函数类型前加一个关键字 static 即可。
- 外部函数：除了可以被本源文件中的其他函数调用外，也可以被其他源文件中的函数调用。定义一个外部函数时，在函数类型前冠以 extern 关键字即可（可默认）。

（8）在 C 语言中，每一个变量都有两个属性：数据类型和存储类型。默认存储类型时，对于内部变量，采用动态存储，即自动变量；对于外部变量，采用静态存储，即非静态外部变量。

（9）静态内部变量的存储特点：只在定义该变量的函数内有效；定义但不初始化则自动赋以初值 0（整型和实型）或'\0'（字符型）；每次调用其所在的函数时，不再重新赋初值，只是保留上次调用结束时的值。

（10）自动内部变量（又称自动变量）的存储特点：只在定义该变量的函数内有效，退出该函数后消失，且每次调用该函数都要给其中的自动变量重新赋一次初值。

（11）根据某个源文件中定义的外部变量能否被其他源文件中的函数所引用，外部变量分为两种：静态外部变量只允许被本源文件中的函数所引用；非静态外部变量（定义时默认为 static 的外部变量）还允许被其他源文件中的函数所引用。

其他源文件中的函数引用非静态外部变量时，需要在引用函数所在的源文件中进行声明：

```
[extern] 数据类型 外部变量表;
```

在函数内的外部变量声明表示引用本源文件中的外部变量，而函数外（通常在文件开头）的外部变量声明表示引用其他源文件中的外部变量。

（12）数组可以作为函数参数，当数组名作为函数参数时，其传递的是该数组的起始地址。

（13）函数可以递归调用，即在函数内部直接或间接地自己调用自己。

5.10 课后习题

5.10.1 单项选择题

（1）以下程序的运行结果是_______。

```
float fun(int x,int y){return(x+y); }
    main()
    {
    int a=2, b=5, c=8;
    printf("%3.0f\n",fun((int)fun(a+c,b), (a-c)));
    }
```

A. 编译出错

B. 9

C. 21

D. 9.0

（2）以下程序的输出结果是_______。

```
unsigned fun(unsigned num)
    {  unsigned k=1;
    do{
    k*=num%10;
    num/=10;
    }while(num);
    return(k);
    }
    main()
    {  unsigned n=26;
    printf("%d\n",fun(n));   }
```

A. 0

B. 4

C. 12

D. 无限次循环

（3）C 语言函数返回值的类型是由_______决定的。

A. return 语句中的表达式类型

B. 调用函数的主调函数类型

C. 调用函数时临时

D. 定义函数时所指定的函数类型

（4）以下所列的各函数首部中，正确的是_______。

A. void play(var a:Integer,var b:Integer)

B. void play(int a,b)

C. void play(int a,int b)

D. Sub play(a as integer,b as integer)

（5）以下程序的输出结果是_______。

```
int f1(int x,int y)
    {return x>y?x: y;}
    int f2(int x,int y)
    {return x>y?y: x;)
    main()
    { int a=4,b=3,c=5,d,e,f;
    d=f1(a,b);d=f1(d,c);
    e=f2(a,b);e=f2(e,c);
    f=a+b+c-d-e;
    printf("%d,%d,%d\n",d,e,f);
    }
```

A. 3,4,5　　　　B. 5,3,4　　　　C. 5,4,3　　　　D. 3,5,4

（6）以下程序的输出结果是_______。

```
int fun(int k);
int w=3;
main()
{
    int w=10;
    print f("%d\n",fun(5)*w);
}
int fun(int k)
```

```
{
    if (k==0)return w;
    return(fun(k-1)*k);
}
```

A. 360　　B. 1080　　C. 1200　　D. 3600

（7）以下程序的输出结果是_______。

```
int f(int n)
{ if (n==1) return 1;
else return f(n-1)+1;
}
main()
{ int i,j=0;
for(i=i;i<3;i++) j+=f(i);
printf("%d\n",j);
}
```

A. 4　　B. 3　　C. 2　　D. 1

（8）以下程序的输出结果是_______。

```
long fun( int n)
{ long s;
if(n==1 || n==2) s=2;
else s=n-fun(n-1);
return s;
}
main()
{ printf("%ld\n", fun(3)); }
```

A. 1　　B. 2　　C. 3　　D. 4

（9）以下程序的输出结果是_______。

```
long fib(int n)
{ if(n>2) return(fib(n-1)+fib(n-2));
else return(2);
}
main()
{ printf("%d\n",fib(3)); }
```

A. 2　　B. 4　　C. 6　　D. 8

（10）以下程序的输出结果是_______。

```
void func1(int i);
void func2(int i);
char st[]="hello,friend!";
void func1(int i)
{ printf("%c",st[i]);
if(i<3){i+=2;func2(i);}
}
void func2(int i)
{ printf("%c",st[i]);
if(i<3){i+=2;func1(i);}
}
main()
{ int i=0; func1(i); printf("\n");}
```

A. hello　　B. hel　　C. hlo　　D. hlm

5.10.2 填空题

（1）运行以下程序，输入 100，其输出结果是______。

```
void func (int n)
{ int i;
for (i=n-1;i>=1;i--) n=n+i;
printf ("n=%d\n",n);}
main()
{
int n;
printf ("输入n:");
scanf ("%d",&n);
func(n);
printf ("n=%d\n",n);
}
```

（2）以下程序的执行结果是______。

```
int f(int b[],int n)
{
int i, r=1;
for (i=0; i<=n; i++) r=r*b[i];
return r;}
main ()
{ int x, a[]={2,3,4,5,6,7,8,9};
x=f(a,3); printf("%d\n",x);}
```

（3）以下程序的执行结果是______。

```
#include <stdio.h>
fun( int x)
{ int p;
if( x==0||x==1) return(3);
p=x-fun( x-2);
return p;
}
main()
{ printf( "%d\n", fun(9));}
```

（4）以下程序的执行结果是______。

```
#include <stdio.h>
int func(int a,int b)
{
    int c;
    c=a+b;
    return c;
}
main()
{
    int x=6,y=7,z=8,r;
    r=func((x--,y++,x+y),z--);
    printf("%d\n",r);
}
```

（5）以下程序的执行结果是______。

```
#include <stdio.h>
```

```
void func(int *s)
{
    static int j=0;
    do
        s[j]+=s[j+1];
    while (++j<2);
}
main()
{
    int k,a[10]={1,2,3,4,5};
    for (k=1;k<3;k++)
        func(a);
    for (k=0;k<5;k++)
        printf("%d",a[k]);
    printf("\n");
}
```

第6章 指 针

指针是C语言中广泛使用的一种数据类型，运用指针编程是C语言最主要的风格之一。利用指针变量可以表示各种数据结构；可以很方便地使用数组和字符串；并能像汇编语言一样处理内存地址，从而编出精练而高效的程序。指针极大地丰富了C语言的功能，同时，指针也是C语言学习中的一个难点。

学习目标：掌握指针变量的基本概念、指针变量和数组的关系以及数组指针等相关知识和使用方法。

本章知识点

- 指针和指针变量
- 指针变量的定义及其运算
- 指针变量和数组
- 字符串指针变量和字符串
- 指针数组
- 多级指针变量
- 指针与函数
- 命令行参数

C Programming

6.1 指针和指针变量

在程序中定义变量时，编译系统就为该变量分配相应的内存单元（亦称存储单元），为了正确地访问这些内存单元，必须为每个内存单元编号。根据一个内存单元的编号即可准确地找到该内存单元。内存单元的编号也叫地址，通常把这个地址称为指针。例如，在“scanf("%d%f",&a,&f);”语句中，&a、&f分别表示a、f两个变量的地址。内存单元的指针和内存单元的内容是两个不同的概念。

对于一个内存单元来说，单元的地址即为指针，其中存放的数据是该单元的内容。在C 语言中，允许用一种变量来存放指针，这种变量称为指针变量。因此，一个指针变量的值就是某个内存单元的地址，或称为某内存单元的指针。

指针变量也是一个变量，和普通变量一样占用一定的存储空间。但与普通变量的不同之处在于：指针变量的存储空间中存放的不是普通的数据，而是另一个变量的地址，因此，指针变量是一个地址变量。

下面通过一个形象的例子来说明指针与指针变量。有一个房间，其中可以居住不同的房客，所以该房间是一个变量，若“张三”居住该房间，则这个变量就取值为“张三”。另外，该房间对应有一个房号，这个房号就是这个房间的指针。若用一个门牌记录某个房号，那么这个门牌就是指针变量，若这个房间的房号为“101”，并记录在门牌上，则这个指针变量取值为“101”。当然，这个门牌上也可以是“102”、“103”等，所以也是一个变量，只不过不是普通的变量，而是一个存放地址值的指针变量。

假设有一个名称为pa的指针变量，把普通变量a的地址赋给pa：

```
pa=&a;
```

这样，把变量a的地址（假设为十六进制数0110H）装入指针变量pa的存储区域中，即pa的内容就是普通变量a的地址，如图6.1所示。

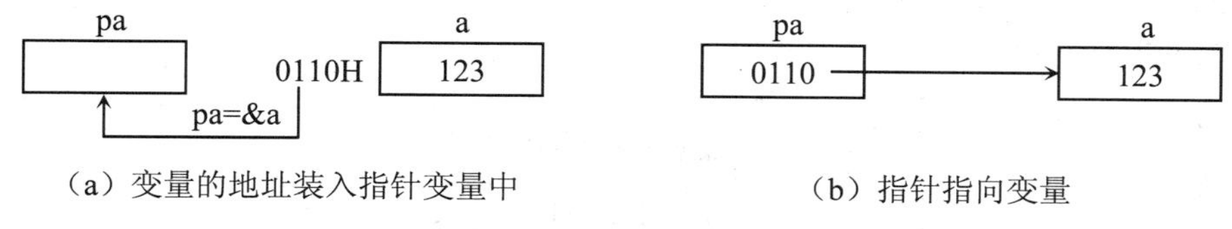

（a）变量的地址装入指针变量中 （b）指针指向变量

图6.1 指针的概念

当指针变量中存放一个地址时，该指针变量就指向该地址的存储区域。这样可以通过指针变量对该地址的存储区域中的数据进行各种运算。

严格地说，一个指针是一个地址，是一个常量，而一个指针变量却可以被赋予不同的指针值，是一个变量。但通常情况下把指针变量简称为“指针”。

既然指针变量的值是一个地址，那么这个地址可以是变量的地址，也可以是其他类型数据的地址，如数组或函数的首地址。因为数组或函数都是连续存放的，所以通过访问指针变量取得数组或函数的首地址，也就找到了该数组或函数。这样一来，凡是出现数组、函数的地方都可以用一个指针变量来表示，只要该指针变量被赋予数组或函数的首地址即可。这样将使程序的概念十分清楚，程序本身也更精练、高效。

6.2 指针变量的定义及其运算

6.2.1 指针变量的定义

由于指针变量也是一个变量，所以具有和普通变量一样的属性，在使用之前也需要定义，在定义指针变量的同时也可以进行初始化。

定义指针变量的一般格式如下：

```
基类型  *指针变量名;
```

在指针变量的定义中，“指针变量名”前的“*”号仅是一个符号，并不是指针运算符；“基类型”表示该指针变量所指向变量的数据类型，并非指针变量自身的数据类型，因为所有指针变量都是地址，所以所有指针变量的类型相同，只是所指向的变量的数据类型不同。例如：

```
int *p;
```

该定义表示 p 是一个指针变量，其值是某个整型变量的地址，或者说 p 指向一个整型变量。至于 p 究竟指向哪一个整型变量，则由向 p 赋予的地址来决定。例如：

```
int a=4;p=&a;              /*让指针变量 p 指向变量 a,而 a 的值为 4*/
```

注意：一个指针变量只能指向同类型的变量，如上面的 p 只能指向整型变量，不能时而指向一个整型变量，时而又指向一个字符型变量。

【例 6.1】分析以下程序的执行结果。

```
/*文件名: lx6_1.cpp*/
#include <stdio.h>
main()
{
    int *pi;                /*整型变量的指针*/
    float *pf;              /*单精度浮点型变量的指针*/
    char *pc;               /*字符型变量的指针*/
    long *pl;               /*长整型变量的指针*/
    double *pd;             /*双精度浮点型变量的指针*/
    printf("%d,%d,%d,%d,%d\n",sizeof(pi),sizeof(pf),sizeof(pc),
        sizeof(pl),sizeof(pd));
}
```

【解】程序中定义了多种数据类型的指针，printf 语句是输出这些指针变量的长度。程序输出为

```
4,4,4,4,4
```

从执行结果可以发现，不论何种数据类型的指针，尽管不同类型的数据占用的内存空间不同，但其指针占用的长度是相同的。

6.2.2 指针运算符

在C语言中，提供了两种指针运算符。

1. 取地址运算符

取地址运算符“&”是单目运算符，其结合性为自右向左，其功能是取变量的地址。取地址运算符“&”是优先级最高的运算符之一，例如，2&&p等价于2&(&p)（第二个“&”自动与p结合）。

2. 取内容运算符

取内容运算符“*”是单目运算符，其结合性为自右向左，用来表示指针变量所指向的变量。在“*”运算符之后跟的变量必须是指针变量，否则将出现错误。取内容运算符“*”是优先级最高的运算符之一，例如，2**p等价于2*(*p)（第二个“*”自动与p结合）。

注意 指针运算符“*”和指针变量定义中的指针标识符“*”不是一回事。在指针变量定义中，“*”是类型标识符，表示其后的变量是指针类型，而表达式中出现的“*”则是一个运算符，用以表示指针变量所指向的变量。

例如，有如下定义：

```
int a,*pa;
```

对于表达式*pa，由于pa是一个指针，*pa返回该指针指向的整型变量。

“&”表示取一个变量在存储区域中的地址。对于表达式&a，a 是一个整型变量，&a返回a的地址。因此以下赋值语句均是正确的。

```
pa=&a;
a=*pa;
pa=&(*pa);
a=*(&a);
```

既然指针 pa 本身也是一个变量，也有相应的存储地址，其存储地址为&pa。pa、*pa和&pa三者之间的关系如图6.2所示。

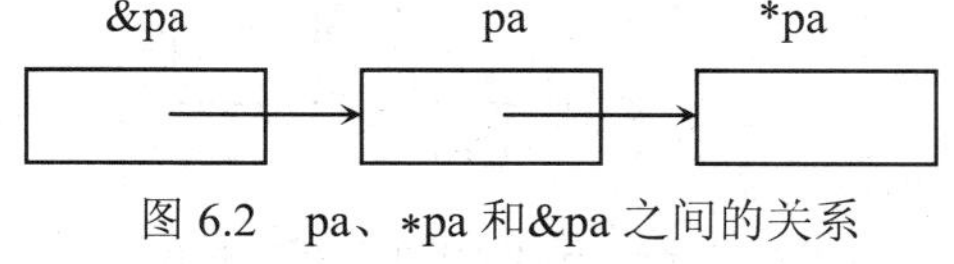

图6.2 pa、*pa和&pa之间的关系

若有定义：

```
int a,*pa=&a;
```

则：

① &*pa 的含义。“&”和“*”两个运算符的优先级相同，但按自右向左的方向结

合，先进行*pa 的运算，即为变量 a，再执行&运算。因此，&*pa 与&a 相同，即变量 a 的地址。

② *&a 的含义。先进行&a 运算，得到 a 的地址，再进行*运算，即&a 所指向的变量，*&a 和*pa 的作用是一样的，都等价于变量 a。

③ (*pa)++相当于 a++。其中的括号是必需的，如果没有括号，就成为*pa++，而"++"和"*"两个运算符的优先级相同，按自右向左的方向结合，因此相当于*(pa++)。

【例 6.2】 分析以下程序的执行结果。

```
/*文件名：lx6_2.cpp*/
#include <stdio.h>
main()
{
    int x=2,y=3,z,*px,*py,*p;
    px=&x;py=&y;
    printf("%d,%d,%d,%d\n",x,y,*px,*py);
    p=px;px=py;py=p;
    printf("%d,%d,%d,%d\n",x,y,*px,*py);
    z=*px;*px=*py;*py=z;
    printf("%d,%d,%d,%d\n",x,y,*px,*py);
}
```

【解】 程序执行结果如下：

```
2,3,2,3
2,3,3,2
3,2,2,3
```

上述程序中，指针变量 px 和 py 分别指向变量 x 和 y，如图 6.3（a）所示，所以第一个 printf 语句输出"2,3,2,3"。当执行"p=px;px=py;py=p;"语句后，使 px 和 py 的值发生交换，即 px 指向 y，py 指向 x，如图 6.3（b）所示，所以第二个 printf 语句输出"2,3,3,2"。当执行"z=*px;*px=*py;*py=z;"语句后，使 x 和 y 值发生交换，但 px 和 py 没有改变，即 px 仍指向 y，py 仍指向 x，如图 6.3（c）所示，所以第三个 printf 语句输出"3,2,2,3"。

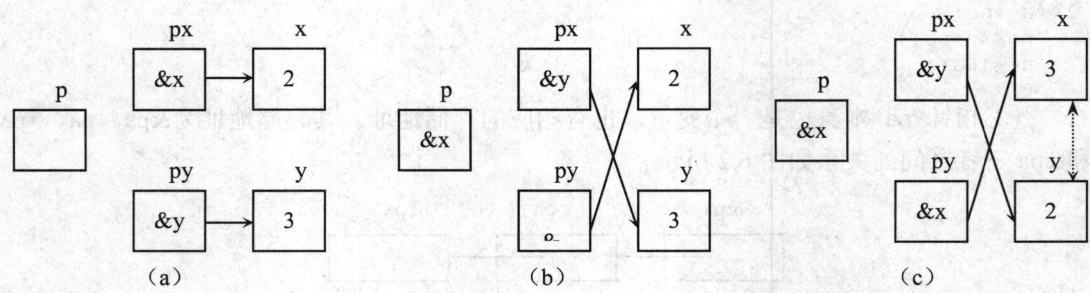

图 6.3　px、py 指针变量指向情况

6.2.3　指针变量的初始化

初始化指针变量的一般格式如下：

```
基类型 *指针变量名=初始地址值;
```

指针变量初始化的过程是：系统按照给出的基类型，在一定的存储区域为该指针变量分配存储空间，同时把初始地址值存入指针变量的存储空间内，从而使指针变量指向了初始地址值所给定的内存空间。例如：

```
float a;
float *pa=&a;
```

把变量 a 的地址作为初始值赋给 float 型指针变量 pa，从而使 pa 指向了变量 a 的存储空间。

注意　在指针变量初始化过程中，初始地址值是赋给指针变量的，而不是赋给指针变量所指向的变量。例如，在上面的例子中，并不是把&a 赋给*pa，这里的“*”仅是一个标记，没有取指针内容的含义。另外，当把一个变量的地址作为初始值赋给一个指针变量时，该变量必须在指针变量初始化之前已经定义过了。因为变量只有在定义之后才被分配相应的内存地址。此外，该变量的数据类型必须与指针变量的基类型一致。

【例 6.3】 分析以下程序的执行结果。

```
/*文件名: lx6_3.cpp*/
#include <stdio.h>
main()
{
    int x=2,*p=&x;
    printf("%d\n",*p);
    x+=3;
    printf("%d\n",*p);
}
```

【解】 程序执行结果如下：

```
2
5
```

上述程序中，指针变量 p 指向变量 x，当 x=2 时，*p=2，当 x=5 时，*p=5。这表示当 p 指向变量 x 后，不论 x 的值是多少，p 始终指向 x。

6.2.4 指针变量的运算

指针变量的运算是以指针变量所保存的地址值为运算对象进行的运算，所以指针变量的运算实际上是地址的计算。C 语言提供的这种地址计算方法适合于指针、数组等类型的数据。

1. 指针变量的算术运算

（1）指针变量与整数的加减运算

C 语言的地址计算规则规定，一个地址加上或减去一个整数 n，其计算结果仍然是一个地址，是以运算对象的地址为基点的前方或后方第 n 个数据的地址。因此，指针作为地址加上或减去一个整数 n，并不是用其地址直接与整数 n 进行加法或减法运算。其运算结果应该是指针当前指向位置的前方或后方第 n 个数据的地址。因为指针可以指向不同的数据类型，即数据长度不同的数据，所以这种运算的结果取决于指针指向的数据的类型（即基类型）。

对于基类型为 type 的指针 p，p±n 表示的实际位置的地址值是

```
&p±n*sizeof(type)
```

例如：

```
int *p;
printf("%x(HEX),%x(HEX)\n",p,p+3);
```

其输出结果为

```
cccccccc(HEX),ccccccd8(HEX)
```

从结果可以发现，由于指针变量 p 的基类型是整数类型，而整数类型的长度为 4 个字节，所以两个地址之间相差 4*sizeof(3)=12。

（2）指针变量自增、自减运算

指针变量自增、自减运算也是地址运算，是指针变量本身地址值的变化。指针自增运算后就指向下一个数据的位置，指针自减运算后就指向上一个数据的位置。运算后指针地址值的变化量取决于指针指向的数据类型。例如：

```
int *p;
printf("%x(HEX),",p);
p++;
printf("%x(HEX)\n",p);
```

其输出结果为

```
cccccccc(HEX),ccccccd0(HEX)
```

从结果可以发现，对于基类型为整数类型的指针变量 p，执行自增运算后，地址值增大了 ccccccd0-cccccccc=4。

（3）指针变量的相减运算

在 C 语言中，两个地址相减，并非这两个地址值之间直接做减法运算，两个指针变量相减的结果是整数，表示两指针变量所指地址之间的数据个数。例如：

```
int *p,*q;
q=p+4;
printf("%x(HEX),%x(HEX),%d\n",p,q,q-p);
```

其输出结果为

```
cccccccc(HEX),ccccccdc(HEX), 4
```

从结果可以发现，对于两个基类型为整数类型的指针变量 p 和 q，q-p 运算的结果是两指针变量指向的地址位置之间的数据个数（即 4），而不是两指针变量直接相减（即 16）。所以，基类型为 type 的两指针变量 p 和 q 相减的结果为

```
p-q=(p 的地址-q 的地址)/sizeof(type)
```

2. 指针变量的关系运算

基类型相同的两个指针变量之间的关系运算表示这两个指针变量指向的地址位置之间

的关系。假设数据在内存中的存储方式是一块连续的空间，那么指向后面的指针变量大于指向前面的指针变量。指向不同基类型的指针变量之间的关系运算是没有意义的。指针变量与一般整数常量或变量之间的关系运算也是无意义的。但是指针变量可以和零进行等于或不等于的关系运算，即

```
p==0  或  p!=0
```

或者

```
p==NULL 或 p!=NULL
```

用于判定指针变量p是否为一个空指针。

3. 指针变量的赋值运算

向指针变量赋值时，所赋之值必须是地址常量或地址变量，不能是一般数据。指针变量赋值运算常见的几种情况如下：

（1）把一个变量的地址赋给一个相同基类型的指针变量。例如：

```
char c,*pc;
pc=&c;
```

（2）把一个指针变量的值赋给相同基类型的另一个指针。例如：

```
char *pc1, *pc2;
pc1=pc2;
```

（3）把数组的首地址赋给相同基类型的指针。例如：

```
char name[10], *pc;
pc=name;
```

（4）把字符串的首地址赋予指向字符类型的指针变量。例如：

```
char *pc;
pc="China";
```

或用初始化赋值的方法写为

```
char *pc="China";
```

应说明的是，这里并不是把整个字符串装入指针变量，而是把存放该字符串的字符数组的首地址装入指针变量。

【例6.4】 分析以下程序的执行结果。

```
/*文件名：lx6_4.cpp*/
#include <stdio.h>
main()
{
    short num[]={1,2,3,4,5,6,7,8,9};
    short *x,*y;
    x=&num[2];
    y=&num[8];
    printf("x=%x(HEX) y=%x(HEX) %d\n",x,y,sizeof(num[1]));
    printf("%d\n",y-x);
```

```
    printf("x+2:%x(HEX),*(x+2):%d\n",x+2,*(x+2));
    printf("y-2:%x(HEX),*(y-2):%d\n",y-2,*(y-2));
}
```

【解】程序执行结果如下：

```
x=12ff70(HEX) y=12ff7c(HEX) 2
6
x+2:12ff74(HEX),*(x+2):5
y-2:12ff78(HEX),*(y-2):7
```

上述程序中，先定义了一维数组 num 并赋初值，x 指向 num 的 2 号元素，y 指向 num 的 8 号元素，两地址间相差 6 个元素。从中可以发现，指针 x 和 y 的初值分别为 12ff70、12ff7c，整数的字长为 2；x+2=12ff70+2*2=12ff74，指向 num[4]；y-2=12ff7c-2*2=12ff78，指向 num[6]。

6.3 指针变量和数组

在 C 语言中，指针与数组之间的关系十分密切，都可以处理内存中连续存放的一系列数据。数组与指针在访问内存时采用统一的地址计算方法。在进行数据处理时，指针和数组的表示形式具有相同的意义。C 语言中规定数组名是指针类型的符号常量，该符号常量值等于数组首元素的地址（简称数组首地址），其类型是指向数组元素的指针类型。即数组名是指向该数组首元素的指针常量。本节将详细介绍指针与数组的密切关系。

6.3.1 指针变量与一维数组

1. 定义指向数组元素的指针变量

定义指向数组元素的指针变量与定义指向简单变量的指针变量的方法相同，例如：

```
int x[10];          /*数组元素是整型变量*/
int *px;            /*定义 px 是指向整型变量的指针变量*/
px=&x[0];           /*赋值后 px 指向 x 数组的 0 号元素*/
px=&x[5];           /*赋值后 pa 指向 x 数组的 5 号元素*/
```

因为数组名是指向 0 号元素的指针类型的符号常量，所以 x 与&x[0]相等，“px=&x[0];”和“px=x;”两语句等价。

> 注意
> px=x 不是把 x 数组的各元素赋给 px，而是让 px 指向 x 数组的 0 号元素。还要注意数组名与指针变量的区别，数组名不是变量而是符号常量。

2. 通过指针引用数组元素

由第 4 章可知，访问数组元素的一般格式如下：

```
数组名[下标]
```

进一步转换为

```
地址[整数 n]
```

可以看出，这是一个双目运算，要求有两个运算对象。其中“[]”左边的运算对象必须是地址，可以是地址常量也可以是地址变量，“[]”内的运算对象必须是整数。该运算表达式的意义是访问以“地址”为起点的第 n 个数据。例如，表达式 a[i]的运算结果是，以地址 a 为起点的第 i 个数据。如果 a 是某个数组名，则 a[i]恰好是该数组的 i 号元素。由此可知，C 语言中数组元素的表示形式实质上是访问运算表达式，通过表达式的运算结果达到访问数组元素的目的。

访问数组元素 a[i]的运算过程是：首先计算 a+i 得到第 i 个数据的地址，然后访问该地址中的数据。其中 a+i 是按照 C 语言的地址计算规则进行的。由上述 a[i]的运算过程可以发现，a[i]与表达式*(a+i)的运算完全相同。因此在程序中 a[i]和*(a+i)是完全等价的。

在 C 程序中，使用指针处理内存中连续存储的数据时，可以使用以下形式。

```
*(指针变量+i)
```

例如：

```
*(px+i)
```

根据上述等价原理，它可以写为 px[i]的形式。

因此，在“int x[10],*px=x;”情况下：

（1）px+i 或 x+i 就是 x[i]的地址。地址值都要进行 x+i*d（d 为 x 中元素对应的数据类型的长度）的运算。

（2）*(px+i)或*(x+i)就是 px+i 或 x+i 所指向的数组元素 x[i]。数组元素中的“[]”是变址运算符，相当于“*(+)”，x[i]相当于*(x+i)。

（3）指向数组元素的指针变量也可以带下标，如 px[i]与*(px+i)等价。所以，x[i]、*(x+i)、px[i]、*(px+i)这 4 种表示法全部等价。

（4）注意 px 与 x 的差别。 px 是变量，x 是符号常量，不能给 x 赋值，语句“x=px;”和“x++;”都是错误的。

（5）系统对地址运算不做越界检查，移动指针时程序员自己要控制好地址的边界。

【例 6.5】分析以下程序的执行结果。

```
/*文件名：lx6_5.cpp*/
#include <stdio.h>
main()
{
    int a[]={3, 4, 5};
    int *pa=a, i;
    printf("%3d", *pa);
    printf("%3d", *(pa+1));
    printf("%3d\n", pa[2]);
    for(i=0;i<3;i++)
        printf("%3d", a[i]);
    printf("\n");
    for(i=0, pa=a;i<3;i++, pa++)
        printf("%3d", *pa);
    printf("\n");
}
```

【解】程序执行结果如下：

```
3 4 5
3 4 5
3 4 5
```

上述程序中，先定义了一维数组 a 并赋初值，用 pa 指向该数组的首地址，这样，*pa 返回第 0 个元素的值，*(pa+1)返回第 1 个元素的值，pa[2]返回第 2 个元素的值。

从例 6.5 的结果看到：*(pa+i)等价于 a[i]，pa[i]等价于 a[i]，*(pa+1)等价于*pa++。

归纳起来，当定义 int a[10],*pa=a;时，引用数组 a 的元素可以用以下两种方法。

- 下标法，如 a[i]、pa[i]。
- 指针法，如*(pa+i)、*(a+i)。

用下标法的优点是直观，不易出错，缺点是效率低。指针法的优点是效率高，缺点是不直观，易出错。

++*pa、(*pa)++、*pa++和*++pa 这 4 者之间的差别如下。

- ++*pa 相当于++(*pa)，先给 pa 指向的变量值加 1，然后返回该变量的值（*pa）。
- (*pa)++，先返回 pa 指向的变量值（*pa），然后该变量值加 1。
- *pa++相当于*(pa++)，表示返回 pa 所指向变量的值（*pa），然后 pa 增 1。
- *++pa 相当于*(++pa)，表示 pa 增 1，然后返回 pa 所指向的变量的值（*pa）。

其中的单目运算符（“++”运算符和“*”运算符）的优先级相同，按自右向左的方向结合。

【例 6.6】分析以下程序的执行结果。

```
/*文件名：lx6_6.cpp*/
#include <stdio.h>
main()
{
    int x[]={10,20,30};
    int *px=x;
    printf("%d,",++*px);
    printf("%d\n",*px);
    px=x;                          /*px 重新指向数组 x 的 0 号元素*/
    printf("%d,",(*px)++);
    printf("%d\n",*px);
    px=x;                          /*px 重新指向数组 x 的 0 号元素*/
    printf("%d,",*px++);
    printf("%d\n",*px);
    px=x;                          /*px 重新指向数组 x 的 0 号元素*/
    printf("%d,",*++px);
    printf("%d\n",*px);
}
```

【解】程序执行结果如下：

```
11,11
11,12
12,20
20,20
```

上述程序中，px 指向数组 x 的首地址，对于++*px，先执行*px，其值为 x[0]，即 10，再执行++，即 x[0]=x[0]+1=11，px 仍指向 x[0]（*px=11），该表达式返回执行++后的*px 值，即 11。此时数组 x 的元素值为 11、20、30。

px 重新指向数组 x 的首地址，对于(*px)++，先执行*px，其值为 x[0]，即 11，再执行++，即 x[0]=x[0]+1=11+1=12，px 仍指向 x[0]（*px=12），该表达式返回执行++前的*px 值，即 11。此时数组 x 的元素值为 12、20、30。

px 重新指向数组 x 的首地址，对于*px++，px 先指向 x[0]，执行 px++，px 指向 x[1]（*px=20），该表达式返回执行++前的*px 值，即 12。此时数组 x 的元素值为 12、20、30。

px 重新指向数组 x 的首地址，对于*++px，px 先指向 x[0]，执行++px，px 指向 x[1]（*px=20），该表达式返回执行++后的*px 值，即 20。此时数组 x 的元素值为 12、20、30。

3. 地址越界问题

指针变量重新赋值后，其中的地址值发生了变化，新的地址值是否指向所需要的变量，新的地址值是否有实际意义，系统对此都不做检查，需要程序员自己检查。如果新的地址值超出了正确范围，称为地址越界。有时，新的地址值已经指向存放程序的指令区，如果还将其赋值给指针，将会导致运行混乱或死机。因此，使用指针时一定要细心。

- 不要引用没有赋值的指针变量，使用指针变量前一定要正确赋值。在选择结构的程序中，每一个分支路径都应在引用指针变量之前正确赋值。
- 用指针变量访问数组元素，随时要检查指针的变化范围，始终不能超越上下界。
- 指针运算中要注意各运算符的优先级和结合顺序，多使用括号，使程序容易理解。

【例 6.7】分析以下程序中的错误。

```
#include <stdio.h>
main()
{
    int b[]={10,20,30};
    int *pb=b,i;
    for (i=0;i<=3;i++)
        printf("%d ",*pb++);
    printf("\n");
}
```

【解】上述程序中，数组 b 只有 3 个元素，即 b[0]、b[1]和 b[2]，而出现了引用 b[3]的情况。这是典型的地址越界问题。

4. 一维数组作为函数参数

数组的名称作为该数组的首地址，当把数组的首地址（即数组名）作为实参来调用函数时，就是地址传递方式。在被调用函数中，以指针变量作为形参接收数组的首地址，该指针被赋给数组的首地址后，就指向了数组的存储空间。

当数组名作为实参时，对应的形参除了可以是指针外，还可以使用另外两种形式。例如，若 a 是一个以 int a[M]（M 是一个用#define 定义的符号常量）定义的一维整型数组，调用函数为 fun(a)，对应的 fun()函数首部可以有以下 3 种形式。

- fun(int *pa)
- fun(int a[])
- fun(int a[M])

对于后两种形式，虽然定义的形式与数组的定义方式相同，但 C 编译系统都将 a 处理成第一种的指针形式。

> **注意** 当在函数间传递数组时，被调用函数可以以数组元素的形式来引用调用的函数中对应的数组元素。但这只是在形式上相似，在被调用的函数中，并没有为与数组相对应的形参另外开辟一串连续的存储单元，而只是开辟了一个指针变量的存储单元。在被调用函数中所引用的数组元素就是实参数组中的元素。

【例 6.8】分析以下程序的执行结果。

```
/*文件名: lx6_8.cpp*/
#include <stdio.h>
#define N 10
int fun1(int b[])
{
    int s=0, i;
    for (i=0;i<N;i++)
        s=s+b[i];
    return(s);
}
int fun2(int *pa)
{
    int s=0, i;
    for (i=0;i<N;i++)
        s=s+*(pa+i);
    return(s);
}
int fun3(int *pa)
{
    int s=0, i;
    for (i=0;i<N;i++)
        s=s+*pa++;
    return(s);
}
main()
{
    int a[N]={1, 2, 3, 4, 5, 6, 7, 8, 9, 10};
    printf("call fun1:s=%d\n", fun1(a));
    printf("call fun2:s=%d\n", fun2(a));
    printf("call fun3:s=%d\n", fun3(a));
}
```

【解】程序执行结果如下：

```
call fun1:s=55
call fun2:s=55
call fun3:s=55
```

本例说明了一维数组作为函数实参的各种基本方法，从中可以发现，使用这些方法的执行结果都是相同的。

6.3.2 指向多维数组元素和指向分数组的指针

1. 多维数组的地址

以二维数组为例，设二维数组 a 有 3 行 5 列，定义如下：

```
int x[3][5]={{1,2,3,4,5},{6,7,8,9,10},{11,12,13,14,15}};
```

其中，x 是数组名，各元素是按行顺序存储的。x 数组有 3 行，将其看成 3 个分数组，即 x[0]、x[1]、x[2]。每个分数组是含有 5 个列元素的一维数组，如图 6.4 所示。其中，数组名 x 是指向 0 号分数组的指针，x+1 和 x+2 则是指向 1 号和 2 号分数组的指针，对应的地址值是 1000、1020、1040，即地址的步进单位是 20。x[0]、x[1]、x[2]是 3 个分数组的数组名，这 3 个数组名又分别是指向各分数组 0 号元素 x[0][0]、x[1][0]、x[2][0]的指针。x[0]、x[1]、x[2]对应的地址值还是 1000、1020、1040，但地址的步进单位是 4 不是 20。而 x[0]+1 和 x[0]+2 则分别是指向 x[0][1]和 x[0][2]（x[0]分数组的 1、2 号元素）的指针，对应的地址值分别是 1004 和 1008。

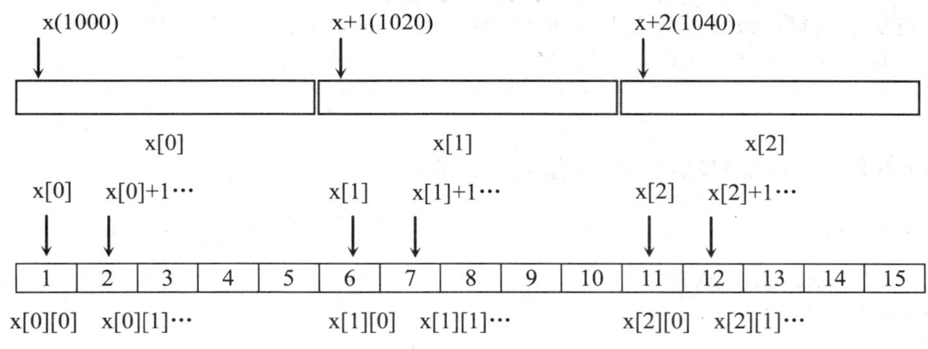

图 6.4 二维数组按行存储示意图

数组元素中的“[]”是变址运算符，相当于*(+)，y[j]相当于*(y+j)。对二维数组元素 x[i][j]，将分数组名 x[i]当作 y 代入*(y+j)得到*(x[i]+j)，再将其中的 x[i]换成*(x+i)又得到*(*(x+i)+j)。x[i][j]，*(x[i]+j)，*(*(x+i)+j)这三者相同，都表示第 i 行 j 列元素。根据以上分析，对于图 6.4 所示的二维数组可以得到表 6.1。

> 注意
> x 和 x[0]的地址值均为 1000 但不等价，地址的步进值不同。x+1 和 x[0]+1 地址值和地址的步进值都不相同。从以上的比较中可以体会到多维数组名并不是指向整个多维数组的指针，而是指向 0 号分数组的指针。一维数组名也不是指向整个一维数组的指针，而是指向 0 号数组元素的指针。

表 6.1 不同形式的含义及内容

形式	含义	内容
x，&x[0]	二维数组名，0 号分数组的地址	1000

（续表）

形式	含义	内容
x[0]，*(x+0)，*x，&x[0][0]	0 号分数组名，0 行 0 列元素的地址	1000
x[0]+1，*x+1，&x[0][1]	0 号 1 列元素的地址	1004
x+1，&x[1]	1 号分数组的地址	1020
x[1]，*(x+1)，&x[1][0]	1 号分数组名，1 行 0 列元素的地址	1020
x[1]+4，*(x+1)+4，&x[1][4]	1 行 4 列元素的地址	1036
(x[2]+4)，(*(x+2)+4)，x[2][4]	2 行 4 列元素	15

为了明确概念，避免理解错误，对有关指针和数组的称谓做如下统一约定。

① 数组元素的地址（或指向数组元素的指针）是该数组元素所占内存的起始地址，地址步进单位为数组元素所占内存的字节数。其含义与变量的地址相同。

② 数组的地址（或指向数组的指针）是该数组所占内存的起始地址，地址步进单位为整个数组所占内存的字节数。其含义与数组元素的地址不同。

③ 数组名是数组首个分量的地址(或指向该数组首个分量的指针，又称数组的首地址)。地址步进单位为分量所占内存的字节数。对于一维数组，分量指的是数组元素，对于多维数组分量，指的是分数组。

【例 6.9】用指针变量输出二维数组元素的值。

【解】程序如下：

```
/*文件名：lx6_9.cpp*/
#include <stdio.h>
main()
{
    int x[3][4]={1, 2, 3, 4, 5, 6, 7, 8, 9, 10, 11, 12};
    int *px=x[0],i,j;
    for (i=0;i<3;i++)
        for (j=0;j<4;j++)
            printf("%d ", *(x[i]+j));   /*x[i]+j 是元素 x[i][j]的地址*/
    printf("\n");
    for (i=0;i<3;i++)
        for (j=0;j<4;j++)
            printf("%d ", *px++);       /*px+i+j 是元素 x[i][j]的地址*/
    printf("\n");
    px=x[0];
    for (i=0;i<3*4;i++)
    printf("%d ", *px++);
    printf("\n");
}
```

程序执行结果如下：

```
1 2 3 4 5 6 7 8 9 10 11 12
1 2 3 4 5 6 7 8 9 10 11 12
1 2 3 4 5 6 7 8 9 10 11 12
```

上述程序中，在定义二维数组 x 后，x、x[0]都表示数组的首地址。x[i]+j 指向元素 x[i][j]。

在赋值 px=x[0]之后，px+i+j 指向元素 x[i][j]。

2. 指向数组元素的指针变量

由前面的介绍可知，每个多维数组元素都是一个变量，因此指向多维数组元素的指针变量与指向基类型的指针变量相同。二维数组元素的指针变量定义的一般格式如下：

```
基类型  *指针变量名;
```

例如：

```
int x[5][4],*px;
```

其中，x 是一个 5 行 4 列的二维数组，每个元素是一个整型变量，px 是一个整型指针变量，显然 px 可以指向 x 的元素。因此有：

- px：int 型指针变量，其步进单位为 4。
- x：数组 x 首个分量的地址，其步进单位为 4*4（第二个 4 为 int 型数据所占的长度）。
- x[0] ：数组 x 首个分量的地址。
- &x[0] ：数组 x 首个分量的地址。
- &x[0][0] ：数组 x 首个元素的地址。

所以，赋值语句

```
px=&x[0][0];
```

是正确的，对于赋值语句

```
px=x;
px=x[0];
px=&x[0];
```

严格地讲，由于 px 与其步进单位不同，在 VC++6.0 中认为这些赋值语句是错误的（在 VC++6.0 中进行这类语义检查，系统会给出编译错误，程序不能正确执行）。

【例 6.10】分析以下程序的执行结果。

```
/*文件名：lx6_10.cpp*/
#include <stdio.h>
main()
{
    int x[3][5]={{1,2,3,4,5},{6,7,8,9,10},{11,12,13,14,15}};
    int *px,i=0;
    for (px=&x[0][0];px<&x[0][0]+15;px++,i++)
    {
        if (i!=0 && i%5==0) printf("\n");  /*每 5 个元素为一行*/
        printf("%-4d",*px);
    }
    printf("\n");
}
```

【解】程序执行结果如下：

```
1   2   3   4   5
6   7   8   9   10
```

```
11  12  13  14  15
```

上述程序中，px 赋值为数组 x 的首地址，通过循环执行 px++扫描 x 的全部元素。

3. 数组指针变量

数组指针是指向多维数组中分数组的指针变量，所指向的应该是降一维的整个分数组。例如，指向二维数组中分数组的指针变量，所指向的应该是一维分数组；指向三维数组中分数组的指针变量，所指向的应该是二维分数组。

二维数组指针变量一般的定义格式如下：

```
基类型  (*指针变量)[整型表达式]
```

其中，“整型表达式”指出二维数组中一维数组的元素个数，即对应数组定义中的下标表达式 2。

例如，有如下定义：

```
int x[2][3],(*px)[3];
```

在表达式(*px)[3]中，由于存在一对圆括号，所以“*”首先与 px 结合，表示 px 是一个指针变量，然后再与运算符“[]”结合，表示指针变量 px 的基类型是一个包含有 3 个 int 型元素的数组。此处 px 的基类型与 x 数组的基类型相同，因此，语句

```
px=x;
```

是合法的赋值语句。px+1 等价于 x+1，等价于 x[1]。当 px 指向 x 数组的首地址时，可以通过以下形式来引用 x[i][j]。

- *(px[i]+j)对应于*(x[i]+j)。
- *(*(px+i)+j)对应于*(*(x+i)+j)。
- (*(px+i))[j]对应于(*(x+i))[j]。
- px[i][j]对应于 x[i][j]。

而下面两条赋值语句是错误的。

```
px=x[0];
px=&x[0][0];
```

> 注意　数组指针 px 与对应的二维数组 x 的差别是，二维数组 x 是一个常量，而数组指针 px 是一个变量。

【例 6.11】 分析以下程序的执行结果。

```
/*文件名：lx6_11.cpp*/
#include <stdio.h>
main()
{
    int x[2][3]={1,2,3,4,5,6},(*px)[3];
    int i,j;
    px=x;
    for (i=0;i<2;i++)
```

```
        for (j=0;j<3;j++)
            printf("%3d",px[i][j]) ;
    printf("\n");
}
```

【解】程序执行结果如下：

```
1  2  3  4  5  6
```

上述程序中，px 是指向二维数组 x 的指针变量，因此 px[i][j]与 x[i][j]是相同的。所以程序的功能是利用二维数组的指针变量实现数组内容的输出。

4. 多维数组作为函数参数

当多维数组作为实参时，对应的形参必须是一个数组指针变量。例如，若 x 是一个以 int x[M][N]（N、M 都是用#define 定义的符号常量）定义的二维 int 型数组，调用函数为 fun(x)，对应的 fun()函数首部可以有以下 3 种形式。

- fun(int (*px)[N])
- fun(int x[][N])
- fun(int x[M][N])

注意 列下标不可缺少。无论是哪一种方式，C 编译系统都把 x 处理成数组指针变量。与一维数组相同，数组名传递给函数的是一个地址值，因此，对应的形参也必定是一个类型相同的指针变量，在函数中引用的将是调用的函数中的数组元素，C 编译系统只为形参开辟一个存放地址的存储单元，而不可能在调用函数时为形参开辟一系列存放数组的存储单元。

【例 6.12】分析以下程序的执行结果。

```
/*文件名：lx6_12.cpp*/
#include <stdio.h>
#define M 2
#define N 4
int fun1(int a[][N])
{
    int s=0,i,j;
    for (i=0;i<M;i++)
        for (j=0;j<N;j++)
            s=s+a[i][j];
    return(s);
}
int fun2(int (*pb)[N])
{
    int s=0,i,j;
    for (i=0;i<M;i++)
        for (j=0;j<N;j++)
            s=s+*(*(pb+i)+j);
    return(s);
}
int fun3(int (*pb)[N])
{
    int s=0,i,j;
```

```
    for (i=0;i<M;i++)
        for (j=0;j<N;j++)
            s=s+pb[i][j];
    return(s);
}
main()
{
    int b[M][N]={{1,2,3,4},{5,6,7,8}};
    printf("call fun1:s=%d\n",fun1(b));
    printf("call fun2:s=%d\n",fun2(b));
    printf("call fun3:s=%d\n",fun3(b));
}
```

【解】程序执行结果如下：

```
call fun1:s=36
call fun2:s=36
call fun3:s=36
```

本例说明了二维数组作为函数实参的各种基本方法，从中可以发现，使用这些方法的执行结果都是相同的。

6.4 字符串指针变量和字符串

1. 字符串常量的表示

字符串常量是由双引号括起来的字符序列，例如：

```
"Welcome to China"
```

是一个字符串常量，该字符串有两个空格字符，所以是由 16 个字符组成。

在程序中如果出现字符串常量，C 编译程序就把字符串常量安排在一个存储区域，这个区域是静态的，在整个程序运行的过程中始终占用。

字符串常量的长度是指该字符串中的字符个数。但在实际存储区域中，C 编译程序还自动给字符串序列的末尾加上一个空字符'\0'，以此来标志字符串的结束。因此，一个字符串常量所占用存储区域的字节数总比其字符个数多一个字节。

C 语言中，操作一个字符串常量的方法有两种。

（1）把字符串常量存放在一个字符数组中。例如：

```
char s[]="Welcome to China";
```

数组 s 共由 17 个元素组成，其中，s[16]中的内容是'\0'。在字符数组定义的过程中，C 编译程序直接对数组 s 进行了初始化。

（2）用字符指针指向字符串，然后通过字符指针来访问字符串存储区域。

2. 字符串指针变量的定义和使用

字符串指针变量的定义与指向字符变量的指针变量定义是相同的。两者之间只能按对指针变量的赋值不同来区别。

对指向字符变量的指针变量应赋予该字符变量的地址。例如：

```
char ch,*p=&ch;
```

表示 p 是一个指向字符变量 ch 的指针变量，而

```
char *str="Good bye";
```

则表示 str 是一个指向字符串的指针变量，并把字符串的首地址赋给了 str。

当字符串常量在表达式中出现时，根据数组类型转换规则，将被转换成字符数组。因此，若定义了如下字符指针：

```
char *p;
```

则可用

```
p="Good bye";
```

使 p 指向字符串常量中的 0 号字符'G'，如图 6.5 所示。

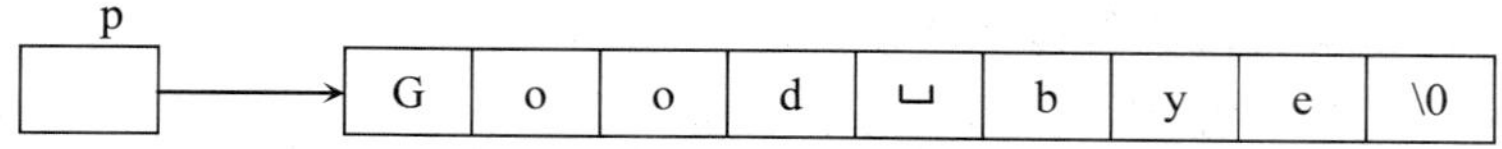

图 6.5 指向字符串常量的指针批 p

以后可以通过 p 来访问这一存储区域，如*p 或 p[0]就是字符'G'，而 p[i]或*(p+i)就相当于字符串的 i 号字符。

【例 6.13】分析以下程序的执行结果。

```
/*文件名：lx6_13.cpp*/
#include <stdio.h>
main()
{
    char *s="Good bye";
    s=s+3;
    printf("%s\n",s);
}
```

【解】程序执行结果如下：

```
d bye
```

上述程序中，对字符串指针 s 初始化时，s 指向首字符'G'，执行“s=s+3;”后，s 指向字符'd'，因此输出为 d bye。

【例 6.14】分析以下程序的执行结果。

```
/*文件名：lx6_14.cpp*/
#include <stdio.h>
main()
{
    char a[]="Good bye",*s=a;
    s=s+3;
    *s='A';
    printf("%s\n",s);
}
```

【解】程序执行结果如下：

```
A bye
```

上述程序中，定义了一个字符数组（并非字符串常量）和字符串指针 s，并将 s 初始化为指向首字符'G'，执行“s=s+3;”后，s 指向字符'd'，执行“*s='A';”则修改 s 指向的字符。因此输出为 A bye。

3. 使用字符串指针变量与字符数组的区别

用字符数组和字符串指针变量都可以实现对字符串的存储和操作，但是两者是有区别的。在使用时应注意以下问题。

（1）字符串指针变量本身是一个变量，用于存放字符串的首地址，可以指向字符串的任何字符。而字符串本身存放在以该首地址为首的一块连续的内存空间中，并以'\0'作为字符串的结束。字符数组由若干个数组元素组成，可以用来存放整个字符串，字符数组名是字符串的首地址，是常量，不能修改其值。

（2）对于字符串指针方式：

```
char *sp="Good bye";
```

可以写为

```
char *sp;ps="Good bye";
```

而对于数组方式：

```
char str[]={"Good bye"};
```

不能写为

```
char str[20];str="Good bye";
```

而只能对字符数组的各元素逐个赋值。

从上面可以看出字符串指针变量与字符数组在使用时的简单区别，同时也可以看出使用指针变量更加方便。

前面说过，当一个指针变量在未取得确定地址前使用是危险的，容易引起错误。但是，可以对指针变量直接赋值，因为 C 编译系统在对指针变量赋值时要给出确定的地址。因此

`char *sp="Good bye";` 或者 `char *sp;sp="Good bye";`

都是合法的。

【例 6.15】编写一个程序，将用户输入的由数字字符和非数字字符组成的字符串中的数字提取出来，例如输入“asd123rt456，fg789”，则产生的数字分别是 123、456 和 789。

【解】先设计一个 getline()函数接收用户输入的一行字符，将结果存储在 line 字符数组中。然后扫描 line 的各个字符，判定字符的类型是否是数字，将连续数字转换后放入数组 a[]中，这一过程直到 line 数组所有元素扫描完为止。最后打印 a 数组的结果。程序如下：

```
/*文件名：lx6_15.cpp*/
#include <stdio.h>
```

```
#include <stdlib.h>
#define LEN 256
int getline(char *s,int len);
main()
{
    char line[LEN],b[20],*pal,*pab;
    int n=0,j,a[50];
    getline(line,LEN);            /*输入一行,最多包含 256 个字符*/
    pal=line;
    while (*pal!='\0')
    {
        pab=b;
        for (j=0;*pal>='0' && *pal<='9';pal++,pab++,j++)
            *pab=*pal;
        if (j>0)
        {
            *pab='\0';
            *(a+n)=atoi(b);       /*将字符 b 转换为整数*/
            n++;
        }
        if (*pal!='\0') pal++;
    }
    printf("输出数序: \n");
    for (j=0;j<n;j++)
        printf("%8d\n",*(a+j));
}
int getline(char *s,int len)
{
    int c;
    printf("输入一行字符串: ");
    char *p=s;
    while (--len>0 && (c=getchar())!='\n')
        *s++=c;
    *s='\0';
    return (s-p);
}
```

程序执行结果如下：

```
输入一行字符串: abcd1234xyz100mn456↙
输出数序:
1234
 100
 456
```

6.5 指针数组

指针变量本身也是变量，当一系列有顺序的指针变量集合成数组时，就形成了指针变量数组，简称指针数组。指针数组是指针变量的集合，指针数组的每个元素都是指针变量，并且指向相同的数据类型。指针数组的定义形式如下：

```
基类型  *指针数组名[元素个数];
```

和一般的数组一样，系统在处理指针数组定义时，也为其在一定的内存区域中分配连续的存储空间，这时指针数组名就表示该指针数组的首地址。例如：

```
int *p[5];
```

由于“[]”比“*”优先级高，因此 p 先与[5]结合，形成 p[5]的数组形式，有 5 个元素。然后再与 p 前面的“*”结合，表示是指针类型的数组，该数组的每个元素都是整型指针，所以每个元素都具有指针的特性。

【例 6.16】分析以下程序的执行结果。

```
/*文件名：lx6_16.cpp*/
#include <stdio.h>
main()
{
    int x[]={1,2,3},y[]={4,5},z[]={6,7,8,9},*p[3]={x,y,z};
    int i;
    for (i=0;i<3;i++)
       printf("%3d",*p[0]++);
    printf("\n");
    for (i=0;i<2;i++)
       printf("%3d",*p[1]++);
    printf("\n");
    for (i=0;i<4;i++)
       printf("%3d",*p[2]++);
    printf("\n");
}
```

【解】程序执行结果如下：

```
1  2  3
4  5
6  7  8  9
```

上述程序中，数组 x、y、z 和指针数组 p 的内存空间分配如图 6.6 所示。p[0]是数组 x 的指针，p[1]是数组 y 的指针，p[2]是数组 z 的指针。3 个 for 循环分别通过 p[0]、p[1]、p[2]输出 x、y、z 数组的元素。

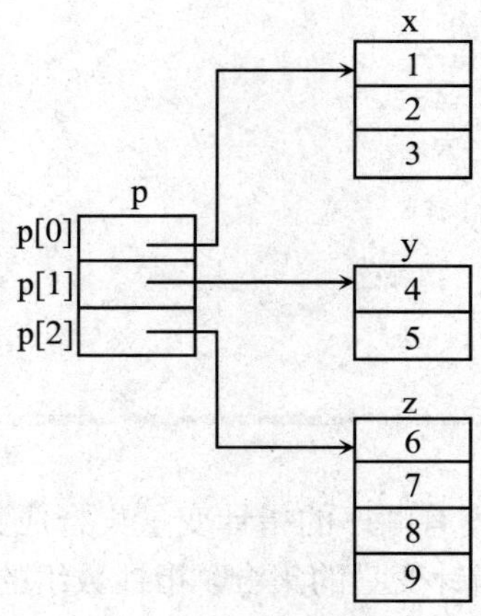

图 6.6　指针数组示意图

在第 4 章中介绍过字符串数组，使用字符串数组存放多个字符串时，尽管各个字符串的长度不一定相同，但都分配相同长度的空间。采用指针数组同样可以处理多个字符串，各个字符串的长度也可以不等。字符指针数组初始化时，可以直接使用多个字符串，即把多个字符串的首地址分别赋给字符指针数组中的各个指针元素。

【例 6.17】编写一个程序，用周一到周日的英文名称初始化一个字符指针数组，当输入整数为 1～7 时，显示相应的英文名，输入其他整数时显示错误信息。

【解】先用周一到周日的英文名称初始化一个字符指针数组 week，包含 7 个元素，分别从 week[0]到 week[6]；当输入整数为 1～7 的 n 时，对应的星期为 week[n-1]或*(week+n-1)。程序如下：

```
/*文件名：lx6_17.cpp*/
#include <stdio.h>
main()
{
    char *week[]={"Monday","Tuesday","Wednesday",
        "Thursday","Friday","Saturday","Sunday"};
    int n;
    printf("输入数字：");
    scanf("%d",&n);
    if (n<=7 && n>=1)
        printf("星期%d 的英文名称是%s\n",n,*(week+n-1));
    else
        printf("输入的数字无效!\n");
}
```

程序执行结果如下：

```
输入数字：6↙
星期 6 的英文名称是 Saturday
```

当指针数组作为实参时，对应的形参应当是一个指向指针的指针变量。例如，若在主函数中有以下定义和函数调用语句：

```
#define M 4
#define N 3
main()
{
    double s[M][N],*ps[M];
    ⋮
    for (i=0;i<M;i++)
        ps[i]=s[i];
    fun(ps);
    ⋮
}
```

则 fun()函数的首部可以是以下三种形式之一。

- fun(double *a[M])
- fun(double *a[])
- fun(double **a)

【例 6.18】改写例 6.17 的程序，通过一个函数返回星期名。

【解】设计对应的函数 weekname()。程序如下：

```
/*文件名：lx6_18.cpp*/
#include <stdio.h>
```

```
char *weekname(char *p[],int n);
main()
{
    char *weeks[]={"Monday","Tuesday","Wednesday",
        "Thursday","Friday","Saturday","Sunday"};
    int n;
    printf("输入数字：");
    scanf("%d",&n);
    if (n<=7 && n>=1)
        printf("星期%d 的英文名称是%s\n",n,weekname(weeks,n));
    else
        printf("输入的数字无效!\n");
}
char *weekname(char *p[],int n)
{
    return *(p+n-1);
}
```

6.6 多级指针变量

在 C 语言中，除了允许指针变量指向普通变量之外，还允许指针变量指向其他的指针变量，这种指向指针变量的指针变量称为多级指针变量。例如，二级指针变量的定义格式如下：

```
基类型 **指针名;
```

当一个指针变量指向普通变量时，这样的指针变量称为一级指针变量。指向一级指针变量的指针变量称为二级指针变量。指向二级指针变量的指针变量称为三级指针变量，依此类推。在引入多级指针变量的概念后，需要注意，当访问一个指针变量的内容时，只有一级指针变量的内容才是要处理的数据，而多级指针变量的内容仍是一个指针变量。例如，对于以下语句：

```
char *name[3]={"Smith","Mary","John"},**pp=name;
```

其内存空间分配如图 6.7 所示。

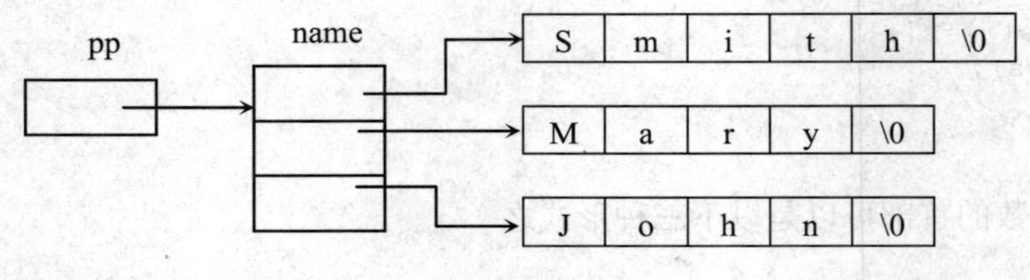

图 6.7　多级指针示意图

在上述定义的语句中，pp 之前的“**”用于标识 pp 是二级指针，并不是运算符的功能。

根据地址计算规则，多级指针变量访问内容的“*”运算也可以采用数组形式，即采用访问数组元素运算符“[]”来表示。例如，使用二级指针变量 pp 计算出的某个目标变量（一级指针变量）*(pp+i)可以表示成 pp[i]。由这个一级指针变量计算出某个目标变量*(*(pp+i)+j)可以表示成 pp[i][j]等。例如，在图 6.7 中，pp[1][2]就是字符串"Mary"中的字符'r'。其计算过程是以 pp 的地址值为起点访问第二个数据，就是访问指针数组的元素 name[1]，即为指向字符串"Mary"的指针。再以此地址为起点，访问其后的第 3 个数据，即 pp[1][2]，是字符'r'。

【例 6.19】 分析以下程序的执行结果。

```
/*文件名：lx6_19.cpp*/
#include <stdio.h>
void disp(char **p,int n);
main()
{
    char *name[3]={"Smith","Mary","John"};
    disp(name,3);
}
void disp(char **pp,int n)
{
    int i;
    for (i=0;i<n;i++)
        printf("%s\n",*pp++);
}
```

【解】 程序执行结果如下：

```
Smith
Mary
John
```

上述程序中，name 是一个指针数组，调用 disp()函数后，pp 成为 name 的指针变量，其值是 name 数组的第一个元素的地址，参见图 6.7，通过 for 循环语句输出各个字符串。

【例 6.20】 分析以下程序的执行结果。

```
/*文件名：lx6_20.cpp*/
#include <stdio.h>
main()
{
    char *c[]={"You can make statement","for the topic",
               "The sentences","How about"};
    char **p[]={c+3,c+2,c+1,c};
    char ***pp=p;
    printf("%s",**++pp);
    printf("%s",*--*++pp+3);
    printf("%s",*pp[-2]+3);
    printf("%s\n",pp[-1][-1]+3);
}
```

【解】 程序执行结果如下：

```
The sentences can make statements about the topic
```

上述程序中，c 为字符指针数组，p 为二级字符指针数组，pp 为指向 p 指针数组的指针变量，初始时所有指针变量的指向示意图如图 6.8 所示。

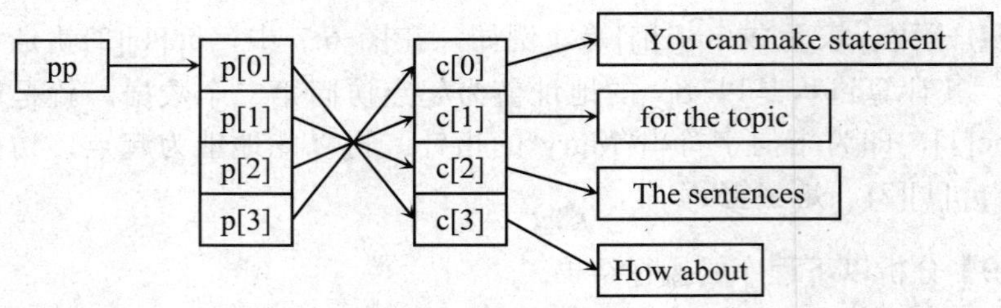

图 6.8　多级指针示意图

对于表达式**++pp，先执行++pp，使 pp 指向 pp[1]，*pp 为 pp[1]的值，**pp 输出 The sentences。

对于表达式*--*++pp+3，先执行++pp（因为“++”与“*”运算符的优先级相同，采用自右向左的方向结合），pp 指向 p[2]，*++pp 为 pp[2]的值，即 c[1]，执行--*++pp 后，返回 c[0]的值，即 You can make statement，执行+3 后输出 can make statement。

对于表达式*pp[-2]+3，此时 pp 指向 p[2]，由于“[]”优先级高于“*”，先执行 pp[-2]，即返回 p[0]（pp 指针不改变），**pp[-2]返回 How about，执行+3 后返回 about。

对于表达式 pp[-1][-1]+3，此时 pp 指向 p[2]，pp[-1]返回 pp[1]，pp[-1][-1]返回 for the topic，执行+3 运算后返回 the topic。

6.7　指针与函数

6.7.1　指针型函数

函数返回值的数据类型决定了该函数的数据类型。当函数返回值为数值类型时称为数值型函数；当函数返回值为字符类型时称为字符型函数；函数的返回值也可以是某种类型数据的地址，当函数的返回值是地址时，称为指针型函数。因为这类函数的返回值是随参数变化的地址，而变化的地址就是指针变量，所以称为指针型函数。其定义的一般格式如下：

```
数据类型 *函数名(形参定义表)
```

例如，以下语句定义了一个返回整型数据地址的指针型函数 fun()。

```
int *fun(int a,float x)
```

其中，fun 是函数名，调用 fun()函数能返回一个指向整型变量的指针值。a 和 x 是函数 fun()的形参，分别为整型和单精度型。

> 注意　在*fun 的两侧没有用圆括号括起来，在 fun 的两侧分别为“*”运算符和“()”运算符。而“()”运算符的优先级高于“*”运算符，因此，fun 先与“()”运算符结合，表明 fun()是函数形式。而这个函数前有一个“*”运算符，表示此函数是指针型函数。最前面的 int 表示返回的指针指向整型变量。

在指针型函数中，使用 return 语句返回的可以是变量的地址、数组的首地址或指针变量等，还可以是在第 8 章中介绍的结构体、共用体等构造型数据类型的首地址等。

【例 6.21】编写一个指针型函数，返回两个字符串连接的结果。

【解】程序如下：

```
char *strcat(char *s1,char *s2)
{
    char *p=s1;                  /*用指针变量 p 保存 s1 的首地址*/
    while (*s1) s1++;            /*让 s1 指向'\0'时结束循环*/
    while (*s1++=*s2++);         /*将 s2 中所有字符复制到 s1 之后*/
    return(p);                   /*返回指针值*/
}
```

注意 在程序中调用指针型函数时，用于接收函数返回值的量必须是和该函数的数据类型一致的指针。在程序中不要使用数组名接收指针型函数的返回值，因为数组名是地址常量，不能向数组名赋值。

6.7.2 指向函数的指针变量

在 C 语言中，指针变量除了保存数据的存储地址外，还可以用于保存函数的存储首地址。函数的存储首地址又称为函数的执行入口地址。指针变量保存函数的入口地址时，就指向了该函数，所以称这种指针变量为指向函数的指针变量，简称函数指针。其定义的一般格式如下：

```
数据类型 (*函数指针名)(形参表);
```

其中，“数据类型”是指针所指向的函数的返回值的数据类型；“函数指针名”两边的圆括号不能省略，表示函数指针名先与“*”结合，是指针变量，然后与后面的“()”结合，表示该指针变量指向函数。“形参表”表示指针变量所指向的函数的形参。

例如，以下语句定义了一个指向 int 型函数的函数指针。

```
int (*pfun)(形参表);
```

其中，pfun 是一个指向函数的指针变量。它用来存放如下类型函数的入口地址。

```
int fun(形参表)
```

此时 pfun 并不指向哪一个具体的函数，而是空指针。

要通过 pfun 实现对函数的调用，还必须给 pfun 赋值，将某一个函数的入口地址赋给 pfun。函数名代表函数的入口地址，是函数指针类型的符号常量（正如数组名是指针类型的符号常量一样）。赋值时只写函数，不写后面的括号和实参。例如：

```
pfun=fname;
```

此时仅仅是将 fname 函数的入口地址赋给 pfun，不牵扯到函数调用和形实参结合问题。赋值后才能通过 pfun 调用所指向的函数 fname。

通过指针变量调用函数时，只要用“(*函数指针名)”代替函数名就可以了。调用函数时的括号和实参应照写不误，如

```
y=(*pfun)(a,b);
```

表示调用 pfun 指向的函数，返回的函数值赋给 y，调用的实参为(a,b)。

函数指针的性质与普通指针变量相同，唯一的区别是普通指针变量指向内存的数据存储区；而函数指针指向内存的程序代码存储区。因此，普通指针变量的“*”运算是访问内存的数据，而对函数指针执行“*”运算时，其结果是使程序控制转移至该函数指针指向的函数入口地址，从而开始执行该函数，也就是说，对函数指针执行“*”运算就是调用其所指向的函数。

C 语言程序中，函数指针的作用主要体现在函数间传递函数的过程中，这种传递不是传递任何数据，而是传递函数的执行地址，或者说是传递函数的调用控制。当函数在两个函数间传递时，调用函数的实参应该是被传递函数的函数名，而被调用函数的形参应该是接收函数地址的函数指针。

【例 6.22】分析以下程序的执行结果。

```
/*文件名: lx6_22.cpp*/
#include <stdio.h>
int add(int a,int b)
{
   return(a+b);
}
int sub(int a,int b)
{
   return(a-b);
}
int mul(int a,int b)
{
   return(a*b);
}
int div(int a,int b)
{
   return(a/b);
}
int compute(int (*func)(int,int),int x,int y)
{
   int result;
   result=func(x,y);    /*或 result=(*func)(x,y);*/
   return(result);
}
main()
{
   int x=10,y=5;
   printf("%d+%d=%d\n",x,y,compute(add,x,y));
   printf("%d-%d=%d\n",x,y,compute(sub,x,y));
   printf("%d*%d=%d\n",x,y,compute(mul,x,y));
   printf("%d/%d=%d\n",x,y,compute(div,x,y));
}
```

【解】程序执行结果如下：

```
10+5=15
10-5=5
10*5=50
10/5=2
```

本程序中的 compute(func,x,y)使用了函数指针 func。当调用 compute(add,x,y)时，即把

add 函数的地址赋给了 func，则 result=func(x,y)语句变为 result=add(x,y)，从而达到真正函数调用的目的。其他调用语句的执行过程与之类似。

【例 6.23】分析以下程序的执行结果。

```
/*文件名：lx6_23.cpp*/
#include <stdio.h>
int execute(int x,int y,int(*func)(int,int))
{
    return((*func)(x,y));
}
int func1(int x,int y)
{
    return(x+y);
}
int func2(int x,int y)
{
    return(x-y);
}
int func3(int x,int y)
{
    return(x*y);
}
int func4(int x,int y)
{
    return(x/y);
}
main()
{
    int (*func[4])(int,int);
    int a,b,i;
    func[0]=func1;
    func[1]=func2;
    func[2]=func3;
    func[3]=func4;
    a=10;b=5;
    for (i=0;i<4;i++)
        printf("func%d:%d\n",i+1,execute(a,b,func[i]));
}
```

【解】程序执行结果如下：

```
func1:15
func2:5
func3:50
func4:2
```

该程序中，使用函数指针数组 func，它有 4 个元素，每个元素都是函数指针，实现功能与例 6.22 相同。一个函数指针可以指向不同的函数，但要求这些函数的数据类型、参数个数和参数类型都相同。同样也要求函数指针数组的每个元素指向函数的数据类型、参数个数和参数类型相同（本例中被指向函数的数据类型为 int，有两个参数，均为 int 型）。

6.8 命令行参数

在 DOS 或 Windows 的命令提示符窗口中的命令行状态下，输入操作系统命令之后可以带若干个命令参数来确定该命令的操作对象。

main()函数可以带有参数，在程序执行时，通过命令行将参数传递给程序，以控制程序的执行。命令行参数的一般格式如下：

```
main(int argc,char *argv[])
```

按照约定，main()可以带两个名称为 argc 和 argv 的参数以建立同操作系统之间的通信联系。变量 argc 给出命令行参数的个数；参数 argv 是一个指向 char 型的指针数组，其中的指针元素分别指向包含这些命令行参数的字符串，即 argv[0]指向命令串，argv[1]指向第一个参数串，argv[2]指向第二个参数串，依此类推。

【例 6.24】编写一个程序，输出所有命令行参数。

【解】程序如下：

```
#include <stdio.h>
main(int argc,char *argv[])
{
    int count=0;
    printf("argc=%d\n",argc);
    while (argc-->0)
        printf("参数%d: %s\n",count++,*argv++);
}
```

设该文件名为 myprog.cpp，编译后为 myprog.exe。程序执行结果如下：

```
myprog one two three↙
argc=4
参数 0: myprog
参数 1: one
参数 2: two
参数 3: three
```

6.9 上机实训 6：指针练习

实训内容

分析以下程序的输出结果。【本实训指导见附录 D】

```
#include <stdio.h>
main()
{
    char *p="abcdefgh",*r;
    long *q;
    q=(long *)p;
    q++;
    r=(char *)q;
    printf("%s\n",r);
}
```

6.10 小结

（1）指针是C语言中一个重要的组成部分，使用指针编程有以下优点。

- 提高程序的编译效率和执行速度。
- 通过指针可以使调用函数和被调用函数之间共享变量，便于实现双向数据传递。
- 可以实现动态的存储分配。

（2）指针运算符。

- 取地址运算符“&”：求变量的地址。
- 取内容运算符“*”：表示指针所指向的变量。

（3）指针的运算。

① 赋值运算：

- 把变量地址赋给指针变量。
- 同类型指针变量相互赋值。
- 把数组、字符串的首地址赋给指针变量。
- 把函数入口地址赋给指针变量。

② 加减运算：

- 对指向数组、字符串的指针变量p可以进行加减运算，如p+n、p-n、p++、p--等。
- 对指向同一数组的两个指针变量可以进行相减运算。
- 对指向其他类型的指针变量作加减运算是无意义的。

③ 关系运算：

- 指向同一数组的两个指针变量之间可以进行“>=”、“>”、“<=”、“<”、“==”的比较运算。
- 指针可以与0比较，p==0为真表示p为空指针。

（4）与指针有关的各种定义和意义。

- “int *p;”表示p为指向整型变量的指针变量。
- “int *p[n];”表示p为指针数组，由n个指向整型变量的指针元素组成。
- “int (*p)[n];”表示 p为指向二维整型数组的指针变量，二维数组的列数为n。
- “int *p();”表示 p为返回指针值的函数，该指针指向整型变量。
- “int (*p)();”表示p为指向函数的指针，该函数返回整型变量。
- “int **p;”表示 p为一个指向指针变量的指针，即二级指针变量。

（5）指针变量与一维数组。

在“int a[10],*pa=a;”情况下：

- pa+i 或 a+i 等于&a[i]。
- a[i]、*(a+i)、pa[i]，*(pa+i)均等价。

（6）指针变量与二维数组。

在“int a[2][3],(*pa)[3];pa=a;”情况下：

- *(pa[i]+j)等价于*(a[i]+j)。
- *(*(pa+i)+j)等价于*(*(a+i)+j)。
- (*(pa+i))[j]等价于(*(a+i))[j]。
- pa[i][j]等价于 a[i][j]。

（7）解释复杂定义符号的规则是“从里向外”。其规则如下：

① 从标识符开始，直接查找右边的方括号或圆括号。

② 如果有，则解释这些方括号或圆括号，然后查找右边的星号。

③ 在任何时候若遇到了一个右圆括号，返回规则①和规则②。

④ 应用类型标识符。

例如：

```
char *(*(* var)())[10]
 ↑   ↑ ↑ ↑  ↑    ↑   ↑
 7   6 4 2  1    3   5
```

在这个例子中，按顺序标出，并解释如下：

1——定义标识符 var，

2——一个指针变量，

3——一个函数指针，

4——一个指针，

5——一个有 10 个元素的数组，

6——一个指针，

7——char 型数据。

因此，var 是一个函数指针变量，该函数返回的指针值又指向一个指针数组，该指针数组的元素指向字符变量。

（8）命令行参数。

命令行参数的一般格式如下：

```
main(int argc,char *argv[])
```

例如，程序执行命令：

```
abc p1 p2 p3 p4
```

则：

```
argc=5
argv[0]="abc"
argv[1]="p1"
```

```
argv[2]="p2"
argv[3]="p3"
argv[4]="p4"
```

6.11 课后习题

6.11.1 单项选择题

（1）以下程序的运行结果是______。

```
main()
{ int a[10]={1,2,3,4,5,6,7,8,9,10}, *p=&a[3], *q=p+2;
  printf("%d\n", *p + *q);
}
```

A. 16　　B.10　　C. 8　　D. 6

（2）以下程序的运行结果是______。

```
main()
{ int a[]={2,4,6,8,10}, y=0, x, *p;
  p=&a[1];
  for(x= 1; x<3; x++) y += p[x];
  printf("%d\n",y);
}
```

A. 10　　B. 11　　C. 14　　D. 15

（3）以下程序的运行结果是______。

```
void swap1(int c0[], int c1[])
{ int t ;
  t=c0[0]; c0[0]=c1[0]; c1[0]=t;
}
void swap2(int *c0, int *c1)
{ int t;
  t=*c0; *c0=*c1; *c1=t;
}
main()
{ int a[2]={3,5}, b[2]={3,5};
  swap1(a, a+1); swap2(&b[0], &b[1]);
  printf("%d %d %d %d\n",a[0],a[1],b[0],b[1]);
}
```

A. 3 5 5 3　　B. 5 3 3 5　　C. 3 5 3 5　　D. 5 3 5 3

（4）以下程序的运行结果是______。

```
#include
main()
{ int a[]={1,2,3,4,5,6,7,8,9,10,11,12,},*p=a+5,*q=NULL;
  *q=*(p+5);
  printf("%d %d\n",*p,*q);
```

A. 运行后报错　　B. 6 6　　C. 1 1　　D. 1 0

（5）已有定义：int i,a[10],*p;则合法的赋值语句是______。

A. p=100;　　B. p=a[5];　　C. p=a[2]+2;　　D. p=a+2;

（6）有如下程序段：

```
int a[10]={1,2,3,4,5,6,7,8,9,10},*p=&a[3],b;
b=p[5];
```

b 的值为______。

A. 5　　B. 6　　C. 8　　D. 9

（7）以下程序的输出结果是______。

```
main()
{ int x[8]={8,7,6,5,0,0},*s;
  s=x+3;
  printf("%d\n",s[2]);
}
```

A. 随机值　　B.0　　C. 5　　D. 6

（8）以下程序的输出结果是______。

```
main()
{ char a[10]={9,8,7,6,5,4,3,2,1,0},*p=a+5;
  printf("%d",*--p);
}
```

A. 非法　　B. a[4]的地址　　C. 5　　D. 3

（9）以下程序的输出结果是______。

```
main()
{ int a[]={1,2,3,4,5,6,7,8,9,0,},*p;
  p=a;
  printf("%d\n",*p+9);
}
```

A. 0　　B.1　　C. 10　　D. 9

（10）以下程序的输出结果是______。

```
#include <stdio.h>
main()
{
    int a[]={5,3,7,2,1,5,4,10};
    int s=0,k;
    for (k=0;k<8;k+=2)
        s+=*(a+k);
    printf("%d\n",s);
}
```

A. 17　　B. 27　　C. 13　　D. 无定值

6.11.2 填空题

（1）以下程序的执行结果是______。

```
#include <stdio.h>
main()
{
    int a[]={1,2,3,4,5,6};
    int x,y,*p;
```

```
    p=&a[0];
    x=*(p+2);
    y=*(p+4);
    printf("%d,%d,%d\n",*p,x,y);
}
```

（2）以下程序的执行结果是______。

```
#include <stdio.h>
main()
{
    char *pp[2][3]={"abc","defgh","ijkl","mnopqr","stuvw","xyz"};
    printf("%c",***(pp+1));
    printf("%c",**pp[0]);
    printf("%c",(*(*(pp+1)+1))[4]);
    printf("%c",*(pp[1][2]+2));
    printf(",%s\n",**(pp+1));
}
```

（3）以下程序的执行结果是______。

```
#include <stdio.h>
int fun(int x,int y)
{
    return(y-x);
}
main()
{
    int a=5,b=6,c=2;
    int (*g)(int,int);
    g=fun;
    c=(*g)(a,b);
    printf("%d\n",c);
}
```

（4）以下程序的执行结果是______。

```
#include <stdio.h>
main()
{
    char *p="abcdefghijklmnopq";
    while (*p++!='e')
        printf("%c",*p);
    printf("\n");
}
```

（5）以下程序的执行结果是______。

```
#include <stdio.h>
main()
{
    int a[]={1,3,5,7};
    int *p[3]={a+2,a+1,a};
    int **q=p;
    printf("%d\n",*(p[0]+1)+**(q+2));
}
```

第 7 章

编译预处理

每个 C 语言的编译系统都提供了一组预处理命令。预处理是指在进行编译的第一遍扫描（词法扫描和语法分析）之前所做的工作。预处理是 C 语言的一个重要功能，由预处理程序负责完成。当对一个源文件进行编译时，系统将自动引用预处理程序对源程序中的预处理部分作处理，处理完毕自动进入对源程序的编译。预处理命令都以“#”开头，每个预处理命令必须单独占一行，语句末尾不使用分号作为结束符。预处理命令可以出现在源程序的任何地方，但一般将编译预处理命令放在源程序的首部，作用域是从当前说明的地方开始到文件结束，在文件之外就失去作用。

学习目标：掌握常用的预处理命令，主要内容有宏定义、条件编译和文件包含。

本章知识点

- 宏定义
- 条件编译
- 文件包含

C Programming

7.1 宏定义

在 C 语言源程序中，用一个标识符来表示一个字符串，称为“宏”，宏是一种编译预处理命令。被定义为“宏”的标识符称为“宏名”。在编译预处理时，对程序中所有出现的“宏名”，都用宏定义中的字符串去代换，这称为“宏代换”或“宏展开”。宏定义是由源程序中的宏定义命令完成的。宏代换是由预处理程序自动完成的。

根据是否带参数，将宏定义分为无参宏定义和带参宏定义两种。

7.1.1 无参宏定义

无参宏定义命令的一般格式如下：

```
#define 标识符 字符串
```

其中，“标识符”为所定义的宏名，“字符串”可以是常数、表达式、格式串等。#define 命令出现在程序中所有函数的外面，宏名的有效范围为定义命令之后到本源文件结束，但可以用#undef 命令终止宏定义的作用域。

在前面介绍过的符号常量的定义就是一种无参宏定义。例如，以下命令定义的宏名 PI 代表圆周率 3.141 59。

```
#define PI 3.14159
```

根据一般 C 语言程序中变量的命名规则，符号常量的定义一般习惯使用大写字母表示，这主要是因为在一般变量的定义中常使用小写字母。当然，符号常量也可以用小写字母命名。

宏定义是用宏名来表示一个字符串的，在宏展开时又以该字符串取代宏名，属于一种简单的代换。其中，所表示的字符串可以包含任意字符，可以是常数，也可以是表达式，预处理程序对其不作任何检查。如果有错误，那么只能在编译已被宏展开的源程序的过程中发现问题。

宏定义常用于程序中反复使用的表达式。当宏定义在一行中写不下，需要在下一行继续时，只需在最后一个字符后面紧接着加一个反斜线“\”。例如：

```
#define LEAP_YEAR year%4==0 \
&& year%100!=0 || year%400==0
```

宏定义不是语句，在行末尾不必加分号，如果加上分号则将分号也一起置换。例如，以下程序没有语法错误，能正确运行，输出结果为 4。

```
#include <stdio.h>
#define X 2;
main()
{
    int y;
    y=2*X              /*其后没有分号,但宏展开为“y=2*2;”是正确的语句*/
    printf("%d\n",y);
}
```

宏名在源程序中若用引号括起来，则预处理程序不对其作宏代换。例如：

```
#include <stdio.h>
#define str "this is a string"
main()
{
   printf("str=%s\n",str);
}
```

在引号内的 str 不展开，只展开第二个 str。输出为

```
str= this is a string
```

宏定义允许嵌套，即在宏定义的字符串中可以使用已经定义的宏名，并且在宏展开时由预处理程序层层代换。例如：

```
#define x 2+3
#define y x*x
```

在程序设计中，如果有语句

```
printf("%d\n",y);
```

则在宏代换后变为

```
printf("%s\n",2+3*2+3);
```

结果输出为 11。

【例 7.1】分析以下程序的执行结果。

```
/*文件名：lx7_1.cpp*/
#include <stdio.h>
#define SQR(a) a*a
main()
{
   int b=10, k=2, m=1;
   b/=SQR(k+m)/SQR(k+m);
   printf("%d\n", b);
}
```

【解】程序执行结果如下：

```
1
```

上述程序中，SQR(k+m)宏展开后为 k+m*k+m。所以，“b/=SQR(k+m)/SQR(k+m);”语句等价于：

```
b/=k+m*k+m/k+m*k+m=2+1*2+1/2+1*2+1=7
b=b/7=10/7=1
```

所以，输出为 1。

7.1.2 带参宏定义

C 语言允许宏带有参数。在宏定义中的参数称为形式参数，简称形参；在宏调用中的参数称为实际参数，简称实参。对带参数的宏，在调用中，不仅要将宏展开，而且要用实参去代换形参。带参宏定义命令的一般格式如下：

```
#define 标识符(形参表) 字符串
```

其中，括号中的“形参表”是由一个或多个形参组成的，当有一个以上的形参时，形参之间用逗号分隔。对带参宏的展开也是用字符串代替宏名，但是其中的形式参数要用相应的实际参数代替。

带参宏调用的一般格式如下：

```
宏名(实参表)
```

例如：

```
#define M(a,b) a*a+b*b
⋮
b=M(2,4);
⋮
```

在宏调用时，用实参 2 代替形参 a，实参 4 代替形参 b，经预处理宏展开后的语句为

```
b=2*2+4*4;
```

在带参宏定义中，宏名和形参表之间不能有空格出现。例如：

```
#define MAX(a,b) (a>b)?a:b          /*正确形式*/
```

写为

```
#define MAX (a,b) (a>b)?a:b         /*错误形式*/
```

则程序中错误形式将被认为是无参宏定义，宏名 MAX 代表(a,b) (a>b)?a:b，当字符串宏展开时，宏调用语句“max=MAX(x,y);”将变为“max=(a,b) (a>b)?a:b(x,y);”，这显然是错误的。在带参宏定义中，形参不分配内存单元，因此不必作类型定义。而宏调用中的实参有具体的值，要用这些值去代换形参，因此必须作类型定义，这与函数中的情况是不同的。在函数中，形参和实参是两个不同的量，各有自己的作用域，调用时要把实参值赋予形参，进行“值传递”。而在带参宏中，只是符号代换，不存在值传递的问题。

在宏定义中的形参是标识符，而宏调用中的实参可以是表达式。

在宏定义中，字符串内的形参通常要用括号括起来以避免出错。

【例 7.2】 定义求正方形面积的宏。

【解】 对应的宏定义如下：

```
#define area(a) ((a)*(a))
```

加括号是因为“宏替换”只是简单的替换操作，当 area 的实际参数是一个表达式时，不加括号会在编译时出错。若为

```
#define area1(a) (a*a)
```

当调用 area1(2+3)时，替换成：

```
(2+3*2+3)
```

那么，求出的面积是 11，而不是正确的 25。

宏定义可以用来定义多个语句，在宏调用时，把这些语句又代换到源程序内。例如：

```
#define SET(a,b,c,d) a=1;b=2;c=3;d=4
```

在程序中的如下语句：

```
SET(x,y,z,w);
```

宏展开为

```
x=1;y=2;z=3;w=4;
```

带参宏和函数有如下几方面的区别。

- 函数调用时，先求出实参表达式的值，然后代入函数定义中的形参；而使用带参宏只是进行简单的字符替换，不进行计算。
- 函数调用是在程序运行时处理的，分配临时的内存单元；而宏扩展则是在编译之前进行的，在展开时并不分配内存单元，也不进行值的传递处理，也没有“返回值”的概念。
- 对函数中的实参和形参都要定义类型，且两者的类型要求一致，如不一致应进行类型转换；而宏不存在类型问题，宏名无类型，其参数也无类型，只是一个符号代表，展开时代入指定的字符即可。
- 调用函数只可得到一个返回值，而用宏可以设法得到几个结果。例如，对于下面的宏定义：

  ```
  #define PI 3.14159
  #define CIRCLE(R,L,S)  L=2*PI*R;S=PI*R*R
  ```

  若程序中出现语句：

  ```
  CIRCLE(5,A,B);
  ```

  则宏扩展的结果为

  ```
  A=2*3.14159*5;B=3.14159*5*5;
  ```

  显然得到了两个结果，即圆周长 A 和圆面积 B。
- 使用宏次数多时，宏展开后源程序变长，而函数调用不使源程序变长。因此，一般用宏替换小的、可重复的代码段，对于代码行较多的应使用函数方式。
- 宏替换不占运行时间，只占编译预处理时间，而函数调用则占运行时间（分配内存、保留现场、值传递、返回等）。

【例 7.3】分析以下程序的执行结果。

```
/*文件名：lx7_3.cpp*/
#include <stdio.h>
#define ADD(x,y) x+y
void main()
{
   int a,x=15,y=10,z=20,w=5;
   a=ADD(x,y)*ADD(z,w);
   printf("%d\n",a++);
}
```

【解】程序执行结果如下：

```
220
```

上述程序中，c=ADD(x,y)*ADD(z,w)=x+y*z+w=15+10*20+5=220。

7.2 条件编译

一般情况下，C 源程序中所有的行都参加编译过程。但有时出于对程序代码优化的考虑，希望对其中一部分内容只是在满足一定条件时才进行编译，形成目标代码。这种对程序一部分内容指定编译的条件称为条件编译。

常用的条件编译语句有如下几种形式。

1. 形式一

```
#if 常数表达式
   程序段 1;
#else
   程序段 2;
#endif
```

或者

```
#if 常数表达式
  程序段;
#endif
```

该语句的作用是：首先求“常数表达式”的值，如果为真（非 0），就编译“程序段 1”，否则编译“程序段 2”。如果没有#else 部分，则当“常数表达式”的值为 0 时，直接跳过#endif。

【例 7.4】分析以下程序的执行结果。

```
/*文件名：lx7_4.cpp*/
#include <stdio.h>
main()
{
   #if defined(NULL)
    printf("NULL=%d\n", NULL);
   #else
    printf("NULL 未定义!\n");
   #endif
}
```

【解】程序执行结果如下：

```
NULL=0
```

上述程序中，defined()操作符用于测试某个名字是否被定义。由于 NULL 在“stdio.h”中定义为 0，因此执行第一个 printf 语句。

【例 7.5】分析以下程序的执行结果。

```
/*文件名：lx7_5.cpp*/
#include <stdio.h>
main()
{
```

```
    #if NULL
     printf("NULL为非零值!\n");
    #else
     printf("NULL为零值!\n");
    #endif
}
```

【解】程序执行结果如下：

```
NULL为零值!
```

上述程序中，#if NULL 表示如果 NULL 为真，则执行其后的语句。由于 NULL 为假(0)，因此执行#else 部分的 printf 语句。

2. 形式二

```
#ifdef 宏名
    程序段1;
#else
    程序段2;
#endif
```

或者

```
#ifdef 宏名
    程序段;
#endif
```

该语句的作用是：如果#ifdef 后面的“宏名”在此之前已用#define 语句定义，就编译“程序段 1”，否则编译“程序段 2”。如果没有#else 部分，则当宏名未定义时直接跳过#endif。

【例 7.6】分析以下程序的功能。

```
/*文件名：lx7_6.cpp*/
#define <stdio.h>
main()
{
    float r,s;
    printf("输入半径：");
    scanf("%f",&r);
    #ifdef PI
        s=PI*r*r;
    #else
        #define PI 3.14159
        s=PI*r*r;
    #endif
    printf("s=%f\n",s);
}
```

【解】本程序用于计算给定半径的圆的面积。宏语句的功能是：如果之前定义过宏 PI，则直接计算面积；如果之前未定义宏 PI，则定义 PI 之后再计算面积。

3. 形式三

```
#ifndef 宏名
    程序段1;
#else
    程序段2;
#endif
```

或者

```
#ifndef 宏名
    程序段;
#endif
```

其中，#ifndef 语句的功能与#ifdef 相反，如果宏名未定义则编译“程序段 1”，否则编译“程序段 2”。

【例 7.7】分析以下程序的执行结果。

```
/*文件名：lx7_7.cpp*/
#include <stdio.h>
main()
{
    #ifndef x
       int x=1;
   #else
    x=2;
    #endif
   printf("x=%d\n",x);
}
```

【解】程序执行结果如下：

```
x=1
```

本程序的功能是：如果尚未定义 x，则定义并置初值 1，否则赋值为 2。显然在第一个条件编译命令之前没有定义 x，所以执行“int x=1;”语句。

7.3 文件包含

所谓文件包含预处理，是指在一个文件中将另一个文件的全部内容包含进来的处理过程，即将另外的文件包含到本文件中。C 语言系统提供了#include 编译预处理命令实现文件的包含操作，其一般格式为

```
#include <包含文件名>
```

或者

```
#include "包含文件名"
```

其中，“包含文件名”是指要包含进来的文本文件的名字，又称头文件或编译预处理文件。用尖括号括住包含文件名，表示直接到指定的标准包含文件目录（在 Turbo C 系统中为\TC\INCLUDE，在 VC++ 6.0 系统中为安装目录下的 VC98\Include 目录）去寻找文件；用双引号括住包含文件名，表示先在当前目录寻找，如果找不到再到标准包含文件目录寻找。

文件包含预处理的功能是，在对源程序进行编译之前，用包含文件的内容取代该文件包含预处理语句。

能够用作包含文件的并不限于 C 语言系统所提供的头文件（如 stdio.h、string.h 等），还可以是用户自己编写的命名文件（包括宏、结构体名、共用体名、全局变量的定义等）

和其他的要求在本文件中引用的源程序文件。

一个 include 命令只能指定一个包含文件。如果要包含多个文件，则要使用多个 include 命令。

如果文件 file1.c 要使用文件 file2.c 中的内容，而文件 file2.c 要用到文件 file3.c 中的内容，则可以在文件 file1.c 中用两个 include 命令分别包含 file2.c 和 file3.c，并且文件 file3.c 应出现在文件 file2.c 之前，即在 file1.c 中定义：

```
#include "file3.c"
#include "file2.c"
```

这样，file1.c 和 file2.c 均可以使用 file3.c 中的内容，而在 file2.c 中不必再用#include "file3.c"了。

在一个包含文件中又可以包含另一个包含文件，即文件包含是可以嵌套的。

被包含文件（如 file2.c）与其所在的文件（file1.c）在预编译后已成为同一个文件（而不是两个文件）。因此，如果 file2.c 中有全局静态变量，那么在 file1.c 文件中也是有效的，不必用 extern 声明。

【例 7.8】 分析以下程序的功能。

```
/*文件名：lx7_8.cpp*/
#include <stdio.h>
#include "myfile.txt"
main()
{
    func();  /*func()函数定义在 myfile.txt 文件中*/
}
```

myfile.txt 文件：

```
void func()
{
    char c;
    if ((c=getchar())!='\n')
        func();
    putchar(c);
 }
```

【解】 在编译 lx7_8.cpp 文件时，预处理过程中用 myfile.txt 文件的文本替换

```
#include "myfile.txt"
```

语句，因此本程序的功能是：接收用户的按键，直到按回车键为止，然后将该字符序列逆序显示出来。

7.4 上机实训 7：分析编译预处理

实训内容

1. 分析以下程序的结果。【本实训指导见附录 D】

```
#include<stdio.h>
#define SQR(x) x*x
main()
{
    int a,k=3;
    a=++SQR(k+1);
    printf("%d\n",a);
}
```

2. 分析以下程序的结果。【本实训指导见附录D】

```
#include<stdio.h>
#define FUDGE(y) 2.84+y
#define PR(a) printf("%d",(int)(a))
#define PRINT1(a) PR(a);putchar('\n')
main()
{
    int x=2;
    PRINT1(FUDGE(5)*x);
}
```

7.5 小结

（1）预处理命令分为宏定义、条件编译和文件包含3种。

（2）宏定义是用一个标识符来表示一个字符串，这个字符串可以是常量、格式串或表达式。在宏调用中将用该字符串代换宏名。

（3）宏定义可以带有参数，使用宏调用时是以实参代换形参，而不是“值传递”。

（4）为了避免宏代换时发生错误，宏定义中的字符串应加括号，字符串中出现的形参两边也应加括号。

（5）条件编译是对程序一部分内容指定编译的条件，只有在满足指定条件时才进行编译，形成目标代码。

（6）文件包含是预处理的一个重要功能，可以用来把多个源文件链接成一个源文件进行编译，结果将生成一个目标文件。

7.6 课后习题

7.6.1 单项选择题

（1）以下程序的输出结果是________。

```
# define f(x) (x*x)
main()
{ int i1, i2;
  i1=f(8)/f(4) ; i2=f(4+4)/f(2+2) ;
  printf("%d, %d\n",i1,i2);
}
```

A. 64，28　　B. 4，4　　C. 4，3　　D. 64，64

（2）以下描述正确的是________。

A. 预处理命令行必须位于源文件的开头

B. 在源文件的一行上可以有多条预处理命令

C. 宏名必须用大写字母表示

D. 宏代换不占用程序的运行时间

（3）以下程序的输出结果是________。

```
#define f(x) x*x
main( )
{ int i;
  i=f(4+4)/f(2+2);
  printf("%d\n",i);
}
```

A. 28　　B. 22　　C. 16　　D. 4

（4）以下程序的输出结果是________。

```
#include
#define F(X,Y) (X)*(Y)
main ()
{ int a=3, b=4;
  printf("%d\n", F(a++,b++));
}
```

A.12　　B. 15　　C. 16　　D. 20

（5）以下程序的输出结果是________。

```
#define M(x,y,z) x*y+z
main()
{ int a=1,b=2, c=3;
  printf("%d\n", M(a+b,b+c, c+a));
}
```

A. 19　　B. 17　　C. 15　　D. 12

（6）以下程序的输出结果是________。

```
#define SQR(X) X*X
main()
{ int a=16, k=2, m=1;
  a/=SQR(k+m)/SQR(k+m);
  printf("d\n",a);
}
```

A. 16　　B. 2　　C. 9　　D. 1

（7）若有以下程序：

```
define N 2
#define M N+1
#define NUM 2*M+1
#main()
{ int i;
  for(i=1;i<=NUM;i++)printf("%d\n",i);
}
```

该程序中的 for 循环执行的次数是________。

A. 5　　B. 6　　C. 7　　D. 8

（8）以下程序的输出结果是________。

```
#define MA(x)  x*(x-1)
main()
{ int a=1,b=2; printf("%d \n",MA(1+a+b));}
```

A. 6　　B. 8　　C. 10　　D. 12

7.6.2 填空题

（1）以下程序的执行结果是________。

```
#include <stdio.h>
#define A 3
#define B(a)  ((A+1)*a)
main()
{
   int x;
   x=3*(A+B(7));
   printf("x=%d\n",x);
}
```

（2）以下程序的执行结果是________。

```
#include <stdio.h>
#define JH(x,y)  x=x^y;y=x^y;x=x^y
main()
{
   int a=3,b=5,c=7;
   JH(a,b);
   JH(b,c);
   JH(a,c);
   printf("a=%d,b=%d,c=%d\n",a,b,c);
}
```

（3）以下程序的执行结果是________。

```
#define S(x)  4*x*x+1
main()
{
int i=6,j=8;
printf("%d\n",S(i+j));
}
```

（4）以下程序的执行结果是________。

```
#defint MCRA(m)  2*m
#define MCRB(n,m)  2*MCRA(n)+m
main()
{ int i=2,j=3;
  printf("%d\n",MCRB(j,MCRA(i)));
}
```

第 8 章

结构体和共用体

数据类型丰富是 C 语言的主要特点之一。前面已经介绍了 C 语言的基本数据类型（整型、单精度型、双精度型和字符型等）和一种构造类型——数组。这些数据类型用途很广，特别是数组，把类型相同的若干个数据集合在一起，便于数据处理。但是在实际问题中，一组数据往往具有不同的数据类型，用简单类型或数组都难以表示，为此，C 语言提供了另外两种构造类型——结构体和共用体，这是本章将要重点讨论的内容。

学习目标：重点掌握结构体和共同体，掌握枚举类型及用 typedef 自定义类型的知识和使用方法。

本章知识点

- 结构体类型声明和结构体变量定义
- 结构体数组
- 结构体指针变量
- 结构体的应用：链表
- 共用体
- 枚举类型
- 用户定义类型

C Programming

8.1 结构体类型声明和结构体变量定义

在C语言中，数组是由具有相同数据类型的数据组成的集合体，而结构体类型是由不同数据类型的数据组成的集合体。由于结构体类型是由若干不同的单一数据类型的数据组成，因此，结构体类型是一种构造数据类型。

8.1.1 结构体类型声明

结构体类型由不同数据类型的数据组成。组成结构体类型的每个数据称为该结构体类型的成员项，简称成员。在程序中使用结构体类型时，首先要对结构体类型的组成进行描述，称为结构体类型的声明。结构体类型声明的一般格式如下：

```
struct 结构体类型名
{
    数据类型  成员名1;
    数据类型  成员名2;
              ⋮
    数据类型  成员名n;
};
```

其中，struct是关键字，其后是声明的结构体类型名，这两者组成了结构体数据类型的标识符。在“结构体类型名”下面的大括号内是该结构体类型的各个成员，由这些成员组成一个结构体。每个结构体类型可以含有多个相同数据类型的成员名，这样可以像声明多个相同数据类型的普通变量一样进行声明，这些成员名之间以逗号分隔。结构体类型中的成员名可以和程序中的其他变量同名；不同结构体类型中的成员也可以同名。

结构体类型的声明描述了该结构体类型的组织形式。在程序执行时，结构体类型声明并不引起系统为该结构体分配空间。结构体类型声明仅仅是声明了一种特定的构造数据类型，并制定了这种数据构造使用内存的模式，编译程序并没有因此而分配任何存储空间。真正占有存储空间的是程序中定义的结构体类型变量。

例如，以下语句声明了一个员工情况结构体employee。

```
struct employee
{
    char name[12];          /*姓名*/
    char sex;               /*性别*/
    int age;                /*年龄*/
    int salary;             /*薪水*/
};
```

当一个结构体类型的成员项又是另一个结构体类型的变量时，就形成了结构体嵌套。在数据处理中，有时要使用结构体嵌套处理组织结构比较复杂的数据集合。

例如，以下语句声明了一个嵌套的结构体Teacher。

```
struct Date                      /*声明Date结构体*/
{
    int year,month,day;          /*年,月,日*/
};
struct Teacher
```

```
{
    char name[8];                   /*姓名*/
    struct Date birthday;           /*出生日期*/
    char depart[20];                /*工作部门*/
};
```

其中，结构体类型 Teacher 中包含 birthday 日期成员项，该成员项又是一个结构体类型 Date 的变量。

8.1.2 结构体变量的定义

当结构体类型声明之后，就可以指明使用该结构体类型的具体对象，即定义结构体类型的变量，简称结构体变量。可以使用以下 3 种方式定义结构体变量。

1. 先定义结构体类型再定义结构体变量

在定义好结构体类型之后，再定义结构体变量的一般格式如下：

```
struct 结构体名 结构体变量名表;
```

其中，“结构体变量名表”是由一个或多个结构体变量名组成，当多于一个结构体变量名时，这些变量名之间用逗号分隔。

例如，以下语句定义两个 employee（在 8.1.1 小节已经声明）结构体变量 em1 和 em2。

```
struct employee em1,em2;
```

2. 在定义结构体类型的同时定义结构体变量

在定义结构体类型的同时定义结构体变量的一般格式如下：

```
struct 结构体类型名
{
    结构体成员表;
} 结构体变量名表;
```

例如，以下语句在声明结构体类型 Student 的同时定义结构体变量 st1、st2。

```
struct Student        /*给出了结构体类型名*/
{
    char name[12];
    char sex;
    int age;
    int score;
    char class[16];
} st1,st2;
```

3. 直接定义结构体类型变量

直接定义结构体类型变量的方式不需要给出结构体类型名，直接给出结构体类型并定义结构体变量，其一般格式如下：

```
struct
{
    结构体成员表;
} 结构体变量名表;
```

例如，以下语句采用这种方式定义前面的两个结构体变量。

```
struct                /*未给出结构体类型名*/
{
    char name[12];
    char sex;
    int age;
    int score;
    char class[16];
} st1,st2;
```

8.1.3 结构体变量的引用和初始化

结构体变量在程序中有独特的使用方式。在结构体变量定义的同时，可以给各个成员项赋初值，即结构体变量的初始化。

1. 结构体变量的引用

结构体类型是由不同数据类型的若干数据集合而成。在程序中使用结构体变量时，一般不允许把结构体变量作为一个整体进行操作处理，而应当通过对结构体变量的各个成员项的引用来实现各种运算和操作。

（1）引用结构体变量中的一个成员

引用结构体变量中的一个成员的一般方式如下：

```
结构体变量.成员名
结构体指针变量->成员名
```

第一种方式是在普通结构体变量的情况下使用，第二种方式是在结构体指针变量的情况下使用。例如：

```
struct Student st,*pst;
```

对 age 成员的引用分别是：

```
st.age
pst->age
```

> **注意** “.”运算符的优先级最高。因此 st.age++是对 st.age 进行自增运算，而不是先对 age 进行自增运算。st.age++等价于(st.age)++。

（2）结构体类型变量的整体引用

可以将一个结构体变量作为一个整体赋给另一个同类型的结构体变量。例如：

```
struct Student st1, st2;
   ⋮
st1=st2;
```

执行该赋值语句时，将 st2 变量中各成员项依次赋给 st1 中相应的各成员。这种赋值的前提条件是两个结构体变量必须具有完全相同的数据类型。

2. 结构体变量的初始化

结构体类型是数组类型的扩充，只是其成员项可以具有不同的数据类型，因而像数组类型一样，也可以在定义结构体变量的同时，对其每个成员赋初值，称为结构体变量的初始化。结构体变量初始化的一般格式如下：

```
struct 结构体类型 变量={初始数据};
```

例如，以下语句是对 Student 结构体的变量 stud 进行初始化。

```
struct Student stud={"李明",'M',20,88,"98101"};
```

在进行初始化后，stud 结构体变量的内存分配如图 8.1 所示。从图中可以看出，结构体变量占用的存储空间长度等于所有成员项所占存储空间长度之和。

name	sex	age	score	class
李明	M	20	88	98101

图 8.1　stud 结构体变量的内存分配

在 C 语言中，结构体成员以其被声明的次序进行存储，第一个成员具有最低的内存地址，最后一个成员具有最高的内存地址。例如：

```
struct
{
    int n;
    char c;
    float f;
} st;
```

首先，成员 n 占 4 个字节，成员 c 占 1 个字节，成员 f 占 4 个字符，因此 st 变量占用 9 个字节的内存空间。但因为编译时需要进行内存对齐，成员 c 仍然占用 4 个字节，所以结构体在内存中占用 12 个字节。

如果一个结构体类型内又嵌套另一个结构体类型变量，则对该结构体变量初始化时，仍按顺序写出各个初始值。

例如，以下语句定义一个在 8.1.1 小节中声明的 Teacher 类型的变量，并对该变量进行初始化。

```
struct Teacher tech={"张强",1958,8,20,"计算机系"};
```

【例 8.1】分析以下程序的执行结果。

```
/*文件名: lx8_1.cpp*/
#include <stdio.h>
main()
{
    struct Sample
    {
        int n;
        char c[10];
        float f;
    } s;
```

```
    printf("%d,%d,%d\n",sizeof(s.n),sizeof(s.c),sizeof(s.f));
    printf("%d\n",sizeof(s));
}
```

【解】程序执行结果如下：

```
4,10,4
20
```

上述程序中，sizeof()函数返回指定数据对应数据类型占用存储空间的长度。结构体变量 s 的 3 个成员占用存储空间的长度分别为 4、10、4，而 s 占用存储空间的长度为 20。

8.1.4 结构体变量作为函数参数

对结构体变量成员可以完全像简单变量一样对其操作，也可以作为函数参数，此时与简单变量的使用完全相同。

结构体变量可以整体作为函数参数。在结构体变量作为参数时，传递给函数对应形参的是其值，此时采用传值调用方式。函数体内对形参结构体变量中任何成员的操作，都不会影响实参中成员的值。

【例 8.2】分析以下程序的执行结果。

```
/*文件名：lx8_2.cpp*/
#include <stdio.h>
struct Date
{
    int year,month,day;
};
void func(struct Date y)
{
    printf("进入被调用的函数...\n");
    y.year=2008;y.month=10;y.day=1;
    printf("y.year=%d y.month=%d y.day=%d\n",y.year,y.month,y.day);
    printf("退出被调用的函数...\n");
}
main()
{
    struct Date x;
    x.year=2000;x.month=2;x.day=16;
    printf("x.year=%d x.month=%d x.day=%d\n",x.year,x.month,x.day);
    func(x);              /*调用函数*/
    printf("x.year=%d x.month=%d x.day=%d\n",x.year,x.month,x.day);
}
```

【解】程序执行结果如下：

```
x.year=2000 x.month=2 x.day=16
进入被调用的函数...
y.year=2008 y.month=10 y.day=1
退出被调用的函数...
x.year=2000 x.month=2 x.day=16
```

从上述执行结果看出，func 函数中的形参结构体变量 y 的变化没有反映到实参结构体变量 x 中。

8.2 结构体数组

在 C 语言中，具有相同数据类型的数据可以组成数组，指向相同数据类型的指针可以组成指针数组。根据同样的原则，具有相同结构的结构体变量也可以组成数组，称为结构体数组。结构体数组的每一个元素都是结构体变量。

8.2.1 结构体数组的定义

结构体数组的定义格式如下：

```
struct 结构体类型 结构体数组名[元素个数];
```

例如，以下语句定义 Student 结构体的一个包含 10 个元素的结构体数组 st。

```
struct Student st[10];
```

与定义结构体一样，结构体数组的定义也有 3 种方式，即先进行结构体类型定义后再定义结构体数组；同时进行结构体类型和结构体数组的定义；直接定义结构体数组而不需要定义结构体类型名。

8.2.2 结构体数组的引用

对于结构体数组的引用，就是指对结构体数组元素的引用。由于每个结构体数组元素都是一个结构体变量，因此前面讨论的关于引用结构体变量的方法也同样适用于结构体数组元素。

1. 结构体数组元素中某一成员的引用

例如，在前面的 st 结构体数组定义后，st[0].age 表示 st 的第一个元素的 age 成员项；st[5].name 表示 st 的第 6 个元素的 name 成员项。

2. 结构体数组元素的赋值

可以将一个结构体数组元素赋给同一结构体数组中的另一个元素，或者赋给同一类型的变量。例如，在前面的 st 结构体数组定义后，以下赋值语句都是合法的。

```
st[1]=st[2];
st[3]=st[4];
```

> **注意** 结构体数组元素的输入和输出只能对单个成员项进行输入/输出，而不能把结构体数组元素作为一个整体直接进行输入/输出。

8.2.3 结构体数组的初始化

给结构体数组赋初值的方式与数组赋初值的方式相同。只是由于数组中的每个元素都是一个结构体变量，因此要将其成员的值依次放在一对大括号中，以便区分各个元素。

例如，以下代码对一个结构体数组进行初始化。

```
struct Depart
{
   int no;                /*部门号*/
   char dname;            /*部门*/
} dp[3]={ {3,"人事处"},{15,"财务处"},{8,"科技处"} };
```

【例 8.3】编写一个程序，实现按职工工资降序排序职工记录。

【解】程序如下：

```
/*文件名：lx8_3.cpp*/
#include <stdio.h>
#include <string.h>
struct rsda
{
    char name[10];   /*职工姓名*/
   int jbgz;     /*工资*/
  }tp[]={{"liming",2500},{"wanggang",3000},{"zhanghan",2800},{"liuyang",
3200},{"dufeng",4300}};
main()
{

int i=0,j=0,k=0,flag=0;

struct rsda newinfo;
for(i=0;i<5;i++)
{
  flag=0;
  for(j=0;j<4;j++)
   if((tp[j].jbgz<tp[j+1].jbgz))
    { flag=1;
      strcpy(newinfo.name,tp[j].name);/*利用结构变量newinfo实现数组元素的交换*/
      newinfo.jbgz=tp[j].jbgz;
      strcpy(tp[j].name,tp[j+1].name);
      tp[j].jbgz=tp[j+1].jbgz;
      strcpy(tp[j+1].name,newinfo.name);
      tp[j+1].jbgz=newinfo.jbgz;

    }
    if(flag==0) break;/*若标记flag=0，意味着没有交换了，排序已经完成*/
   }
   while(k<5)    /*逐条输出数组中的职工姓名*/
    {
  printf("%s\t%d\n",tp[k].name,tp[k].jbgz);
  k++;
    }
     printf("\n    =====>sort complete!\n");
}
```

8.3 结构体指针变量

结构体指针变量也是一个指针变量，用来指向一个结构体变量，即为指向该变量所分配的存储区域的首地址。结构体指针变量还可以用来指向结构体数组中的元素。结构体指针与以前介绍的各种指针在特性和使用方法上完全相同。结构体指针变量的运算也按照 C 语言的地址计算规则进行。例如，结构体指针变量加 1 将指向内存中下一个结构体变量，结构体指针变量自身地址值的增加量取决于其所指向的结构体变量的数据长度（可以用 sizeof()函数获取）。

8.3.1 结构体指针变量的定义

结构体指针变量是指向一个结构体变量的指针。结构体指针变量的一般定义格式如下：

```
struct 结构体类型  *结构体指针;
```

例如，以下语句定义了 Student 结构体指针变量。

```
struct Student stud,*ps=&stud;
```

其中，ps 是一个 Student 结构体指针变量，而不是结构体变量，因此不能写成 ps.age，必须加上圆括号写成(*ps).age。为此，C 语言中引入了一个指向运算符“->”来连接指针变量与其指向的结构体变量的成员，如(*ps).age 改写为 ps->age。

ps 只能指向一个结构体变量，例如：

```
ps=&stud;
```

指向运算符“->”的优先级最高，例如：

- ps->age+1 相当于(ps->age)+1，即返回 ps->age 的值加 1 的结果。
- ps->age++相当于(ps->age)++，即将 p 所指向的结构体的 age 成员值自增 1。

8.3.2 结构体数组指针

一个指针变量可以指向结构体数组，即将该数组的起始地址赋值给该指针变量。这种指针就是结构体数组指针。

例如，以下语句定义了 Student 结构体的一个数组和该数组的指针。

```
struct Student stud[40],*ps=&stud;
```

其中，ps 便是 Student 结构体数组指针。从定义上看，该指针与结构体指针没有区别，只不过是指向结构体数组。

当执行 ps=&stud 语句后，指针 ps 指向 stud 数组的 0 号元素；当进行 ps++后，表示指针 ps 指向下一个元素的起始地址。注意下面两种操作的不同之处。

- (++ps)->age 表达式：先将 ps 自增 1，然后取得 ps 指向的元素中的成员 age 的值。若 ps 原来指向 stud[0]，则该表达式返回 stud[1].age 的值，之后 ps 指向 stud[1]。
- (ps++)->age 表达式：先取得 ps->age 的值，然后再进行 ps 自增 1。若 ps 原来指向 stud[0]，则该表达式返回 stud[0].age 的值，之后 ps 指向 stud[1]。

ps 只能指向该结构体数组的一个元素，然后用指向运算符“->”取其成员的值，而不能直接指向一个成员。

【例 8.4】 分析以下程序的执行结果。

```
/*文件名：lx8_4.cpp*/
#include <stdio.h>
main()
{
    int i;
    struct Country
    {
        int num;
        char name[20];
    } x[5]={1,"China",2,"USA",3,"France",
4,"England",5,"Russian"};
    struct Country *pc;
    pc=x;
    for (i=0;i<5;i++)
        printf("%d,%c\n",(pc+i)->num,(pc+i)->name[0]);
}
```

【解】 程序执行结果如下：

```
1,C
2,U
3,F
4,E
5,R
```

上述程序中，pc 作为结构体数组 x 的指针，(pc+i)指向 x[i]的元素，(pc+i)->num 等价于 x[i].num，(pc+i)->name[0]等价于 x[i].name[0]。

【例 8.5】 编写一个程序，使用结构体指针变量输出结构体数组中各元素的值。

【解】 程序如下：

```
/*文件名：lx8_5.cpp*/
#include <stdio.h>
#include <string.h>
main()
{
    struct Person
    {
        int no;
        char name[10];
    } p[5]={{1,"王朋"}, {2,"李华"},{3,"张非"},
{4,"刘丽"},{5,"陈涛"}};
    struct Person *pp;
printf("学号\t 姓名\n");
    for (pp=p;pp<p+5;pp++)
        printf("%d\t%s\n",pp->no,pp->name);
```

```
}
```

程序执行结果如下：

```
学号      姓名
1         王朋
2         李华
3         张非
4         刘丽
5         陈涛
```

8.3.3 结构体指针变量作为函数参数

C 语言允许将结构体指针变量的地址作为实参传递，这时形参应该是一个基类型相同的结构体类型的指针变量，系统只需为形参指针开辟一个存储单元存放实参结构体变量的地址值，而不必另行建立一个结构体变量，即采用函数传地址调用方式，这样既可以减少系统操作所需要的时间，提高程序的执行效率，又可以通过函数调用，有效地修改结构体变量中成员的值。

【例 8.6】分析以下程序的执行结果。

```
/*文件名：lx8_6.cpp*/
#include <stdio.h>
#include <malloc.h>
struct Date
{
    int year,month,day;            /*分别表示年、月、日成员*/
};
void func(struct Date *y)
{
    printf("进入被调用的函数...\n");
    y->year=2008,y->month=10;y->day=1;
    printf("y->year=%d y->month=%d y->day=%d\n",y->year,
        y->month,y->day);
    printf("退出被调用的函数...\n");
}
main()
{
    struct Date *x;
    x=(struct Date *)malloc(sizeof(struct Date));
    /*malloc函数用于分配x所指向的内存空间，该函数在8.4.1小节介绍*/
    x->year=2000;x->month=2;x->day=16;
    printf("x->year=%d x->month=%d x->day=%d\n",x->year,
         x->month,x->day);
    func(x);                       /*调用函数*/
    printf("x->year=%d x->month=%d x->day=%d\n",x->year,
         x->month,x->day);
}
```

【解】程序执行结果如下：

```
x.year=2000 x.month=2 x.day=16
进入被调用的函数...
y.year=2008 y.month=10 y.day=1
```

```
退出被调用的函数...
x.year=2008 x.month=10 x.day=1
```

从执行结果看出，由于函数采用传址调用，func 函数中的结构体变量 y 的变化反映到实数 x 中。

8.3.4 结构体数组作为函数参数

当需要把多个结构体作为一个参数向函数传递时，应该把这些结构体组织成结构体数组。函数间传递结构体数组时，总是采用传地址调用方式，即把结构体数组的存储首地址作为实参传递给形参。在调用的函数中，用同样结构体类型的结构体指针作为形参接收传递的地址值。

【例 8.7】在例 8.3 中，对排序后的记录进行格式化输出。

```
/*文件名：lx8_7.cpp*/
#include <stdio.h>
#include <string.h>
#define FORMAT  "|%-10s |%8d| \n"
#define DATA    p->name,p->jbgz
struct rsda
{
    char name[10];                        /*职工姓名*/
   int jbgz;                              /*工资*/
  }tp[]={{"liming",2500},{"wanggang",3000},{"zhanghan",2800},{"liuyang",
3200},{"dufeng",4300}};
void printdata(rsda pp)                   /*格式化输出表中数据*/
{
 rsda* p;
 p=&pp;
 printf(FORMAT,DATA);

}

main()
{

int i=0,j=0,k=0,flag=0;

struct rsda newinfo;
for(i=0;i<5;i++)
{
  flag=0;
  for(j=0;j<4;j++)
   if((tp[j].jbgz<tp[j+1].jbgz))
    { flag=1;
      strcpy(newinfo.name,tp[j].name);   /*利用结构变量newinfo实现数组元素的交换*/
      newinfo.jbgz=tp[j].jbgz;
      strcpy(tp[j].name,tp[j+1].name);
      tp[j].jbgz=tp[j+1].jbgz;
      strcpy(tp[j+1].name,newinfo.name);
      tp[j+1].jbgz=newinfo.jbgz;

    }
   if(flag==0) break;          /*若标记 flag=0，意味着没有交换了，排序已经完成*/
  }
  while(k<5)                             /*逐条输出数组中的职工姓名*/
```

```
    {
  printdata(tp[k]);
  k++;
    }
    printf("\n    =====>sort complete!\n");
}
```

8.4 结构体的应用：链表

到目前为止，凡是遇到处理“批量”数据时，都是利用数组来存储的。定义数组（显式地或隐含地）必须指明元素的个数，从而也限定了能够在一个数组中存放的数据量。在实际应用中，一个程序在每次运行时要处理数据的数目通常并不确定，数组如果定义小了，将没有足够的空间存放数据，定义大了又会浪费存储空间。对于这种情况，如果能在程序执行过程中，根据需要随时开辟存储单元，不需要时随时释放，就能比较合理地使用存储空间。C 语言的动态存储分配提供了这种可能性。但各次动态分配的存储单元，其地址不可能是连续的，而所需处理的批量数据往往是一个整体，各数据之间存在着前后关系，如果利用链表这样的存储结构，就可以完全反映出数据之间的相互联系。

链表是指将若干个数据项按一定的原则连接起来的表。链表中的每一个数据（可能包含多个成员项）称为结点。链表的连接原则是：前一个结点指向下一个结点；只有通过前一个结点才能找到下一个结点。因此，一个链表必须已知其表头指针。如果一个链表中的结点只有一个指向其他结点的指针，则称为单链表；若结点有两个指向其他结点的指针，则称为双链表。本节主要讨论单链表的运算。

8.4.1 C 语言动态分配函数

程序经过编译后，内存中就会出现一个称为堆栈的区域，该区域是一个自由存储区域，可以用 C 语言的动态分配函数进行管理。C 语言中实现动态管理的函数如下。

1. malloc()

malloc()函数的原型在 malloc.h 中，其一般格式为

```
void *malloc(size_t size);
```

malloc()函数用来分配 size 个字节的存储区域，返回一个指向存储区域首地址的基类型为 void 的指针。若没有足够的内存单元供分配，函数返回空指针（NULL）。

由于该函数返回的指针为 void *（无值型指针），因此在调用函数时，必须使用强制类型转换将其转换成所需的类型。例如，以下语句让 p 指向一个 float 类型的存储单元。

```
float *p;
p=(float *)malloc(sizeof(float));
```

2. free()函数

free()函数的原型在 malloc.h 中，其一般格式为

```
void free(void *p);
```

其中，指针变量 p 必须指向由动态分配函数 malloc 分配的地址。free 函数将指针 p 所指的存储空间释放，使这部分空间可以由系统重新支配。

8.4.2 单链表及其基本运算的实现

一般地，单链表的每个结点由两个域（在需要时可以包含两个以上的域）组成，其中一个为数据域，即用于存放数据值；另一个为指针域，用于存放下一个结点的地址。为了算法方便，一般将单链表设计为带头结点的单链表。这类单链表的第一个结点仅作为头结点，不存放实际数据，从第二个结点起才真正存放数据，把存放实际数据的结点称为数据结点。例如，由（1，4，6，8，5）序列构成的单链表如图 8.2 所示，其中头结点为*head，最后一个结点的指针域为空（用“∧”符号表示），并规定：数据域为 1 的结点为 1 号结点，数据域为 4 的结点为 2 号结点，……，数据域为 5 的结点为 5 号结点。

单链表中结点类型定义如下：

```
typedef char DataType;   /*用 typedef 语句定义 DataType 为 char 类型*/
typedef struct node      /*用 typedef 语句定义 ListNode 为 node 结构体类型*/
{
   DataType data;        /*数据域*/
   struct node *next;    /*指针域*/
} ListNode;
```

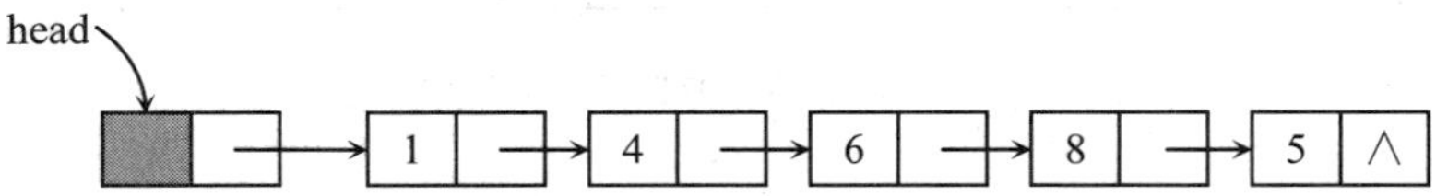

head
1 4 6 8 5 ∧

图 8.2　一个单链表图示

为了程序简洁，这里使用了将在 8.7 节中介绍的 typedef 用户自定义语句，创建数据域类型 DataType（并定义 DataType 为 char 类型），以及单链表结点类型 ListNode。在程序中可以像标准类型一样使用 ListNode 类型。

1. 建立单链表

假设结点的数据类型是字符，逐个输入构成单链表的字符，并以换行符'\n'为输入结束标志符。动态地建立单链表的常用方法有两种，即头插法建表和尾插法建表。头插法始终在头结点之后插入新建的结点；尾插法始终在最后一个结点之后插入新建的结点。前者使结点数据域顺序与输入的顺序正好相反，后者使两者的顺序一致。采用尾插法建立单链表，建立图 8.2 所示的单链表的过程如图 8.3 所示。

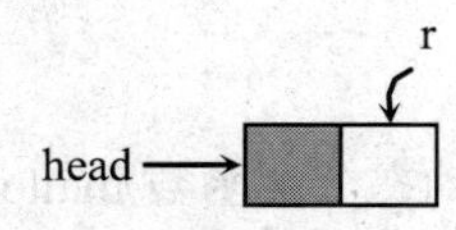

（a）建立头结点*head

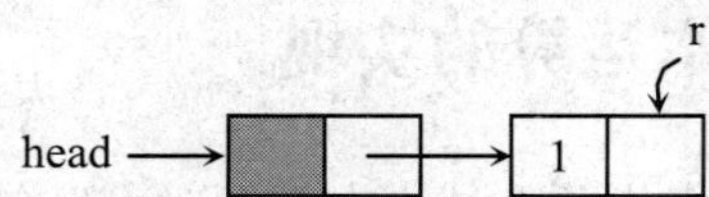

（b）在尾部链入数据域为 1 的结点

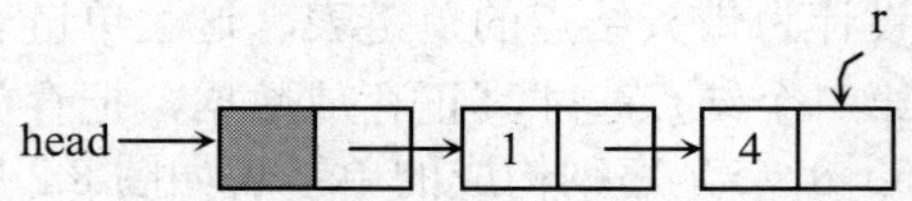

（c）在尾部链入数据域为 4 的结点

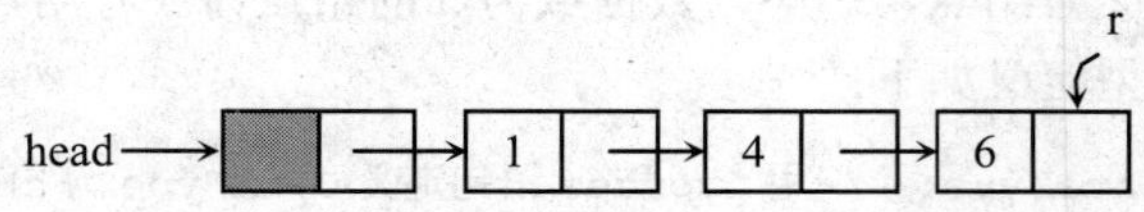

（d）在尾部链入数据域为 6 的结点

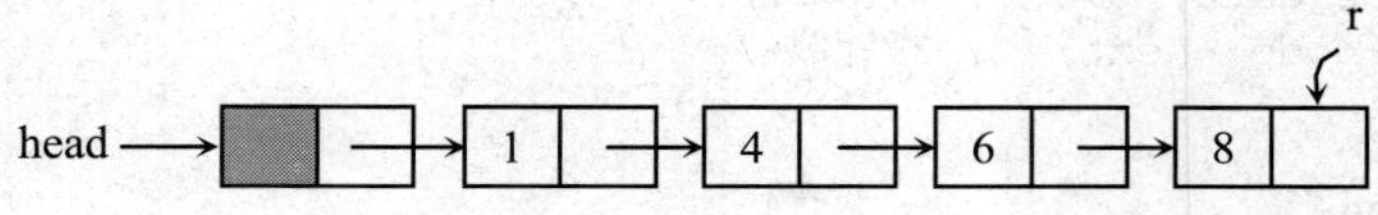

（e）在尾部链入数据域为 8 的结点

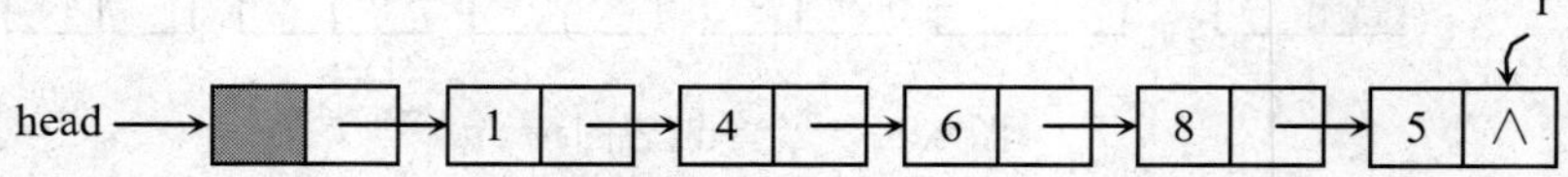

（f）在尾部链入数据域为 5 的结点并置 r->next=NULL

图 8.3　采用尾插法建立一个单链表的过程

对应的算法如下：

```
ListNode *createlist()                          /*该函数最后返回单链表的头结点的指针*/
{
   char ch;
   ListNode *head=(ListNode *)malloc(sizeof(ListNode));/*创建头结点*/
   ListNode *s,*r=head;                    /*r 始终指向单链表的最后结点*/
   printf("输入结点值:");
   ch=getchar();                                /*读第一个字符*/
   while (ch!='\n')
   {
      s=(ListNode *)malloc(sizeof(ListNode));  /*创建一个新结点*/
      s->data=ch;                               /*将读入的数据放入新结点的数据域中*/
      r->next=s;r=s;                            /*在*r 之后插入*s,并将 s 赋给 r*/
      ch=getchar();                         /*读入下一字符*/
   }
   r->next=NULL;
   return head;                                 /*返回头结点的指针*/
}
```

2. 查找运算

这里的查找运算实现按序号进行查找的功能。在头结点为*head 的单链表中顺序查找序号为 i（1≤i≤n，其中 n 为数据结点的个数）的结点。若找到了该结点，则返回其指针，否则返回 NULL。按序号查找的算法如下：

```
ListNode *getnode(ListNode *head,int i)
{
    int j=0;
    ListNode *p;
    p=head;                             /*从头开始扫描*/
    while (p->next!=NULL && j<i)        /*顺 next 指针方向移动指针变量 p*/
    {
        p=p->next;
        j++;
    }
    if (p!=NULL)                        /*若 p 不为空,表示查找成功*/
        return p;                       /*找到了第 i 个结点*/
    else
        return NULL;                    /*当 i<0 或 i>n 时,找不到第 i 个结点*/
}
```

3. 输出链表

输出链表就是依次输出以*head 为头结点的单链表中的所有结点的数据域。如果该单链表为空，则输出“空表”的信息。输出链表的算法如下：

```
void displist(ListNode *head)
{
    ListNode *p=head->next;             /*p 指向第一个数据结点*/
    if (p==NULL)
        printf("空表\n");
    else
    {
        while (p!=NULL)                 /*沿 next 顺序扫描每个结点,并输出其 data 域*/
        {
            printf("%c ",p->data);
            p=p->next;
        }
        printf("\n");
    }
}
```

4. 插入运算

插入运算是在以*head 为头结点的单链表中，将值为 x 的新结点插入到表的序号为 i（1≤i≤n+1）的结点位置上。若 i=1，表示插入的结点作为 1 号结点；若 i=n+1，表示插入的结点作为最后一个结点。首先查找序号为 i-1 的结点*p，然后将结点*s 插入到结点*p 之后。

在单链表中，在结点*p 之后插入结点*s，插入前的状态如图 8.4（a）所示，为了插入结点*s，第一步是将结点*s 的指针域指向结点*p 之后的结点，如图 8.4（b）所示；第二步是将*p 的指针域指向结点*s，如图 8.4（c）所示。插入后的最后状态如图 8.4（d）所示。

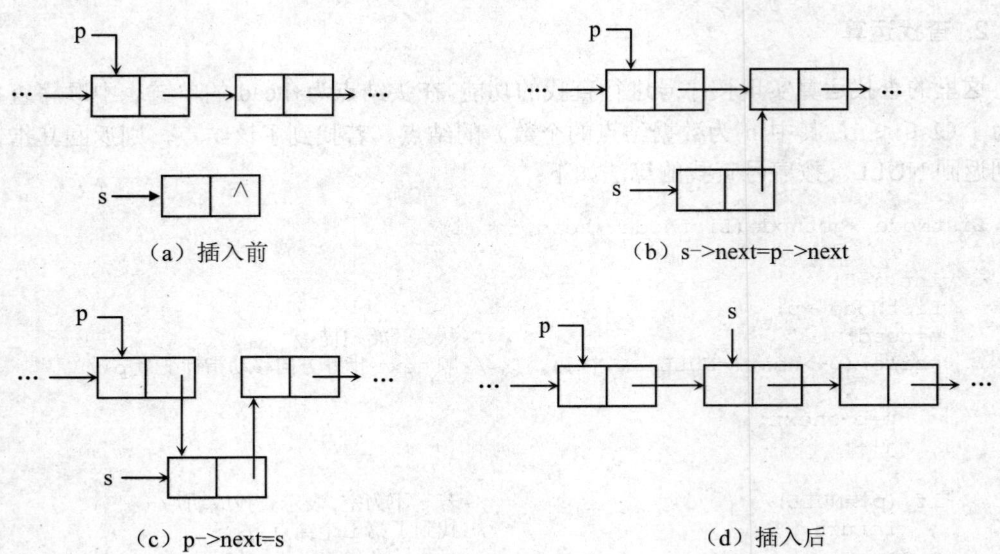

（a）插入前

（b）s->next=p->next

（c）p->next=s

（d）插入后

图 8.4 在单链表中插入结点的过程

上述指针修改用语句描述为

```
s->next=p->next; p->next=s;
```

对应的算法如下：

```
void insertnode(ListNode *head,DataType x,int i)
{
   ListNode *p,*s;
   s=(ListNode *)malloc(sizeof(ListNode));  /*创建新插的结点*/
   s->data=x;
   if (i==1)                                 /* *s 作为 1 号数据结点 */
   {
      s->next=head->next;
      head->next=s;
   }
   else
   {
      p=getnode(head,i-1);                   /*查找指向第 i-1 个结点的指针*/
      if (p==NULL)                           /*i<1 或 i>n+1 时插入位置 i 有错*/
      {
         printf("i 取值有错\n");
         exit(0);
      }
      s->next=p->next;                       /*将*s 插入在*p 之后*/
      p->next=s;                             /*将*p 的指针域指向*s 结点*/
   }
}
```

5. 删除运算

删除运算是在以*head 为头结点的单链表中删除序号为 i（1≤i≤n）的结点。首先查找序号为 i-1 的结点*p，然后删除*p 之后的结点。

在单链表中，删除结点*p 之后的结点的方法为，令 r 指向被删除的结点（r=p->next），然后让*p 的指针域指向结点*r 的直接后续结点，即把结点*r 从单链表上摘下来。最后释放结点*r 的空间。删除单链表结点的过程如图 8.5 所示，图 8.5（a）是删除前的状态，图 8.5（c）是删除后的状态。

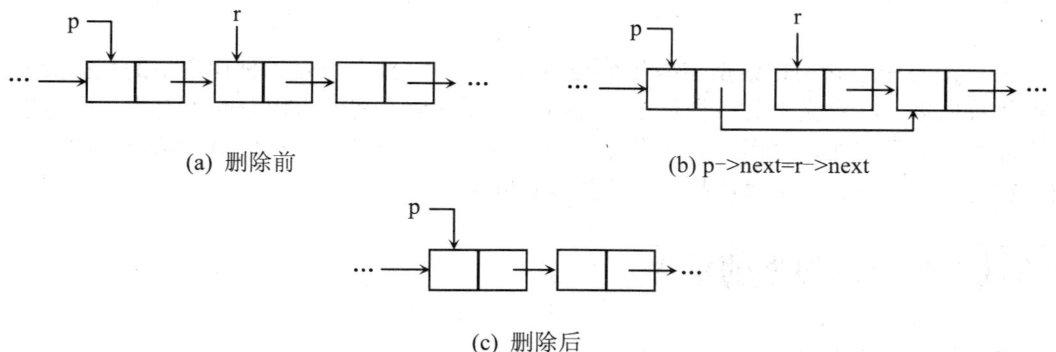

图 8.5　在单链表中删除结点的过程

上述指针修改用语句描述为

```
p->next=r->next
```

对应的算法如下：

```
void deletenode(ListNode *head, int i)
{
   ListNode *p, *r;
   p=getnode(head, i-1);              /*找第 i-1 个结点*/
   if (p==NULL || p->next==NULL)      /*i<1 或 i>n 时删除位置有错*/
   {
      printf("i 取值有错\n");
      exit(0);
   }
   r=p->next;                         /*令 r 指向被删结点*/
   p->next=r->next;                   /*将*r 从链上摘下*/
   free(r);                           /*释放结点*r,将所占用的空间归还给存储池*/
}
```

6. 释放链表

释放以头结点为*head 的单链表，就是将其占用的所有存储空间均释放掉。释放链表的算法如下：

```
void freelist(ListNode *head)
{
    ListNode *p=head, *q=p->next;
    while (q!=NULL)
    {
        free(p);
        p=q;q=q->next;
    }
    free(q);
}
```

8.5 共用体

在C语言中，共用体数据类型与结构体数据类型一样，也是一种构造型的数据类型。共用体数据类型在定义上与结构体十分相似，但在存储空间的占用分配上有本质的区别。结构体变量的所有成员占用不同的存储空间，而共用体变量的所有成员占用相同的存储空间，在任一时刻只有一个成员起作用（其值有意义）。

8.5.1 共用体类型的定义

声明共用体类型的一般格式如下：

```
union 共用体类型名
{
    数据类型  成员名1;
    数据类型  成员名2;
         ⋮
    数据类型  成员名n;
};
```

其中，union 是关键字，是共用体类型的标志，其后是声明的共用体类型名，这两者组成了共用体数据类型的标识符。在“共用体类型名”下面的大括号内是该共用体类型的各个成员，由这些成员组成一个共用体。每个共用体类型可以含有多个相同数据类型的成员名，这样可以像声明多个相同数据类型的普通变量一样进行声明，这些成员名之间以逗号分隔。共用体类型中的成员名可以和程序中的其他变量同名；不同共用体类型中的成员也可以同名。

例如，以下声明了一个共用体类型 untype，其成员有 i、f 和 c，分别是整型、单精度型和字符型。

```
union Untype
{
    int i;
    float f;
    char c;
};
```

8.5.2 共用体变量的定义

共用体变量的定义和结构体变量的定义相似，可以采用以下3种方式。

1. 先定义共用体类型再定义共用体变量

在已经定义好共用体类型之后，再定义共用体变量的一般格式如下：

```
union 共用体名 共用体变量名表;
```

其中，“共用体变量名表”是由一个或多个共用体变量名组成，当多于一个共用体变量名时，这些变量名之间用逗号分隔。

例如，以下语句定义了两个 Untype 共用体变量 un1 和 un2。

```
union Untype un1,un2;
```

2. 在定义共用体类型的同时定义共用体变量

在定义共用体类型的同时定义共用体变量的一般格式如下：

```
union 共用体类型名
{
    共用体成员表;
} 共用体变量名表;
```

例如，以下语句在声明共用体类型 Untype 的同时定义共用体变量 un1、un2。

```
union Untype          /*给出了共用体类型名*/
{
    int i;
    float f;
    char c;
} un1,un2;
```

3. 直接定义共用体类型变量

直接定义共用体类型变量的方式不需要给出共用体类型名，直接给出共用体类型并定义共用体变量，其一般格式如下：

```
union
{
    共用体成员表;
} 共用体变量名表;
```

例如，以下语句采用这种方式定义前面的两个共用体变量：

```
union               /*未给出共用体类型名*/
{
    int i;
    float f;
    char c;
} un1,un2;
```

8.5.3 共用体变量的引用和初始化

共用体变量在程序中有独特的使用方式。在共用体变量定义的同时只能用第一个成员的类型的值进行初始化。

1. 共用体变量的引用

（1）引用共用体变量中的一个成员

引用共用体变量的成员的一般方式如下：

```
共用体变量.成员名
共用体指针变量->成员名
```

第一种方式是在普通共用体变量的情况下使用，第二种方式是在共用体指针变量的情况下使用。例如：

```
union Untype un1,*pun;
```

对 i 成员的引用分别是：

```
un1.i
pun->i
```

（2）共用体类型变量的整体引用

可以将一个共用体变量作为一个整体赋给另一个同类型的共用体变量。例如：

```
union Untype un1,un2;
   ⋮
un1=un2;
```

这种赋值的前提条件是两个共用体变量必须具有完全相同的数据类型。

2. 共用体变量的初始化

在共用体变量定义的同时只能用第一个成员的类型的值进行初始化。共用体变量初始化的一般格式如下：

```
union 共用体类型 共用体变量={第一个成员类型的数据};
```

例如，以下语句是对 Untype 共用体的变量 un1 进行初始化：

```
union Untype un1={10};
```

在对共用体变量初始化时，只能给第一个成员赋值，且必须用大括号括起来。

在共用体变量 un1 初始化后，其内存分配如图 8.6 所示，un1 有 3 个成员，这 3 个成员都从同一地址开始存放，也就是使用覆盖技术，几个变量互相覆盖，因此，共用体变量占用的存储空间长度与其成员中占存储空间长度最多的那个成员相等。

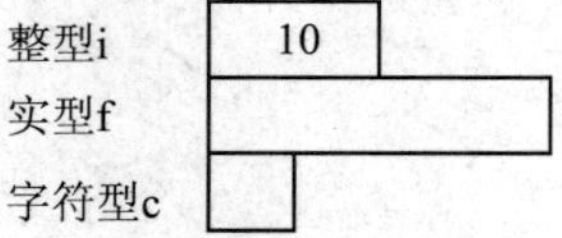

图 8.6　共用体变量的内存分配

【例 8.8】分析以下程序的执行结果。

```
/*文件名：lx8_8.cpp*/
#include <stdio.h>
main()
{
    union Untype
    {
        int i;
        float f;
        char c;
    };
    union Untype un1={2};      /*共用体变量初始化*/
    un1.f=1.34567;             /*给成员 f 赋值*/
    un1.c='A';                 /*给成员 c 赋值*/
    printf("%d,%d,%d,",sizeof(un1.i),sizeof(un1.f),sizeof(un1.c));
    printf("%d\n",sizeof(un1));
}
```

【解】程序执行结果如下：

```
4,4,1,4
```

上述程序中，sizeof()函数返回指定数据对应数据类型占用存储空间的长度。共用体变量 un1 各成员占用存储空间的长度分别为 4、4、1。un1 占用存储空间的长度是其中的最大长度即 max(4,4,1)=4。

归纳起来，共用体变量和结构体变量的区别如下。

- 共用体变量在定义的同时只能用第一个成员的类型的值进行初始化。
- 共用体变量中的所有成员共享一段公共存储区，所以共用体变量所占内存字节数与其成员中占字节数最多的那个成员相等；而结构体变量中的每个成员分别占有独立的存储空间，所以结构体变量所占内存字节数是其成员所占字节数的总和。
- 由于共用体变量中的所有成员共享存储空间，因此变量中的所有成员的首地址相同，而且变量的地址也就是该变量成员的地址。

【例 8.9】编写一个程序，输入若干个学生的数据，每个学生的数据包括学号、姓名、性别，若为男生（m），还要输入视力是否正常（y/n）；若为女生（f），还要输入身高和体重。最后输出这些数据。

【解】对于男生和女生，由于视力是否正常和身高及体重只取其中之一，故将这部分设计成共用体，即 Body。为了使用 scanf()输入方便，程序中将性别等改为 2 个长度的字符串。程序如下：

```
/*文件名：lx8_9.cpp*/
#include <stdio.h>
#define N 3
struct
{
    char name[10];                      /*姓名*/
    int no;                             /*学号*/
    char sex[2];                        /*性别，取 f 或 m 之一*/
    union Body                          /*共用体*/
    {
        char eye[2];
        struct
        {
            float height;
            float weight;
        } f;
    } body;
} per[N];
main()
{
    int i;
    printf("输入学号 姓名 性别(f/m)\n");
    printf("    若为男生(m),还输入视力正常否(y/n)\n");
    printf("    若为女生(f),还要输入身高,体重\n");
    for (i=0;i<N;i++)
    {
        printf("第%d 个学生:",i+1);
        scanf("%d%s%s",&per[i].no,per[i].name,&per[i].sex);
        if (per[i].sex[0]=='m')
            scanf("%s",per[i].body.eye);
```

```
        else if (per[i].sex[0]=='f')
            scanf("%f%f",&per[i].body.f.height,&per[i].
                  body.f.weight);
        else
            printf("\t 性别输入错误\n");
    }
    printf("输出结果:\n");
    printf("学号    姓名  性别  视力正常? 身高    体重\n");
    for (i=0;i<N;i++)
    {
        if (per[i].sex[0]=='m')
            printf("%-6d%-8s%-4s%-8s\n",per[i].no,per[i].name,
                   per[i].sex,per[i].body.eye);
        else if (per[i].sex[0]=='f')
                printf("%-6d%-8s%-4s%-18.2f%7.2f\n",
                       per[i].no,per[i].name,
            per[i].sex,per[i].body.f.height,per[i].body.f.weight);
        else
            printf("error\n");
    }
    printf("\n");
}
```

程序执行结果如下：

```
输入学号 姓名 性别(f/m)
    若为男生(m),还输入视力正常否(y/n)
    若为女生(f),还要输入身高,体重
第 1 个学生: 1 Chen m n↙
第 2 个学生: 5 Zheng f 1.62 94.5↙
第 3 个学生: 8 Li f 1.58 90.5↙

输出结果:

学号    姓名    性别    视力正常?    身高    体重
1       Chen    m       n
5       Zheng   f                    1.62    94.50
8       Li      f                    1.58    90.50
```

8.6 枚举类型

枚举类型提供了一种比较直观的表示所处理对象的方式，如人的性别分男和女；组成多种色彩的三原色为红、黄、蓝。枚举类型引出的是一个具有一定数量的有序的名字表，并且表中列出了这种类型可能的全部取值。这些值由用户根据标识符的取名规则自行定义，可以采用含义清楚的英文单词或汉语拼音来表示，从而提高程序的可读性。另外，当取值超出定义中名字表的内容时，系统便会自动报错，增强程序的可靠性。

8.6.1 枚举类型的声明和变量定义

枚举类型变量的定义通常有两种方式。

1. 类型声明和变量定义分开进行

枚举类型声明的一般格式如下：

```
enum 枚举标识名 {枚举值 1, 枚举值 2, ……};
```

以下是用枚举类型定义变量的格式：

```
enum 枚举标识名 变量名表;
```

例如：

```
enum flag {true,false};
enum flag answer,yes;
```

以上声明了一个名为 flag 的枚举类型，这种枚举类型包含两个枚举值 true 和 false。然后用此枚举类型定义了两个变量 answer 和 yes。

2. 直接定义枚举变量

直接定义枚举变量的一般格式如下：

```
enum {枚举值 1,枚举值 2, ……} 变量名表;
```

例如：

```
enum flag {true,false} answer,yes;
```

其中，enum 为关键字，是枚举类型的标志。“枚举标识名”和各“枚举值”（也称枚举元素）都只允许是用户定义标识符。以下对四则运算的枚举类型声明都是非法的：

```
enum operater {+,-,*,/};
enum operater {'+','-','*','/'};
```

因为标识符只允许由字母、数字和下划线组成，不允许使用其他字符或字符常量。

在声明一个枚举类型时，必须给出其全部枚举值（这就是“枚举”的含义），也就是说，在声明的同时就限定了取值范围。

在 C 语言中，枚举值（枚举元素）被处理成一个整型常量，此常量的值取决于声明时各枚举值排列的先后次序，第一个枚举值的序号为 0，因此其值为 0，以后顺序加 1。设有：

```
enum operater {add, sub, mul, div};
enum operater op1,op2;
```

其中 add 的值为 0，sub 的值为 1，……，div 的值为 3。

枚举值 add、sub 等本身就是常量，不允许对其进行赋值操作，如

```
add=3; sub=6;
```

都是错误的。但可以在声明时人为规定枚举值的序号，例如：

```
enum operater {add=2, sub, mul, div};
```

没有指定具体值的枚举元素，其值为前一元素值加 1。这里 add 的值为 2，sub 的值就为 3，其他依此类推。取值不一定按递增顺序排列，例如：

```
enum operater {add=4, sub=1, mul, div};
```

此时 add 的值为 4，sub 的值为 1，mul 的值为 2，div 的值为 3。如果对枚举元素的值出现人为的重复声明，如

```
enum operater {add=1, sub=1, mul, div};
```

系统会报错：error C2196: case value '1' already used。有些隐含有重复声明，例如：

```
enum operater {add=2, sub=1, mul, div};
```

此时 add 和 mul 的值均为 2，系统也会报错。

8.6.2 枚举类型数据的操作

本小节的讨论都基于如下枚举类型的声明和枚举变量的定义：

```
enum operater {add, sub, mul, div};
enum operater op1,op2;
```

1. 枚举变量的赋值

只能给枚举变量赋枚举值，赋值运算符两边必须属于同一枚举类型。例如，以下的赋值是正确的：

```
op1=add;op2=div;
```

而

```
op1=pow;
```

是错误的。因为 op1 被定义为 enum operater 类型，而枚举值 pow 不属于 enum operater 类型。

不能直接给枚举变量赋整型值，因此以下的赋值是错误的。

```
op1=1;
```

但可以利用强制类型转换实现赋整型值，例如：

```
op1=(enum operater)1;                    /*相当于把 add 赋给了 op1*/
op2=(enum operater)(1+2);                /*相当于把 mul 赋给了 op2*/
```

2. 枚举元素加(减)一个整数的运算

枚举元素可以进行加（减）一个整数的运算，从而得到其后（前）面的某个元素。例如：

```
op1=sub+2;           /*op1 得到枚举值 div*/
op2=op1-1;           /*op2 得到枚举值 mul*/
```

3. 枚举类型数据的关系运算

枚举类型数据可以进行关系运算。关系比较的依据是类型声明中各元素的值。例如：

```
add>sub 的值为“假”    /*add 的值为 0,sub 的值为 1*/
mul>sub 的值为“真”    /*mul 的值为 2,sub 的值为 1*/
```

4. 枚举类型变量作为循环控制变量

枚举类型变量可以作为循环控制变量，也可以按整型输出其序号值。例如：

```
for (op1=add;op1<=div;op1++)
    printf("%d ",op1);
```

以上程序段将输出 4 个整数：0 1 2 3。

5. 枚举变量的输入/输出

枚举变量只能通过赋值语句得到值，不能通过 scanf()语句直接读入数据，也不能通过输出语句直接以标识符形式输出枚举元素。必要时可以通过 switch 语句将枚举值以相应的字符串形式输出，例如：

```
switch(op1)
{
    case add:printf("add\n");break;
    case sub:printf("sub\n");break;
    case mul:printf("mul\n");break;
    case div:printf("div\n");break;
}
```

【例 8.10】已知今天是星期天，编写一个程序求若干天之后是星期几。

【解】使用一个星期的枚举类型求解。程序如下：

```
/*文件名：lx8_10.cpp*/
#include <stdio.h>
main()
{
    int n;
    enum {sun,mon,tue,wed,thu,fri,sat} day;
    char weekday[7][7]={"星期天","星期一","星期二","星期三",
        "星期四","星期五","星期六"};
    printf("输入间隔天数:");
    scanf("%d",&n);
    day=sun;
    printf("今天是%s,%d 天后是%s.\n",weekday[day],
            n,weekday[(day+n)%7]);
}
```

程序执行结果如下：

```
输入间隔天数：100↙
今天是星期天, 100 天后是星期二.
```

8.7 用户定义类型

在 C 语言中不但可以直接使用系统已经定义的基本类型（如 int、char、float 等）和由程序员自己定义的结构体、共用体、枚举类型等，还可以使用 typedef 来为这些类型定义另外一个名字，这种自定义类型名的方法在描述数据结构中被大量使用。例如，在 8.4 节中使用 typedef 定义了单链表结点类型 ListNode。

使用 typedef 定义一种新类型名的一般格式如下：

```
typedef 类型名 新名字;
```

其中，typedef 为类型定义的关键字；“类型名”是系统提供的标准类型名或已经定义过的其他类型名；“新名字”是用户定义的与“类型名”等价的一种新类型名，称为用户定义类型。例如：

```
typedef int INTEGER;          /*将 INTEGER 定义成整型 int*/
```

```
typedef struct
{
    int no;
    char *name;
} PERSON;                     /*将 PERSON 定义成该结构体类型*/
typedef char NAME[10];        /*定义 NAME 为长度为 10 的字符型数组类型名*/
typefef char * POINT;         /*定义 POINT 为字符指针类型名*/
```

对于本章前面介绍的各种类型的变量，除了采用前面介绍的定义方法外，都可以先用 typedef 定义一个类型名，再用类型名定义相应的变量。

1. 定义结构体变量

例如：

```
typedef struct                      /*用户定义类型 St*/
{
    char name[12];
    char sex;
    int age;
    int score;
    char class[16];
} St;
St student1,student2;               /*用新类型 St 定义两个变量*/
```

2. 定义共用体变量

例如：

```
typedef union                       /*用户定义类型 Un*/
{
    short int i;
    float f;
    char c;
} Un;
Un un1,un2;                         /*用新类型 Un 定义两个变量*/
```

3. 定义枚举变量

例如：

```
typedef enum {true,false} FLAG;     /*用户定义类型 FLAG*/
FLAG answer,yes;                    /*用新类型 FLAG 定义两个变量*/
```

注意

使用 typedef 只能对已有的类型名重新命名，并不能产生新的数据类型，原有的类型也没有被取代，即用户定义类型只是原类型的一个别名。例如：

```
typedef char *NAME;
NAME p;
```

等价于：

```
char *p;
```

typedef 并不是作简单的字符串替换，与#define 的作用不同。

typedef 定义类型名可以嵌套进行。例如：

```
typedef int ElemType;
typedef struct node
{
    ElemType data;
    struct node *next;
} NodeType
```

其中，定义 NodeType 用了前面定义的 ElemType 类型。
利用 typedef 定义类型名有利于程序的移植，并增加程序的可读性。

【例 8.11】 使用 typedef 定义一个职工结构类型的类型，然后定义一个该自定义类型的变量，该职工包括编号、姓名、性别、出生日期和住址。日期包括年、月、日。

【解】 使用 typedef 定义如下：

```
typedef struct                          /*自定义类型 WORKER*/
{
    int no;                             /*编号*/
    char name[8];                       /*姓名*/
    enum {man,woman} sex;               /*性别*/
    struct
    {
        int year;                       /*年*/
        int month;                      /*月*/
        int day;                        /*日*/
    } birthday;                         /*出生日期*/
    char addr[30];                      /*住址*/
} WORKER;
WORKER w;                               /*定义 WORKER 类型的变量*/
```

8.8 上机实训 8：通讯录

实训内容

建立公司员工通讯录。【本实训指导见附录 D】

实训提示

构造一个结构体，用来存储职工姓名、编号、电话号码等信息并利用 for 语句来输入。

8.9 小结

（1）结构体类型是一种复杂而灵活的构造数据类型，允许将若干个相关的、类型不全相同的数据项作为一个整体进行处理。对于某个具体的结构体类型，成员的个数必须固定。

（2）结构体类型和结构体变量是不同的概念，不要混同。对于结构体变量来说，在定义时一般先声明结构体类型，再定义结构体变量，或在声明结构体类型的同时定义结构体变量，或直接定义结构体类型变量。声明一个结构体类型，系统不会分配一段内存来存放成员。只有定义了结构体变量后，才可能分配内存单元。

（3）结构体变量是一个整体，要访问其中的一个成员，必须先找到这个结构体变量，然后再从中找出这个成员。引用成员的方式为

```
结构体变量.成员名
结构体指针变量->成员名
```

（4）结构体变量可以初始化，其格式与一维数组类似。

（5）结构体数组的定义与结构体变量的定义相似。结构体数组的初始化与数组一样，结构体数组也可以在定义时进行初始化。一维结构体数组的初始化格式与二维普通数组类似。

（6）结构体变量在内存中的起始地址称为结构体变量的指针。可以设置一个指针变量，使之指向一个结构体变量，或指向结构体数组中的指针。

- 指向结构体变量的指针：如果指针变量 ps 已经指向结构体变量 st，则以下 3 种形式等价。

```
st.成员
ps->成员
(*ps).成员
```

- 指向结构体数组的指针变量：如果指针变量 p 已经指向结构体数组，则 p+1 指向结构体数组的下一个元素，而不是当前元素的下一个成员。

（7）链表处理是结构体类型和指向结构体类型指针的一个重要应用。在 C 语言中，用结构体类型来描述链表的结点结构；C 语言函数库中的 malloc()函数和 free()函数，可以用于实现链表插入和删除操作涉及的内存申请和释放。

（8）共用体类型的特点是，所有成员共享同一段内存空间。共用体类型的定义、共用变量的定义和引用，分别与结构体类型的定义、结构体变量的定义和引用相似。

（9）枚举类型仅适用于取值有限的数据。取值表中的枚举元素的含义，是由程序来解释的，不取决于其表示。

（10）typedef 并不能创造一个新的类型，只是定义已有类型的一个别名。

8.10 课后习题

8.10.1 单项选择题

（1）以下程序的执行结果是_______。

```
#include <stdio.h>
main()
{
```

```
    union
    {
        short int i[2];
        long k;
        char c[4];
    } r,*s=&r;
    s->i[0]=0x39;
    s->i[1]=0x38;
    printf("%lx\n",s->k);
}
```

A. 390038　　B. 380039　　C. 3939　　D. 3838

（2）以下程序的执行结果是_______。

```
#include <stdio.h>
struct node
{
    int x;
    char c;
};
void func(struct node b);
main()
{
    static struct node a={10,'x'};
    func(a);
    printf("%d,%c\n",a.x,a.c);
}
void func(struct node b)
{
    b.x=20;b.c='x';
}
```

A. 20,x　　B. 10,x　　C. x,10　　D. x,20

（3）以下程序的执行结果是_______。

```
#include <stdio.h>
struct node
{
    int x;
    char c;
};
void func(struct node *b);
main()
{
    static struct node a={10,'x'};
    func(&a);
    printf("%d,%c\n",a.x,a.c);
}
void func(struct node *b)
{
    b->x=20;b->c='x';
}
```

A. 20,x　　B. 10,x　　C. x,10　　D. x,20

（4）以下程序的执行结果是_______。

```
#include <stdio.h>
```

```
main()
{
    struct s
    {
        int n;
        int *m;
    } *p;
    int d[5]={10,20,30,40,50};
    struct s arr[5]={100,&d[0],200,&d[1],300,&d[2],400,
                     &d[3],500,&d[4]};
    p=arr;
    printf("%d,",++p->n);
    printf("%d,",(++p)->n);
    printf("%d\n",++(*p->m));
}
```

A. 100,200,20　　B. 100,201,21　　C. 101,201,21　　D. 101,200,21

（5）以下程序的执行结果是_______。

```
#include <stdio.h>
union data
{
    int i;
    char c;
    float f;
};
int n;
main()
{
    union data a={'A'};
    printf("%d\n",a.c);
}
```

A. A　　B. 65　　C. 65.000000　　D. 以上都不对

（6）以下程序的执行结果是_______。

```
struct STU
{ char name[10]; int num; float TotalScore; };
void f(struct STU *p)
{ struct STU s[2]={{"SunDan",20044,550},{"Penghua",20045,537}}, *q=s;
++p ; ++q; *p=*q;
}
main()
{ struct STU s[3]={{"YangSan",20041,703},{"LiSiGuo",20042,580}};
f(s);
printf("%s %d %3.0f\n", s[1].name, s[1].num, s[1].TotalScore);
}
```

A. SunDan 20044 550　　B. Penghua 20045 537

C. LiSiGuo 20042 580　　D. SunDan 20041 703

（7）以下程序的执行结果是_______。

```
struct s
{ int x,y;} data[2]={10,100,20,200};
main ()
{ struct s *p=data;
```

```
printf("%d\n",++(p->x));
}
```

A. 10　　B. 11　　C. 20　　D. 21

（8）以下程序的执行结果是________。

```
struct HAR
{ int x, y; struct HAR *p;} h[2];
main()
{ int x,y,p;
h[0].x=1;h[0].y=2;
h[1].x=3;h[1].y=4;
h[0].p=&h[1];h[1].p=h;
printf("%d %d \n",(h[0].p)->x,(h[1].p)->y);
}
```

A.12　　B. 23　　C. 14　　D. 32

8.10.2 填空题

（1）以下程序的执行结果是________。

```
#include <stdio.h>
#pragma pack(1)
typedef union
{
    long i;
    int k[5];
    char c;
} DATE;
struct date
{
    int cat;
    DATE cow;
    double dog;
};
DATE max;
main()
{
    printf("%d\n",sizeof(struct date)+sizeof(max));
}
```

（2）以下程序的执行结果是________。

```
#include <stdio.h>
main()
{
    union un
{
        short int a;
        char c[2];
    } w;
    w.c[0]='A';w.c[1]='a';
    printf("%o\n",w.a);
}
```

（3）以下程序的执行结果是_______。

```
#include <stdio.h>
main()
{
    struct person
    {
        char name[9];
        int age;
    };
    static struct person st[10]={"John",17,"Paul",19,"Mary",
                                 18,"Smith",16};
    printf("%c\n",st[2].name[0]);
}
```

（4）以下程序的执行结果是_______。

```
#include <stdio.h>
main()
{
    enum type {a=1,b=3,c,d,f=-2,g};
    printf("%d,%d,%d\n",c,d,g);
}
```

第9章

位运算

前面介绍的各种运算都是以字节作为最基本单位进行的，但在很多系统程序中常要求在位(bit)一级进行运算或处理。C 语言提供了位运算的功能，使得 C 语言也能像汇编语言一样用来编写系统程序。

学习目标：掌握 C 程序设计中位运算的知识和使用方法，能进行位运算。

本章知识点

- 位运算符和位运算
- 位段结构

C Programming

9.1 位运算符和位运算

在 C 语言中，只能对整型或字符型数据进行位运算，不能对其他类型的数据进行位运算。

9.1.1 位运算符

表 9.1 列出了 C 语言的位运算符。

表 9.1　C 语言的位运算符

运算符	含义	优先级
～	按位求反	5（高）
<<	左移	4
>>	右移	4
&	按位与	3
^	按位异或	2
|	按位或	1（低）

以上位运算符中除“～”以外，均为双目运算符，即要求两侧各有一个运算对象。

9.1.2 位运算符的运算功能

1. “按位求反”运算（～）

“～”是一个单目运算符，用来对一个二进制数按位求反，即将 0 变为 1，1 变为 0。例如，~025 是对八进制数 25（即二进制数 00010101）按位求反。

```
～ 0000000000010101
  ─────────────────
   1111111111101010
```

即八进制数 25 按位求反后的结果是八进制数 177752，也就是说，～025 的值为八进制数 177752，并非-025。

2. “左移”运算（<<）

左移运算符是双目运算符，用来将一个数的所有二进位全部左移若干位。运算符左边是移位对象，右边是整型表达式，代表左移的位数。左移时，右端（低位）补 0，左端（高位）移出的部分舍弃。例如：

```
int a=025;
a=a<<2;
```

将 a 的二进制数左移 2 位，右补 0。

```
<<2  0000000000010101
----------------------
     0000000001010100
```

即八进制数 25 左移两位后的结果是八进制数 54，也就是说，025<<2 的值为八进制数 54。

3. “右移”运算（>>）

右移运算符的使用方法与左移运算符一样，所不同的是移位方向相反。右移时，右端（低位）移出的二进制数舍弃，左端（高位）移入的二进制数分两种情况，对于无符号整数和正整数，高位补 0；对于负整数，高位补 1。例如：

```
int a=025;
a=a>>2;
```

将 a 的二进制数右移 2 位，由于 a 为正整数，左补 0。

```
>>2  0000000000010101
----------------------
     0000000000000101
```

即八进制数 25 右移两位后的结果是八进制数 5，也就是说，025>>2 的值为八进制数 5。

4. “按位与”运算（&）

按位与运算的规则是：参加运算的两个数据，按二进位进行“与”运算，如果两个相应的二进位都为 1，则该位的结果值为 1，否则为 0。即 0&0=0，0&l=0，1&0=0，1&1=1。例如，表达式 12&10 的运算如下：

```
  12  0000000000001100
& 10  0000000000001010
----------------------
      0000000000001000
```

即两个十进制数 12 和 10 进行按位与运算的结果是十进制数 8。

分析以上运算结果可知，任何位上的二进制数，只要和 0 进行按位与运算，该位即被屏蔽（清零）；和 1 进行按位与运算，该位保留原值不变。利用这一特征，可以实现如下功能。

（1）清零。如果想将一个单元清零，也就是使其全部二进位为 0，只需与 0 进行按位与运算，即可达到清零目的。

（2）取一个数中某些指定位。例如，有一个整数 a（4 个字节），想要其中的低字节，只需将 a 与八进制数 377（0000000011111111）按位与即可。如果想取 4 个字节中的高字节，只需将 a 与八进制数 177400（1111111100000000）按位与即可。

（3）要想将哪一位保留下来，就与一个数进行&运算，此数在该位取 1。例如，有一个数 01010100（十进制数 84），想把其中左面第 3、4、5、7、8 位保留下来，设计一个数，其左面第 3、4、5、7、8 位为 1，其他位为 0，即为十进制数 59，将这两个数进行按位与即可。

5. “按位异或”运算（^）

按位异或的运算规则是：参与运算的两个运算数中相对应的二进制位上同号，则结果为 0，异号则为 1。即 0&0=0，0&1=1，1&0=1，1&1=0。例如，表达式 12^10 的运算如下：

```
    12  0000000000001100
  ^ 10  0000000000001010
        ----------------
        0000000000000110
```

即两个十进制数 12 和 10 进行按位异或运算的结果是十进制数 6。

按位异或运算有如下应用。

（1）使特定位翻转。假设有 01111010，想使其低 4 位翻转，即 1 变为 0，0 变为 1。可以将其与 00001111 进行按位异或运算，结果为 01110101，结果值的低 4 位正好是原数低 4 位的翻转。要使哪几位翻转就将与其进行按位异或运算的该几位置为 1 即可。这是因为原数中值为 1 的位与 1 进行按位异或运算得 0，原数中的位值 0 与 1 进行按位异或运算的结果得 1。

（2）与 0 按位异或，保留原值。

（3）交换两个值，不用临时变量。

假设要想交换 a、b 的值，可以用以下赋值语句实现：

```
a=a^b;
b=b^a;
a=a^b;
```

因为 a=a^b（假设 a 和 b 最初的值加上下划线），则：

```
b=b^a=b^(a^b)=a^b^b=a^0=a
a=a^b=(a^b)^a=a^a^b=0^b=b
```

6. “按位或”运算（|）

按位或运算的规则是：参加运算的两个数据，按二进位进行“或”运算，如果两个相应的二进位都为 0，则该位的结果值为 0，否则为 1。即 0|0=0，0|1=1，1|0=1，1|1=1。例如，表达式 12|10 的运算如下：

```
    12  0000000000001100
  | 10  0000000000001010
        ----------------
        0000000000001110
```

即两个十进制数 12 和 10 进行按位或运算的结果是十进制数 14。

分析以上运算结果可知，任何位上的二进制数，只要和 1 进行或运算，该位即为 1；和 0 进行或运算，该位保留原值不变。例如，a 是一个整数（16 位），a=a|0377，使 a 的低 8 位全置为 1，高 8 位保留原样。

7. 位运算赋值运算符

位运算符与赋值运算符可以组成复合赋值运算符，复合赋值运算符如表 9.2 所示。

表 9.2　复合赋值运算符

复合赋值运算符	表达式	等价的表达式
<<=	a<<=n	a=a<<n
>>=	a>>=n	a=a>>n

（续表）

复合赋值运算符	表达式	等价的表达式
&=	a&=b	a=a&b
^=	a^=b	a=a^b
|=	a|=b	a=a|b

8. 不同长度的数据进行位运算

位运算的运算数可以是整型和字符型数据。如果两个运算数类型不同则位数也会不同。遇到这种情况，系统将自动进行如下处理。

（1）先将两个运算数右端对齐。

（2）再将位数短的一个运算数往高位扩充，即无符号数和正整数左侧用 0 补全；负数左侧用 1 补全；然后对位数相等的这两个运算数，按位进行位运算。

【例 9.1】 编写一个程序，实现无符号 16 位数的循环左移 n 位。

【解】 采用 unsigned int 类型存放无符号 16 位数。C 语言中只有左、右移位，没有循环移位功能。左移和循环左移的区别在于对从左边（高端）移出的 n 位数的处理上。左移时，移出的 n 位数被丢弃，循环左移时，移出的 n 位数应依次放在右边（低端）的 n 位上。为将无符号 16 位数 d 达到循环左移的目的，实现过程如下。

（1）先将 d 高端的 n 位数通过“右移”操作移至低端的 n 位上（高端全为 0），把结果存入中间变量 a 中。

（2）再通过“左移”运算将 d 左移 n 位（低端移入的全为 0），把结果存入另一中间变量 b 中。

（3）最后利用按位或运算将这两个中间变量中的内容“拼装”在一起，完成循环左移功能。

将循环左移功能设计成 leftmove()函数，对应的程序如下：

```
/*文件名：lx9_1.cpp*/
#include <stdio.h>
leftmove(unsigned int *d,int n)
{
    unsigned int a,b;
    a=*d>>(16-n);
    b=(*d)<<n;
    *d=a|b;
}
main()
{
    unsigned int d;
    d=0x6271;
    leftmove(&d,4);
    printf("%x\n",d);
}
```

程序执行结果如下：

```
62716
```

注意 例 9.1 程序的 leftmove 函数的形参 d 采用指针类型，其目的是通过传地址方式将其值返回给 main 中的实参。

9.2 位段结构

9.2.1 位段的概念

位段又称为位域。C 语言中没有专门的位段类型，位段的定义要借助于结构体，即以二进制位为单位定义结构体成员所占存储空间，从而也就可以按“位”来访问结构体中的成员，这一功能是很有用的。某些设备接口之间传输信息是以字节为单位的，字节中的不同位代表不同的控制信号，使用中常常需要单独置值或清零。又如 C 语言中没有逻辑量，是用 0 代表“假”，非 0 代表“真”。实际只需一个二进制位就可以存储。利用位段就可以在一个字节中存放几个逻辑量。

9.2.2 位段结构的声明和变量定义

与结构体类型相似，位段结构的声明和变量的定义既可以分开进行，也可以合二为一。此处不再分别阐述。其一般格式如下：

```
struct [结构标识名]
{
    unsigned [位段名]:常量表达式;
    ⋮
} [变量名表];
```

其中，“常量表达式”用来指定每个位段的宽度（二进制位的位数）；[]表示此内容在某些情况下可以省略。一个位段的宽度不得超过机器字长。例如：

```
struct bfield
{
    unsigned f1:1;
    unsigned f2:2;
    unsigned f3:3;
    unsigned f4:2;
} fvar;
```

以上结构变量 fvar 中定义的 4 个位段分别占 1 个二进制位、2 个二进制位、3 个二进制和 2 个二进制位，由于位段的类型为 unsigned 类型，占 2 个字节即 16 位。变量 fvar 的存储分配如图 9.1 所示。

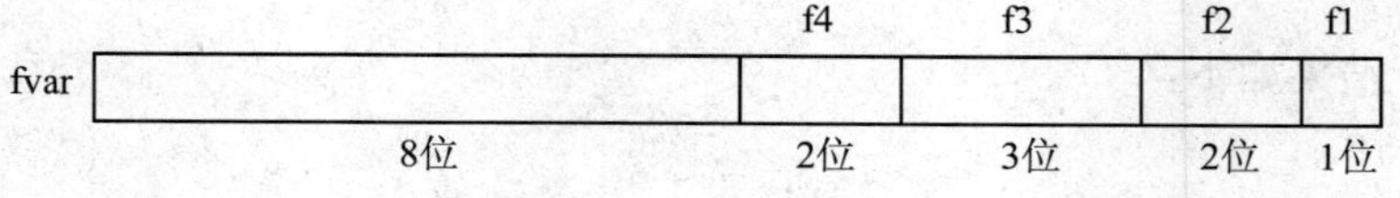

图 9.1 变量 fvar 的存储分配

有关位段的说明如下。

（1）位段名默认时称作无名位段。无名位段的存储空间通常闲置不用。当无名位段的宽度被指定为 0 时有特殊作用，使下一个位段从一个新的字节开始存放。例如：

```
struct data
{
    unsigned f1 :4;
    unsigned    :0;       /*分配时越过当前字节的剩余空间*/
    unsigned    :4;       /*此 4 位空间不用*/
    unsigned f2 :12;
};
struct data fvar2;
```

fvar2 结构体变量的存储空间如图 9.2 所示。

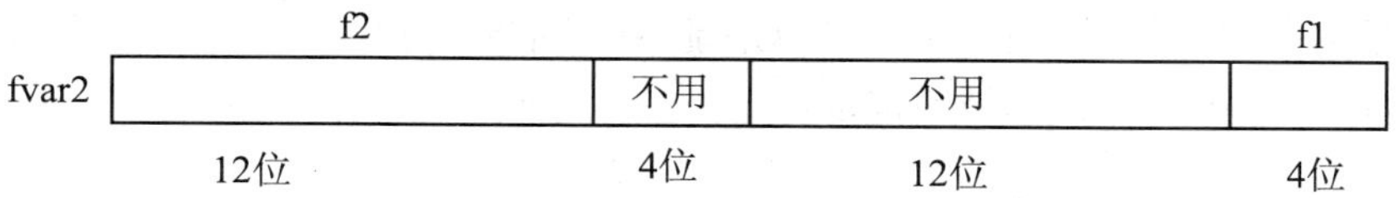

图 9.2　变量 fvar2 的存储分配

（2）常规结构体成员和位段成员可以定义在一个结构体中。例如：

```
struct
{
   short int n;
   unsigned int f1:4;
   unsigned int f2:4;
} fvar3;
```

变量 fvar3 的存储结构如图 9.3 所示。

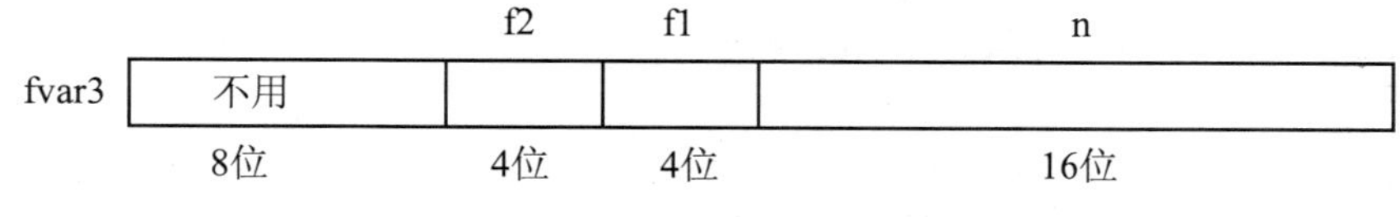

图 9.3　变量 fvar3 的存储结构

（3）位段存储空间的分配方向是从左至右，还是从右至左，随机器系统而异。IBM PC 机是从右至左分配。

（4）不能定义元素为位段结构的数组。

9.2.3　位段的引用

（1）位段的引用形式与结构体成员相同。如 fvar.f1、fvar2.f2 等。

（2）位段的赋值。位段可以在定义的同时赋初值，形式与结构体变量赋初值相同；位段也可以进行赋值操作，例如：

```
fvar.f1=1;
fvar2.f2=5;
```

赋值时应注意位段的取值范围，若写成：

```
fvar.f1=2;
```

就会产生错误的结果。因为位段 fvar.f1 只占 1 位，只能取值 0 或 1。对于以上赋值语句，系统并不报错，而是自动截取所赋值的低位：2 的二进制码是 10，取低一位为 0。所以 fvar.f1 的值为 0。

（3）位段可以参与算术表达式的运算，系统自动将其转换成整型数。例如：

```
fvar3.f1=4;
fvar3.f2=8;
fvar3.n=fvar3.f1+fvar3.f2;
```

（4）位段可以利用整型格式描述符（%d、%u、%o、%x）进行输出。例如：

```
printf("%d\n",fvar.f1);
```

（5）不能对位段求地址。由于位段没有地址，所以不能对位段求地址，也不能通过 scanf() 语句输入位段值、不能用指针指向位段。

【例 9.2】位段输出程序示例。

【解】程序如下：

```
/*文件名：lx9_2.cpp*/
#include <stdio.h>
main()
{
    struct
    {
        unsigned a:10;
        unsigned b:6;
    } bit,*pbit;
    bit.a=100;
    bit.b=20;
    printf("%d,%d\n",bit.a,bit.b);
    pbit=&bit;
    pbit->a=200;
    pbit->b=40;
    printf("%d,%d\n",bit.a,bit.b);
}
```

程序执行结果如下：

```
100,20
200,40
```

9.3 上机实训 9：位运算

实训内容

分析以下程序并给出运行结果。【本实训指导见附录 D】

```
#include<stdio.h>
main()
{
```

```
    unsigned char a, b;
    a=7^3;
    b= ~4&3;
    printf("%d%d\n",a,b);
}
```

9.4 小结

（1）位运算是C语言的一种特殊运算功能，是以二进制位为单位进行运算的。

（2）利用位运算可以完成汇编语言的某些功能。例如，按位与的作用有使位清零、取一个数中某些指定位、保留某一数位；异或运算的功能有使特定位翻转、不需用临时变量交换两个值。

（3）位段在本质上也是结构体类型，不过其成员按二进制位分配内存。位段的定义、声明及使用的方式都与结构体相同。

9.5 课后习题

9.5.1 单项选择题

（1）以下程序的执行结果是_______。

```
#include <stdio.h>
main()
{
    char a=040;
    printf("%d\n",a=a<<1);
}
```

A. 256　　B. 260　　C. 128　　D. 64

（2）以下程序的执行结果是_______。

```
#include <stdio.h>
main()
{
    unsigned short a=0123,x,y;
    x=a>>8;
    printf("%o,",x);
    y=(a<<8)>>8;
    printf("%o\n",y);
}
```

A. 0,123　　B. 1,23　　C. 12,3　　D. 123,0

（3）以下程序的执行结果是_______。

```
main()
{ unsigned char a, b;
  a=8^2; b= ~5 & 4;
  printf("%d %d\n",a,b);
}
```

A. 10 0　　B. 10 1　　C. 9 0　　D. 9 1

（4）以下程序的执行结果是______。

```
main()
{ char x=040;
  printf("%o\n",x<<1);
}
```

A. 100　　B. 80　　C. 64　　D. 32

（5）执行下面的程序段

```
int x=35;
char z='A';
int b;
B=((x&15)&&(z<'a'));
```

后，B 的值为______。

A. 0　　B. 1　　C. 2　　D. 3

9.5.2 填空题

（1）以下程序的执行结果是______。

```
main()
{ int x=0.5; char z='a';
printf("%d\n", (x&1)&&(z<'z') ); }
```

（2）以下程序的执行结果是______。

```
main()
{
int c=35; printf("%d\n",c&c);
}
```

（3）设 char 型变量 x 的值为 10100111，则表达式（2+x）^（～3）的值是______。

第 10 章

文 件

所谓"文件"是指一组相关数据的有序集合。

文件是 C 程序设计中一个重要的概念，在程序运行时，程序本身和数据一般都存放在内存中。当程序运行结束后，存放在内存中的数据就被释放。如果需要长期保存程序运行所需的原始数据或程序运行产生的结果，就必须将其以文件的形式存储到外部介质上。

学习目标：掌握文件的相关概念及文件的各种操作方法。

本章知识点

- 文件概述
- 文件的打开和关闭
- 文件的顺序读写
- 文件的随机读写
- 文件检测函数

C Programming

10.1 文件概述

10.1.1 文件的分类

文件通常是存储在外部介质上的，在使用时才调入至内存中来。从不同的角度可以对文件做不同的分类。

1. 普通文件和设备文件

从用户的角度看，文件可以分为普通文件和设备文件。普通文件是指存储在磁盘或其他外部介质上的一个有序数据集，可以是源程序文件、目标文件、可执行程序；也可以是一组待输入处理的原始数据，或者是一组输出的结果。对于源程序文件、目标文件、可执行程序可以称作程序文件，对输入/输出数据可以称作数据文件。

设备文件是指与主机相联的各种外部设备，如显示器、打印机、键盘等。在操作系统中，把外部设备也看作是一个文件来进行管理，把通过外部设备而进行的输入、输出等同于对磁盘文件的写和读。C 语言中常用的标准设备文件名如下。

- CON 或 KYBD：键盘。
- CON 或 SCRN：显示器。
- PRN 或 LPT1：打印机。
- AUX 或 COM1：异步通信口。

另外有 3 个标准设备文件的文件结构体指针也是由系统命名的，如下所示。

- stdin：标准输入文件结构体指针（由系统分配为键盘）。
- stdout：标准输出文件结构体指针（由系统分配为显示器）。
- stderr：标准错误输出文件结构体指针（由系统分配为显示器）。

2. 顺序读写文件和随机读写文件

从文件的读写方式来看，文件可以分为顺序读写文件和随机读写文件。所谓顺序读写文件，是指按从头到尾的顺序读出或写入的文件。例如，要从一个学生成绩数据文件中读取数据时，顺序存取方式必然是先读取第一个同学的成绩数据，再读取第二个数据，……，而不能随意读取第 i 个同学的成绩信息。顺序存取通常不用来更新已有的某个数据，而是用来重写整个文件。

随机读写文件的记录通常具有固定的长度，因而可以直接访问文件中的特定记录，也可以把数据插入到文件中，即覆盖当前位置的记录，达到数据修改的目的。

3. ASCII 码文件和二进制码文件

从文件编码的方式来看，文件可分以为 ASCII 码文件和二进制码文件。ASCII 码文件也称为文本文件，这种文件在磁盘中存放时每个字符对应一个字节，用于存放对应的 ASCII 码。例如，数 5678 的存储形式为

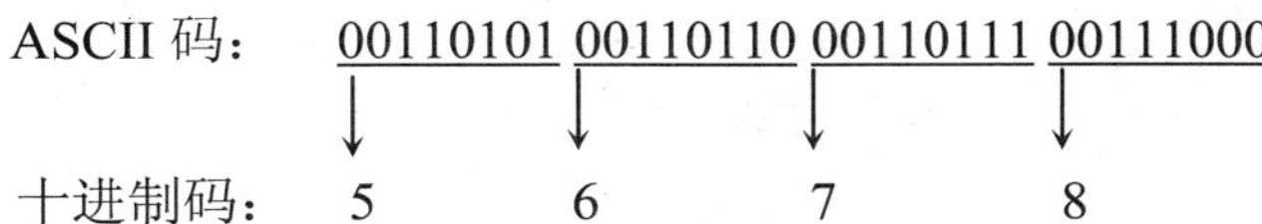

可见，数字 5678 如果以 ASCII 码字符形式存储，共占用 4 个字节。

二进制文件是按二进制的编码方式来存放文件的，也就是说，和在内存中数据的表示是一致的。例如，数 5678 的存储形式为 0001011000101110，可见，它只占用 2 个字节（采用 short int 型数据存储方式）。

将 ASCII 码文件和二进制文件相比较，区别表现在以下 3 个方面。

（1）两种文件存储所占的存储空间不一样。ASCII 码存储方式所占的空间较多，并且所占空间大小与数值大小有关。

（2）两种文件需要的读写时间不一样。由于 ASCII 码文件在外存上是以 ASCII 码存放，而在内存中的数据都是以二进制存放的，因此，当进行文件读写时，要进行转换，从而使存取速度较慢。对于二进制文件来说，数据就是按其在内存中的存储形式在外存上存放的，所以不需要进行这样的转换，在存取速度上较快。

（3）ASCII 码文件的内容可以通过编辑程序，如记事本等，进行建立和修改，也可以通过 DOS 的显示文件内容命令 type 显示出来。而二进制文件则不能显示。从这一点来看，ASCII 码文件常常用来存放输入数据及程序的最终结果；而二进制文件常用于暂存程序的中间结果，供另一程序读取。

10.1.2 文件的操作流程

通过程序对文件进行操作，达到从文件中读数或向文件中写数的目的，涉及的操作有建立文件、打开文件、从文件中读数或向文件中写数、关闭文件等。一般遵循的步骤如下。

（1）建立/打开文件。

（2）从文件中读取数据或向文件中写入数据。

（3）关闭文件。

打开文件是进行文件的读或写操作之前的必要步骤。打开文件就是将指定文件与程序联系起来，为下面将进行的文件读写工作做好准备。当为进行写操作而打开一个文件时，如果这个文件不存在，系统会建立这个文件，并打开。当为进行读操作而打开一个文件时，一般这个文件应该是已经存在的，否则会出错。数据文件可以借助常用的文本编辑程序建立，就如同建立源程序文件一样，当然，也可以是其他程序写操作生成的文件。

从文件中读取数据，就是从指定文件中取出数据，存入程序在内存中的数据区，如变量或数组中。

向文件中写数据，就是将程序的输出结果存入指定的文件中，即文件名所对应的外存储器上的存储区中。

关闭文件就是取消程序与指定的数据文件之间的联系，表示文件操作的结束。

10.1.3 文件缓冲区

从用户角度来看，文件的写操作是将程序的输出结果，即某个变量或数组的内容输出到文件中，实际上，在计算机系统中，数据是从内存中的程序数据区到输出数据缓冲区暂存，当该缓冲区放满后，数据才被整块送到外存储器上的文件中。

在进行文件的读操作时，将磁盘文件中的一块数据一次性读到输入数据缓冲区中，然后从该缓冲区中取出程序所需的数据，送入程序数据区中的指定变量或数组元素所对应的内存单元中。图 10.1 表示了程序从磁盘文件中读数的过程。

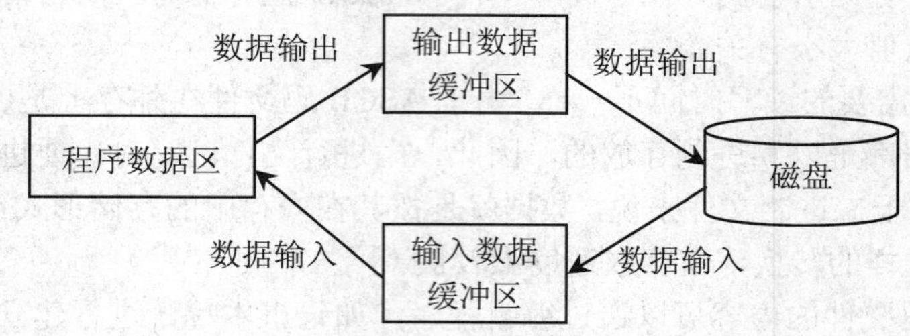

图 10.1　从磁盘文件读取数据示意图

文件缓冲区是内存中的一块区域，用于进行文件读写操作时数据的暂存，大小一般为 4096 字节，和磁盘的读写单位一致。

这一读写特点的原因之一在于，磁盘文件的存取单位是“簇”，一般为 2048 字节。也就是说，从文件中读数或向文件中写数，就要一次读或写 2048 字节。而在程序中，给变量或数组元素的赋值是一个一个进行的。设立文件缓冲区的另一个原因是对效率的考虑，和内存相比，磁盘的读写速度是很慢的，如果每读或写一个数据就要和磁盘打一次交道，那么即使 CPU 的速率很高，整个程序的执行效率也会大打折扣。显然，文件缓冲区可以减少与磁盘打交道的次数。

10.1.4 流和文件指针

流是程序输入或输出的一个连续的数据序列，设备（如键盘、磁盘、屏幕和打印机等）的输入/输出都是用流来处理的。在 C 语言中，所有的流均以文件的形式出现，包括设备文件。流实际上是文件输入/输出的一种动态形式。所以，C 语言中文件不是由记录组成，而是被看作一个字符（字节）的序列，称为流式文件。

文件指针是指向一个结构体类型的指针变量。这个结构体中包含缓冲区的地址、在缓冲区中当前存取的字符位置、对文件是“读”还是“写”、是否出错等信息。用户不必去了解其中的细节，一切都在“stdio.h”头文件中进行了定义，此结构体类型名为 FILE，其类型定义如下：

```
typedef struct
{
    short           level;      /*缓冲区“满”或“空”的程度*/
    unsigned        flags;      /*文件状态标志*/
    char            fd;         /*文件描述符*/
    unsigned char   hold;       /*如无缓冲区不能读取字符*/
```

```
    short           bsize;      /*缓冲区大小*/
    unsigned char   *buffer;    /*数据缓冲区位置*/
    unsigned char   *curp;      /*当前活动指针*/
    unsigned        istemp;     /*临时文件指示器*/
    short           token;      /*用于有效性检查*/
} FILE;
```

可以用此类型名来定义文件指针，定义文件指针变量的一般使用格式为

```
FILE *文件指针变量;
```

通过文件指针变量能够找到与其相关的文件。对已打开的文件进行输入/输出操作是通过指向该文件结构的指针变量进行的。

文件指针通常被称为流，输入/输出函数通过流来对文件进行处理。也就是说，输出时，系统不添加任何信息，输入时，逐一读入数据，直到遇到 EOF 或文件结束标志。

10.2 文件的打开和关闭

在对文件操作之前，必须要打开文件，在输入/输出操作完毕，应关闭文件。

10.2.1 文件的打开

打开文件就是把程序中要读、写的文件与磁盘上实际的数据文件联系起来。打开文件的函数是 fopen()，其一般使用格式如下：

```
文件指针变量=fopen(文件名,文件使用模式);
```

其中，“文件指针变量”必须是定义为 FILE 类型的指针变量。“文件名”是要打开文件的文件名，可以是字符串常量或字符串数组，如 abc.txt。“文件使用模式”是指文件的类型和操作要求。

fopen()函数的功能是，以“文件使用模式”指定的模式打开指定的文件，由一个“文件指针变量”指向该文件，之后的文件操作直接通过该文件指针变量操作即可。“文件使用模式”的取值及含义如表 10.1 所示。

表 10.1 “文件使用模式”的取值及含义

文件使用模式	处理方式	指定文件不存在时	指定文件存在时
"r"	读取（文本文件）	出错	正常打开
"w"	写入（文本文件）	建立新文件	文件原有内容丢失
"a"	追加（文本文件）	建立新文件	在文件原有内容末尾追加
"rb"	读取（二进制文件）	出错	正常打开
"wb"	写入（二进制文件）	建立新文件	文件原有内容丢失
"ab"	追加（二进制文件）	建立新文件	在文件原有内容末尾追加
"r+"	读取/写入（文本文件）	出错	正常打开
"w+"	写入/读取（文本文件）	建立新文件	文件原有内容丢失

（续表）

文件使用模式	处理方式	指定文件不存在时	指定文件存在时
"a+"	读取/追加（文本文件）	建立新文件	在文件原有内容末尾追加
"rb+"	读取/写入（二进制文件）	出错	正常打开
"wb+"	写入/读取（二进制文件）	建立新文件	文件原有内容丢失
"ab+"	读取/追加（二进制文件）	建立新文件	在文件原有内容末尾追加

文件使用方式由r、w、a、b和+共5个字符拼成，各字符的含义如下所示。

- r（read）：读操作。
- w（write）：写操作。
- a（append）：追加操作。
- b（binary）：二进制文件。
- +：读和写操作。

凡用"r"打开一个文件时，该文件必须已经存在，且只能从该文件读出。用"w"打开的文件只能向该文件写入。若打开的文件不存在，则以指定的文件名建立该文件；若打开的文件已经存在，则将该文件删去，重建一个新文件。若要向一个已经存在的文件追加新的信息，只能用"a"方式打开文件。

在打开一个文件时，如果出错，fopen()函数将返回一个空指针值 NULL。在程序中可以用这一信息来判断是否完成打开文件的工作，并进行相应的处理。因此常用以下程序段打开文件：

```
if  ((fp=fopen("D:\\Data\\stud.dat","r"))==NULL)
{
    printf("不能打开文件\n");
    exit(0);
}
else
…                         /*从文件中读取数据*/
```

这段程序的意义是，如果返回的指针为空，表示不能打开 D 盘 Data 目录下的 stud.dat 文件，并给出相应的提示信息，执行 exit(0)（该函数原型包含在 stdlib.h 头文件中）退出程序。

【例 10.1】编写一个程序，打开二进制文件 rsda，用于文件写操作。

【解】用 fopen()函数打开文件，若返回 NULL，表示不能打开该文件；否则表示文件打开成功。程序如下：

```
/*文件名：lx10_1.cpp*/
#include <stdio.h>
#include<stdlib.h>
main()
{
FILE *fp;
fp=fopen("C:\\rsda","ab+");
  /*以追加方式打开二进制文件 c:\rsda，可读可写，若此文件不存在，会创建此文件*/
  if(fp==NULL)
    printf("\n=====>can not open file!\n");
}
```

10.2.2 文件的关闭

当对文件的读/写操作完成后，必须将其关闭，使文件指针变量与关联的文件脱离联系，以便可以重新分配文件指针变量去指向其他文件。若对文件的使用模式为“写”方式，则系统首先把文件缓冲区中剩余数据全部输出到文件中，然后使两者脱离联系。由此可见，在完成了对文件的操作之后，应当关闭文件，否则文件缓冲区中的剩余数据将会丢失。

关闭文件的一般使用格式如下：

```
fclose(文件指针变量);
```

其中，“文件指针变量”是已经打开过的文件指针。

执行本函数时，若文件关闭成功，则返回 0，否则返回 EOF（-1）。

10.3 文件的顺序读写

文件的顺序读写是指将文件从头到尾逐个数据读出或写入。文件的读写是通过读写函数实现的，下面分别介绍这些函数。

10.3.1 文件的字符读/写函数

字符读写函数是以字符为单位的读写函数。每次可从文件读出或向文件写入一个字符。

1. 读字符函数 fgetc()

fgetc()函数的功能是从指定的文件中读取一个字符，其一般调用格式如下：

```
字符变量=fgetc(文件指针变量);
```

其中，“文件指针变量”是已打开过的文件指针变量。其功能是从指定的文件中读取一个字符并送入到指定的字符变量中。例如：

```
char ch;
ch=fgetc(fp);
```

其功能是从 fp 指向的文件中读取一个字符并送入 ch 变量中。

执行本函数时，当读到文件末尾或者出错时，该函数返回一个文件结束标志 EOF(-1)。

在 fgetc()函数调用中，读取的文件必须是以读或读写方式打开的。读取字符的结果也可以不向字符变量赋值。例如：

```
fgetc(fp);
```

但是在这种情况下，读出的字符不能保存。

在文件内部有一个位置指针，用来指向文件的当前读写字节。应注意文件指针变量和文件内部的位置指针不是一回事。文件指针变量是指向整个文件的，需在程序中定义声明，只要不重新赋值，文件指针变量的值是不变的。文件内部的位置指针用以指示文件内部的当前读写位置，每读写一次，该指针就会向后移动，不需在程序中定义，而是由系统自动设置。

【例 10.2】编写一个程序，用于显示指定的文本文件的内容，每 20 行暂停一下。

【解】以"r"模式打开指定的文件，采用循环方式，从指定的文件中逐个读出字符并输出到屏幕上，直到文件结束。程序如下：

```
/*文件名：lx10_2.cpp*/
#include <stdio.h>
#include<stdlib.h>
main()
{
    int rows=0;
    char fname[20],ch;
    FILE *fp;
    printf("输入文件名:");
    scanf("%s",fname);              /*接收用户输入的一个字符串*/
    if ((fp=fopen(fname,"r"))==NULL)
    {
        printf("不能打开%s 文件\n",fname);
        exit(0);
    }
    while ((ch=fgetc(fp))!=EOF)
    {
        printf("%c",ch);
        if (ch=='\n')               /*遇到换行符*/
        {
            if (++rows%20==0)       /*显示 20 行后暂停一下*/
            {
                printf("...按任一键继续...");
                getchar();
            }
        }
    }
    fclose(fp);
}
```

【例 10.3】编写一个程序，用于统计指定的文本文件中大写字母、小写字母、数字字符和其他字符的个数。

【解】以"r"模式打开指定的文件，采用循环方式，从指定的文件中逐个读出字符，判断属于哪类字符，并将该类字符的计数器增 1，直到文件结束，最后输出这些计数器的值。程序如下：

```
/*文件名：lx10_3.cpp*/
#include <stdio.h>
#include<stdlib.h>
void st(FILE *fp1);
main()
{
```

```
    char fname[20];
    FILE *fp;
    printf("输入文件名:");
    scanf("%s",fname);       /*接收用户输入的一个字符串*/
    if ((fp=fopen(fname,"r"))==NULL)
    {
        printf("不能打开%s 文件\n",fname);
        exit(0);
    }
    st(fp);                  /*以 fp 为实参调用 st()函数*/
    fclose(fp);
}
void st(FILE *fp1)
{
    int a=0,b=0,c=0,d=0;
                             /*分别为大写字母、小写字母、数字字符和其他字符的计数器*/
    char ch;
    while ((ch=fgetc(fp1))!=EOF)
    {
        if (ch>='A' && ch<='Z')
            a++;
        else if (ch>='a' && ch<='z')
            b++;
        else if (ch>='0' && ch<='9')
            c++;
        else
            d++;
    }
    printf("大写字母个数:%d\n",a);
    printf("小写字母个数:%d\n",b);
    printf("数字字符个数:%d\n",c);
    printf("其他字符个数:%d\n",d);
}
```

2. 写字符函数 fputc()

fputc()函数的功能是把一个字符写入指定的文件中，函数调用的一般格式如下：

```
fputc(字符变量,文件指针变量);
```

其中，“文件指针变量”是已打开过的文件指针变量。待写入的字符量可以是字符常量或变量。例如：

```
fputc('a',fp);
```

其功能是把字符'a'写入 fp 所指向的文件中。

说明 fputc()函数有一个返回值，如写入成功则返回写入的字符，否则返回一个 EOF(-1)。可以用这个函数的返回值来判断写入是否成功。

被写入的文件可以用写、读写、追加方式打开，用写或读写方式打开一个已经存在的文件时，文件的原有内容将被清除，从文件首开始写入字符。如果需保留原有文件的内容，希望写入的字符从文件末开始存放，则必须以追加方式打开文件。被写入的文件若不存在，则创建该文件。

每写入一个字符，文件内部位置指针向后移动一个字节。

【例 10.4】编写一个程序，有两个磁盘文件 A 和 B，各存放一行字母，要求把这两个文件中的信息合并（按字母顺序排列），输出到一个新文件 C 中。

【解】程序如下：

```
/*文件名：lx10_4.cpp*/
#include <stdio.h>
#include<stdlib.h>
main()
{ FILE *fp;
int i,j,n,ni;
char c[160],t,ch;
if((fp=fopen("A","r"))==NULL)
{printf("file A cannot be opened\n");
exit(0);}
printf("\n A contents are :\n");
for(i=0;(ch=fgetc(fp))!=EOF;i++)
{c[i]=ch;
putchar(c[i]);
}
fclose(fp);
ni=i;
if((fp=fopen("B","r"))==NULL)
{printf("file B cannot be opened\n");
exit(0);}
printf("\n B contents are :\n");
for(i=0;(ch=fgetc(fp))!=EOF;i++)
{c[i]=ch;
putchar(c[i]);
}
fclose(fp);
n=i;
for(i=0;i<n;i++)
for(j=i+1;j<n;j++)
if(c[i]>c[j])
{t=c[i];c[i]=c[j];c[j]=t;}
printf("\n C file is:\n");
fp=fopen("C","w");
for(i=0;i<n;i++)
{ putc(c[i],fp);
putchar(c[i]);
}
fclose(fp);
}
```

10.3.2 文件的字符串读/写函数

上一小节介绍了文件单个字符的输入/输出，显然，其操作效率不高，本小节讨论对文件进行字符串的输入/输出函数。

1. 读字符串函数 fgets()

与文件的读字符一样，读字符串是指从文件中读出一个字符串并将其保存到内存变量中。函数 fgets()用于读一个字符串。一般使用格式如下：

```
fgets(字符数组,n,文件指针变量);
```

其中，“文件指针变量”是已经打开过的文件指针变量，n 为正整数。该函数从指定的文件中读取 n 个字符，并将其保存到指定的字符数组中。当满足下列条件之一时，读取过程结束。

（1）已读取了 n-1 个字符。

（2）当前读取的字符是回车符。

（3）已读取到文件末尾。

说明 执行本函数，在成功时返回“字符数组”存储的字符串；否则返回 NULL(0)或文件结束标记 EOF(-1)。

【例 10.5】编写一个程序，加行号显示指定的文件内容。

【解】打开指定的文件，读取一行一行的字符，在输出到屏幕时，每行前显示一个行号。程序如下：

```
/*文件名：lx10_5.cpp*/
#include <stdio.h>
#include<stdlib.h>
main()
{
    char buff[256],fname[20];
    FILE *fp;
    int lcnt=1;                          /*行计数变量*/
    printf("输入文件名:");
    scanf("%s",fname);
    if ((fp=fopen(fname,"r"))==NULL)
    {
        printf("不能打开%s 文件\n",fname);
        exit(0);
    }
    while (fgets(buff,256,fp)!=NULL)
    {
        printf("%3d:%s",lcnt,buff);      /*行前显示行号*/
        if (lcnt % 20==0)                /*显示 20 行后暂停一下*/
        {
            printf("...按任意键继续...");
            getchar();
        }
        lcnt++;
    }
    fclose(fp);
}
```

2. 写字符串函数 fputs()

与文件的写字符一样，文件的写字符串是指将一个存放在内存变量中的字符串写到文件中。函数 fputs()用于写一个字符串。一般使用格式如下：

```
fputs(字符串,文件指针变量);
```

其中，“文件指针变量”是已经打开过的文件指针变量。该函数把“字符串”写入到指定的文件中去。

执行 fputs 函数，成功时返回 0；否则返回文件结束标志 EOF(-1)。

【例 10.6】编写一个程序，使用 fgets()/fputs()函数实现文件复制。

【解】程序如下：

```
/*文件名：lx10_6.cpp*/
#include <stdio.h>
#include<stdlib.h>
main()
{
    char buff[256];
    char sfile[20],tfile[20];
    FILE *fp1,*fp2;
    printf("输入源文件名:");
    scanf("%s",sfile);
    printf("输入目标文件名:");
    scanf("%s",tfile);
    if ((fp1=fopen(sfile,"r"))==NULL)
    {
        printf("不能打开%s 文件\n",sfile);
        exit(0);
    }
    if ((fp2=fopen(tfile,"w"))==NULL)
    {
        printf("不能建立%s 文件\n",tfile);
        exit(1);
    }
    while (fgets(buff,256,fp1))
        fputs(buff,fp2);
    fclose(fp1);
    fclose(fp2);
}
```

10.3.3 文件格式化读写

文件格式化读写是指不仅读写文件中的数据，还需要指定读写数据的格式。文件格式化读写只能读写文本文件的数据。

1. 格式化写函数 fprintf()

格式化写函数fprintf()按指定的格式将内存中的数据转换成对应的字符，并以 ASCII 码形式输出到文本文件中。fprintf()与 printf()函数相似，只是输出的内容将按格式存放在磁盘文件中。其一般使用格式如下：

```
fprintf(文件指针变量,格式串,输出项表);
```

其中，“文件指针变量”是已打开过的文件指针。该函数把格式化的数据写（输出）到指定的文件中去。“格式串”和“输出项表”的用法与 printf()函数相同。

执行 fprintf() 函数，成功时返回所写的字节数；若出错，则返回一个负数。

2. 格式化读函数 fscanf()

格式化读函数 fscanf()只能按指定的格式从文本文件读取数据存储到指定的变量中。fscanf()函数和 scanf()函数相似，只是读取的是磁盘中文本文件的数据而不是从键盘获取用户输入的数据。其一般使用格式如下：

```
fscanf(文件指针变量,格式串,输入项表);
```

其中，“文件指针变量”是已打开过的文件指针。该函数从指定的文件中格式化读取数据。其“格式串”和“输入项表”的用法与 scanf()函数相同。

执行 fprintf()函数，成功时返回读出的字段数，不包括数据分隔符；若读到文件末尾，则返回文件结束标志 EOF(-1)；若没有字段被读取，则返回 0 值。

用 fprintf()和 fscanf()函数对文件读写，使用方便，容易理解，但由于在输入时要将 ASCII 码转换成二进制形式，在输出时又要将二进制形式转换成字符，花费的时间比较多。因此，最好不使用 fprintf()和 fscanf()函数进行读写，而用 10.4.2 小节中介绍的 fread()和 fwrite()函数。

10.4 文件的随机读写

前面介绍的对文件的读写方式都是顺序读写，即读写文件只能从头开始，顺序读写各个数据。但在实际问题中有时需要只读写文件中某一指定的部分。为了解决这个问题，需要移动文件内部的位置指针到需要读写的位置，再进行读写，这种方式称为随机读写。实现随机读写的关键是移动文件位置指针，这称为文件的定位。

10.4.1 文件定位操作

前面介绍过，文件指针是指在程序中定义的 FILE 类型的变量，通过调用 fopen()函数给文件指针赋值，使文件指针和某个文件建立联系，C 程序中通过文件指针实现对文件的各种操作。

当通过 fopen()函数打开文件时，文件的位置指针总是指向文件的开头，即第一个数据之前。当位置指针指向文件末尾时，表示文件结束。当进行读操作时，总是从位置指针开始读其后的数据，然后位置指针移到尚未读的数据之前，以备指示下一次的读（或写）操作。当进行写操作时，总是从位置指针开始去写，然后移到将写入的数据之后，以备指示下一次的输出的起始位置。

1. 获取文件位置指针的当前值

ftell()函数用于获取文件位置指针的当前值，其一般使用格式如下：

```
ftell(文件指针变量);
```

其中，“文件指针变量”是已经打开过的文件指针。该函数返回的当前位置指针用相对于文件首的位移量来表示。

注意 执行 ftell()函数，成功时返回 0；否则返回一个非 0 值。

2. 移动文件位置指针

fseek()函数用来移动文件的位置指针到指定的位置上，然后从该位置进行读或写操作，从而实现对文件的随机读写功能。其一般使用格式如下：

```
fseek(文件指针变量，位移量,起始点);
```

其中，“文件指针变量”指向被移动的文件。“位移量”表示移动的字节数，要求位移量是 long 型数据，以便在文件长度大于 64KB 时不会出错。当用常量表示位移量时，需要加后缀 L。“起始点”表示从何处开始计算位移量，规定的起始点有 3 种：文件首、文件当前位置和文件尾，表 10.2 给出代表起始点的符号常量和数字，在 fseek 中两者均可使用。

表 10.2　起始点及其含义

数字	符号常量	代表的起始点
0	SEEK_SET	文件首
1	SEEK_CUR	文件当前位置
2	SEEK_END	文件末尾

fseek()函数一般用于二进制文件。因为文本文件读写时要进行转换，所以计算位置时往往会出现错误。

在对文件进行随机读写时，读写操作的位置与文件打开时选用的模式有关。用 fopen()函数打开文件，当“打开文件模式”为"w"、"r"、"w+"或"r+"时，在读写操作进行之前，位置指针位于文件首。

在读写操作之前，可以使用 fseek()函数指定一个位置开始进行读写操作。当使用"w+"或"r+"对文件既读取又写入时，由于位置指针只能指示其中一个位置，因此在读和写操作切换时，必须使用 fseek()函数指定读或写的位置。

当文件以追加方式"a"或"a+"打开时，文件读写中所有的写入操作都是从文件末尾开始的，尽管可以使用 fseek()函数把位置指针置于文件中的某个位置，但进行写入操作时，系统自动把位置指针移到文件末尾，而不能从任意位置写入。

【例 10.7】编写一个程序，输出用户指定文件的长度。

【解】先打开用户指定的文件，将位置指针移到文件末尾，此处返回的位置指针值即为该文件的长度。程序如下：

```
/*文件名: lx10_7.cpp*/
#include <stdio.h>
main()
{
    FILE *fp;
    char fname[20];
    printf("文件名:");
    scanf("%s",fname);
```

```
    if ((fp=fopen(fname,"r"))==NULL)
    {
        printf("不能打开文件%s\n",fname);
        return;
    }
    fseek(fp,0,SEEK_END);           /*位置指针移到文件末尾*/
    printf("%s 文件长度:%d 字节\n",fname,ftell(fp));
    fclose(fp);
}
```

3. 置文件位置指针于文件首

rewind()函数用于将位置指针置于文件首，其一般使用格式如下：

```
rewind(文件指针变量);
```

其中，“文件指针变量”是已经打开过的文件指针。该函数将文件指针重新指向文件的开头位置。

10.4.2 文件的随机读写函数

C 语言把文件看作是无结构的字节流，所以记录的说法在 C 语言中是不存在的。而程序员为满足特定应用程序的要求，提供的文件结构往往具有记录结构。

随机读写文件的记录通常具有固定的长度，这样才能做到直接而快速地访问到指定的记录。随机读写文件的意义可以用图 10.2 反映。

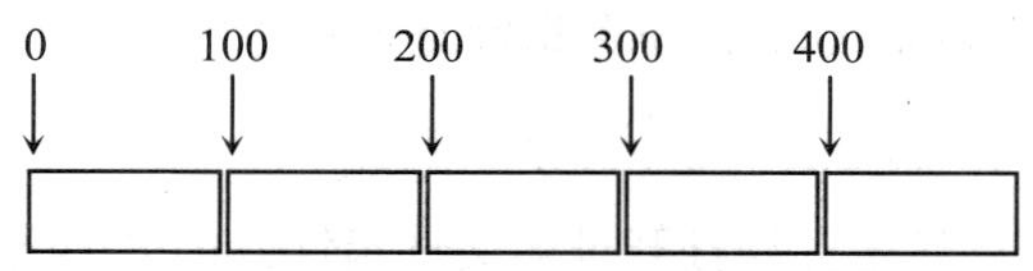

图 10.2 记录定长的随机读写文件

可以看到，每个记录为固定的 100 字节，这样，可以用 fseek()函数迅速定位到指定的某一个记录，实现对文件中指定记录的存取。C 语言提供的 fread()函数用于从文件中读取等长的数据块，fwrite()函数用于将一个固定长度的数据块写入文件中。需要说明的是，这两个函数是以二进制方式读写数据的，即用 fwrite()函数生成的文件是一个二进制文件，可以用 fread()函数读出并显示，但无法直接打开阅读。

1. 写数据块函数 fwrite()

写数据块函数 fwrite()的一般使用格式如下：

```
fwrite(buf,size,count,文件指针变量);
```

其中，buf 是输出数据在内存中存放的起始地址，即数据块指针；size 是要写入文件的字节数，即每个数据块的字节数；count 用来指定每次写入数据块的个数（每个数据块具有 size 个字节）；“文件指针变量”是已经打开过的文件指针。该函数的功能是将 buf 为首地址的内存中，取出 count 个数据块（每个数据块为 size 个字节），写入到指定的文件中。

执行 fwrite () 函数，成功时返回实际写入的数据块个数；出错时返回 0 值。

2. 读数据块函数 fread()

读数据块函数 fread()的一般使用格式如下：

```
fread(buf,size,count,文件指针变量);
```

其中，buf 是输入数据在内存中存放的起始地址；size 是要读取的字节数，即每个数据块的字节数；count 用来指定每次读取数据块的个数（每个数据块具有 size 个字节）；“文件指针变量”是已经打开过的文件指针。该函数的功能是在指定的文件中读取 count 个数据块（每个数据块为 size 个字节），存放到 buf 指定的内存单元地址中去。

执行 fread () 函数，成功时返回实际读出的数据块个数；在出错或遇到文件末尾时返回 0。

10.5 文件检测函数

10.5.1 feof()函数

文件结束检测函数 feof()用于确定位置指针是否到达文件末尾。其一般使用格式如下：

```
feof(文件指针变量);
```

其中，“文件指针变量”是已经打开过的文件指针。feof()函数既可用以判断二进制文件又可用以判断文本文件。

执行 feof () 函数时，若文件试图读过文件末尾，则返回一个非 0 值；否则返回 0 值。

【例 10.8】编写一个程序，用于显示指定的文本文件的内容。

【解】其过程与例 10.2 相似，在这里用 feof()函数检测读字符是否结束。程序如下：

```
/*文件名：lx10_8.cpp*/
#include <stdio.h>
#include<stdlib.h>
main()
{
    FILE *fp;
    char c,fname[20];
    printf("输入文件名:");
    scanf("%s",fname);                    /*接收用户输入的一个字符串*/
    if ((fp=fopen(fname,"r"))==NULL)
    {
        printf("不能打开文件%s\n",fname);
        exit(0);
    }
```

```
        while (!feof(fp))
        {
            c=fgetc(fp);
            putchar(c);
        }
    }
```

10.5.2 ferror()函数

检测文件输入/输出错误函数 ferror()用于检测文件是否错误。其一般使用格式如下：

```
ferror(文件指针变量);
```

其中，“文件指针变量”是已经打开过的文件指针。

> **说明** 执行 ferror()函数时，若文件无错则返回 0 值；否则返回非 0 值。对同一个文件每次调用输入/输出函数，均产生一个新的 ferror()函数值，因此，应当在调用一个输入/输出函数后立即检查 ferror()函数值，否则信息会丢失。

例如，在例 10.8 的程序中，可以在 while 循环中检测文件输入/输出是否有错误，该语句修改如下：

```
while (!feof(fp))
{
    c=fgetc(fp);
    if (ferror(fp))            /*若存在读错误，则提示信息并退出循环*/
    {
        printf("文件读错误\n");
        break;
    }
    putchar(c);
}
```

10.6 上机实训 10：读取文件

实训内容

编写一个程序，打开一个文件，并将文件中的字符在显示器中输出。【本实训指导见附录 D】

实训提示

利用 fopen()函数打开文件，并利用 fgetc()函数获取文件中的字符。

10.7 小结

（1）文件是指存放在外部存储介质上的数据集合。为标识一个文件，每个文件都必须有一个文件名。凡是需要长期保存的数据，都必须以文件形式保存到外部存储介质上（硬盘、软盘或磁带等）。

（2）在 C 语言中，从用户的角度看，文件可以分为普通文件和设备文件两种；从文件的读写方式来看，文件可以分为顺序读写文件和随机读写文件；从文件编码的方式来看，文件可以分为 ASCII 码文件和二进制码文件两种。

（3）文件指针变量和文件位置指针的区别：文件指针变量是指向整个文件的，需要在程序中定义声明（声明为 FILE 指针变量），只要不重新赋值，文件指针变量的值是不变的。文件位置指针用以指示文件内部的当前读写位置，每读写一次，该指针就会向后移动，文件位置指针不需在程序中定义，而是由系统自动设置。

（4）文件打开和关闭函数。

- 文件打开函数：fopen()。
- 文件关闭函数：fclose()。

（5）文件的顺序读写函数。

- 读写文件中的一个字符：fgetc()和 fputc()。
- 读写文件中的一个字符串：fgets()和 fputs()。
- 对文件进行格式化读写：fscanf()和 fprintf()。

（6）文件的随机读写函数。

- 读写文件中的一个数据块 fread()和 fwrite()。

（7）文件位置指针操作函数。

- 文件位置指针随机移动函数：fseek()。
- 文件位置指针置文件首函数：rewind()。
- 返回文件位置指针的当前位置：ftell()。

（8）文件检测函数。

- 文件结束检测函数：feof()。
- 检测文件输入/输出错误函数：ferror()。

10.8 课后习题

10.8.1 单项选择题

（1）若要打开 C 盘上的 user 子目录下名为 abc．txt 的文本文件进行读、写操作，下面符合此要求的函数调用是________。

A. fopen("C：\user\abc．txt"，"r")

B. fopen("C：\\user\\abc.txt"，"r+")

C. fopen("C：\user\abc.txt"，"rb")

D. fopen("C：\\user\\abc.txt"，"w")

（2）以下叙述中错误的是_______。

A. 二进制文件打开后可以先读文件的末尾，而顺序文件不可以

B. 在程序结束时，应当用 fclose 函数关闭已打开的文件

C. 利用 fread 函数从二进制文件中读数据，可以用数组名给数组中所有元素读入数据

D. 不可以用 FILE 定义指向二进制文件的文件指针

（3）阅读下面程序，程序实现的功能是（a123.txt 在当前盘符下已经存在）_______。

```
#include "stdio.h"
   void main()
   {FILE *fp;
   int a[10],*p=a;
   fp=fopen("a123.txt","w");
   while( strlen(gets(p))>0 )
   { fputs(a,fp);
   fputs("\n",fp);}
   fclose(fp);}
```

A. 从键盘输入若干行字符，按行号倒序写入文本文件 a123.txt 中

B. 从键盘输入若干行字符，取前 2 行写入文本文件 a123.txt 中

C. 从键盘输入若干行字符，第一行写入文本文件 a123.txt 中

D. 从键盘输入若干行字符，依次写入文本文件 a123.txt 中

（4）假定当前盘符下有两个文本文件，如下

文件名： a1.txt； a2.txt

内容： 123#； 321#

则下面程序段执行后的结果为_______。

```
#include "stdio.h"
   void fc(FILE *p)
   { char c;
   while((c=fgetc(p))!='#')putchar(c);}
   main()
   { FILE *fp;
   fp=fopen("a1.txt","r");
   fc(fp);
   fclose(fp);
   fp=fopen("a2.txt","r");
   fc(fp);
   fclose(fp);
   putchar('\n');}
```

A. 123321

B. 123

C. 321

D. 以上答案都不正确

（5）下面的程序执行后，文件 test 中的内容是_______。

```
#include
```

```
    void fun(char *fname,char *st)
    { FILE *myf; int i;
    myf=fopen(fname,"w" );
for(i=0;i <strlen(st);i++)
fputc(st[i],myf);
    fclose(myf);}
    main()
    { fun("test","new world"); fun("test","hello,");return 0;}
```

A. hello

B. new world hello

C. new world

D. hello,rld

（6）若调用 fputc 函数输出字符成功，则其返回值是_______。

A. EOF　　B. 1　　C. 0　　D. 输出的字符

（7）已知函数的调用形式：fread(buffer,size,count,fp)；其中 buffer 代表的是_______。

A. 一个整型变量，代表要读入的数据项总数

B. 一个文件指针变量，指向要读的文件

C. 一个指针变量，指向要读入数据的存放地址

D. 一个存储区，存放要读的数据项

（8）如果需要打开一个已经存在的非空文件 Demo 进行修改，下面正确的选项是_______。

A. fp=fopen("Demo","r");

B. fp=fopen("Demo","ab+");

C. fp=fopen("Demo","w+");

D. fp=fopen("Demo","r+");

（9）以下程序的执行结果是_______。

```
#include <stdio.h>
main()
{
    int i,n;
    FILE *fp;
    if ((fp=fopen("temp","w+"))==NULL)
    {
        printf("不能建立 temp 文件\n");
        return;
    }
    for (i=1;i<=10;i++)
        fprintf(fp,"%3d",i);
    for (i=0;i<5;i++)
    {
        fseek(fp,i*6L,SEEK_SET);
        fscanf(fp,"%d",&n);
        printf("%3d",n);
    }
    printf("\n");
    fclose(fp);
}
```

A. 1 3 5 7 9

B. 2 4 6 8 10

C. 3 5 7 9 11

D. 1 2 3 4 5

（10）以下程序的功能是________。

```
#include "stdio.h"
   main(int argc,char *argv[])
   { FILE *p1,*p2;
   int c;
   p1=fopen(argv[1],"r");
   p2=fopen(argv[2],"a");
   c=fseek(p2,0L,2);
   while((c=fgetc(p1))!=EOF)fputc(c,p2);
   fclose(p1);
   fclose(p2);}
```

A. 实现将 p1 打开的文件中的内容复制到 p2 打开的文件

B. 实现将 p2 打开的文件中的内容复制到 p1 打开的文件

C. 实现将 p1 打开的文件中的内容追加到 p2 打开的文件内容之后

D. 实现将 p2 打开的文件中的内容追加到 p1 打开的文件内容之后

10.8.2 填空题

（1）以下程序的执行结果是________。

```
#include <stdio.h>
#include <stdlib.h>
main()
{
    int i,n;
    FILE *fp;
    if ((fp=fopen("temp","w+"))==NULL)
    {
        printf("不能建立 temp 文件\n");
        exit(0);
    }
    for (i=1;i<=10;i++)
       fprintf(fp,"%3d",i);
    for (i=0;i<10;i++)
    {
        fseek(fp,i*3L,SEEK_SET);
        fscanf(fp,"%d",&n);
        fseek(fp,i*3L,SEEK_SET);
        fprintf(fp,"%3d",n+10);
    }
    for (i=1;i<=5;i++)
    {
        fseek(fp,i*6L,SEEK_SET);
        fscanf(fp,"%d",&n);
        printf("%3d",n);
    }
    fclose(fp);
}
```

（2）函数 fgets(str,n,fp)的功能是________。

（3）下述程序向文件输出的结果是________。

```
#include
void main()
{  FILE*fp=fopen("TEST","wb");
fprintf(fp,"%d%5. 0f%c%d",58,76273. 0,'-',2278);
fclose(fp);
}
```

（4）若 f1 是指向某文件的指针，且已读到此文件的末尾，则函数 feof(f1)的返回值是________。

第 11 章 综合项目实训——设计与实现人事管理系统

前 10 章的内容基本涵盖了 C 语言程序设计的基础知识及其应用。本章给出了一个完整的项目实例——人事管理系统，来全面地指导读者如何综合运用 C 语言完成系统开发。从需求分析到最后的程序实现，本实例完全遵循软件工程开发的完整流程。

学习目标：掌握 C 语言程序设计的综合知识，熟悉软件开发流程，形成良好的编程思想。通过本章的实训，能够掌握基础应用程序的设计与实现。

本章知识点

- 需求陈述
- 功能描述
- 总体设计
- 程序实现

C Programming

11.1 需求陈述

随着企事业单位人力资源的日益庞大、复杂程度逐渐增强，人机作坊再也无法适应如今企事业单位的人事管理的要求了，取代的是运用各种领域的知识，结合计算机科学而开发的人事管理系统，来进行科学合理地管理企事业单位人事信息档案。计算机人事管理系统的应用，是现代企事业单位现代化管理工作中不可缺少的一部分，是适应现代企事业单位管理制度要求、推动企事业劳动人事管理走向科学化、规范化的必然要求。本章我们将重点介绍如何利用数组实现人事管理系统。

11.2 功能描述

整个人事管理系统由5大功能模块组成，如图11.1所示。

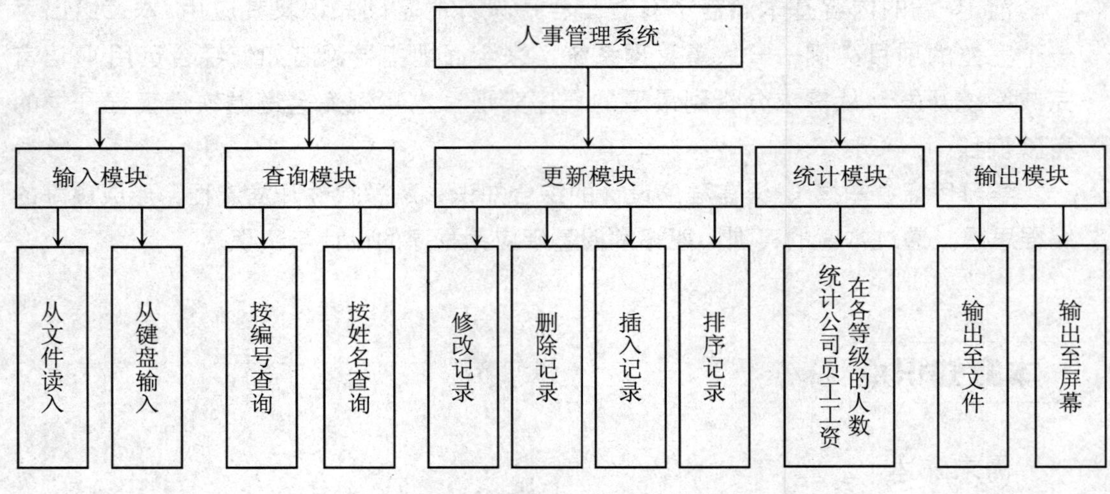

图11.1　人事管理系统功能模块图

（1）输入模块。输入模块主要完成将数据存入数组中的工作。记录可以从二进制形式存储的数据文件中读入，也可以从键盘逐个输入。

（2）查询模块。查询模块主要完成在数组中查找满足相关条件的记录。用户可以按照职工编号或姓名在数组中进行查找。

（3）更新模块。更新模块主要实现对记录的修改、删除、插入和排序。

（4）统计模块。统计模块主要完成对公司员工工资在各等级的人数统计。

（5）输出模块。实现对记录的存盘，并以表格形式将记录信息在屏幕上显示出来。

11.3 总体设计

11.3.1 功能模块设计

1. 主控 main()函数执行流程

人事管理系统主流程如图 11.2 所示。首先以可读写的方式打开数据文件，此文件默认为 c:\rsda，若该文件不存在，则新建此文件。当打开文件操作成功后，从文件中一次读取一条记录，添加到新建的数组中，然后执行显示主菜单和进入主循环的操作，进行按键判断。

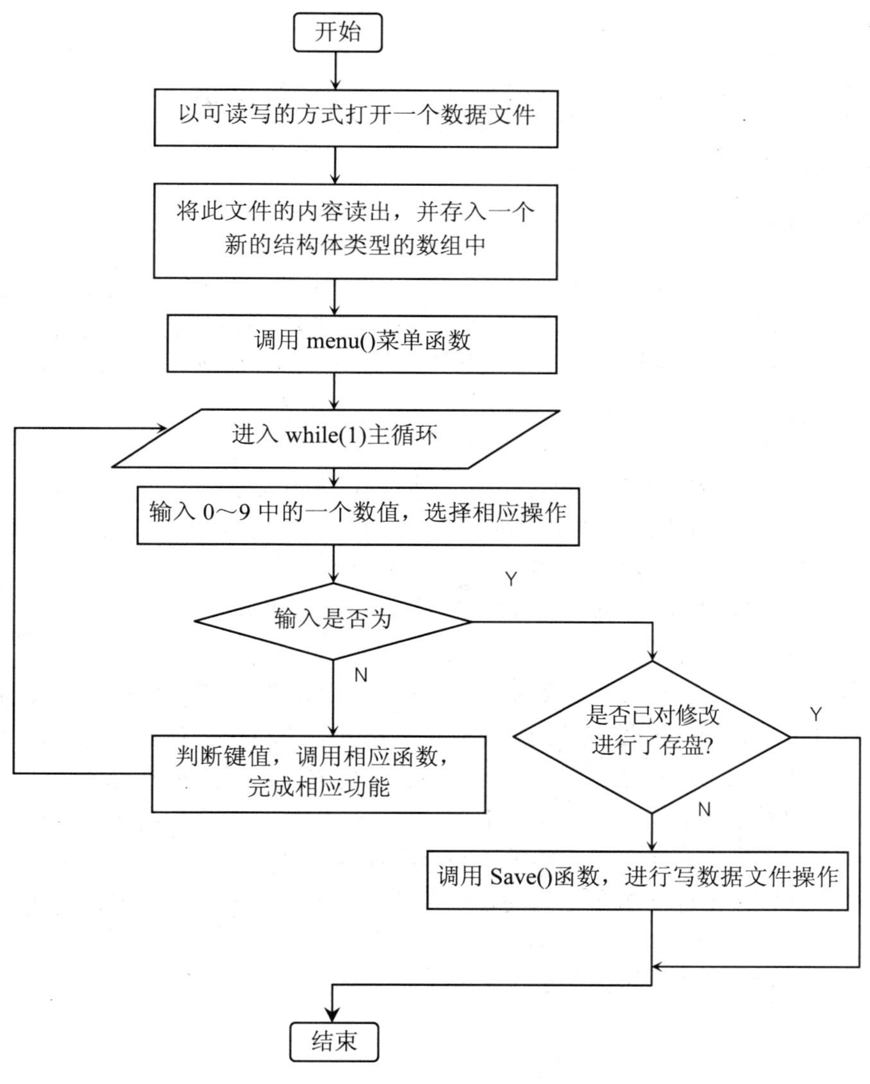

图 11.2 主控函数执行流程图

在判断键值时，有效输入为 0～9 之间的任意数值，其他输入都被视为错误按键。若输入 0，则会判断在对记录进行了更新操作之后是否进行了存盘操作，若未存盘，系统会提示用户是否需要进行数据存盘操作，用户输入 Y 或 y，系统会进行存盘操作。最后系统执行退出人事管理系统的操作。

在输入键值时，若选择 1，则调用 Add()函数，执行添加记录操作；若选择 2，则调用 Del()函数，执行删除记录操作；若选择 3，则调用 Qur()函数，执行查询记录操作；若选择 4，则调用 Modify()函数，执行修改记录操作；若选择 5，则调用 Insert()函数，执行插入记录操作；若选择 6，则调用 Tongji()函数，执行统计记录操作；若选择 7，则调用 Sort()函数，执行按降序排序记录的操作；若选择 8，则调用 Save()函数，执行存储记录的操作；若选择 9，则调用 Disp()函数，执行以表格形式打印输出记录至屏幕的操作；若输入 0～9 之外的值，则调用 Wrong()函数，给出按键错误的提示。

2. 输入模块

调用 fread(&da[count],sizeof(RSDA),1,fp)文件读取函数，执行一次从文件中读取一条记录存入数组元素的操作。若该文件没有数据，系统会提示数组为空，此时，用户调用 Add()函数，进行记录的输入。

3. 查询模块

调用函数 int Locate(RSDA tp[],char findmess[],char nameornum[])实现在数组中按职工编号或姓名查找满足相关条件的记录。参数 findmess[]保存要查找的具体内容，nameornum[]保存要查找的字段，若找到该记录，则返回指向该记录的数组元素下标，否则返回-1。

4. 更新模块

更新模块主要实现对记录的修改、删除、插入和排序操作。下面分别介绍这 4 个模块。

（1）修改记录。首先输入要修改的职工编号，然后调用定位函数 Locate()，在数组中逐个对职工编号字段的值进行比较，直到找到该职工编号的记录。若找到该记录，则修改除职工编号之外的各字段的值，并将存盘标记变量 saveflag 设置为 1，表示已经对记录进行了修改，但还未执行存盘操作。

（2）删除记录。首先输入要修改的职工编号或姓名，然后调用定位函数 Locate()找到该职工编号或姓名的记录，并返回指向该记录的数组元素下标。若找到该记录，则从该记录所在元素的后续元素起，依次向前移动一个元素的位置，数组元素个数减 1。

（3）插入记录。首先输入某个员工的职工编号，新的记录将插入在该记录之后；然后提示用户输入一条新的记录信息，这些信息保存在结构体类型的数组元素的各字段中；最后，将已经确认位置的职工编号之后的记录各往后移动一个元素的位置，新元素插入在该记录编号之后。

（4）排序记录。采用冒泡排序法按实发工资从高到低的顺序对记录进行排序。

5. 统计模块

对工资在各等级的人数进行统计。

6. 输出模块

调用 fwrite(&tp[i],sizeof(RSDA),1,fp)函数，将数组元素 tp[i]中各字段的值写入文件指针 fp 所指向的文件；当把记录输出至屏幕时，调用 void Disp()函数，将数组中的记录信息以表格的形式在屏幕上打印出来。

11.3.2 数据结构设计

本程序定义了结构体 employee，用于存放职工的基本信息和工资信息。

```
typedef struct employee        /*标记为 employee*/
{
char num[10];                  /*职工编号*/
char name[15];                 /*职工姓名*/
float jbgz;                    /*基本工资*/
float jj;                      /*奖金*/
float kk;                      /*扣款*/
float yfgz;                    /*应发工资*/
float sk;                      /*税款*/
float sfgz;                    /*实发工资*/
}RSDA;
```

其各字段的值的含义如下。

- num[10]：保存职工编号。
- name[15]：保存职工姓名。
- jbgz：保存职工基本工资。
- jj：保存职工奖金。
- kk：保存职工扣款。
- yfgz：保存职工应发工资。
- sk：保存职工税款。
- sfgz：保存职工实发工资。

11.3.3 函数功能描述

（1）printheader()

函数原型：void printheader()

printheader()函数用于在以表格形式显示记录时，打印输出表头信息。

（2）printdata()

函数原型：void printdata(RSDA pp)

printdata()函数用于以表格方式打印输出单个数组元素 pp 中的记录信息。

（3）Disp()

函数原型：void Disp()(RSDA tp[], int n)

Disp()函数用于显示 tp 数组中存储的 n 条记录，内容为 employee 结构中定义的内容。

（4）numberinput()

函数原型：float numberinput(char *notice)

numberinput()函数用于输入数值型数据，notice 用于保存 printf()中输出的提示信息。该函数返回用户输入的浮点类型数据值。

（5）stringinput()

函数原型：void stringinput(char*t, int lens, char*notice)

stringinput()函数用于输入字符串，并进行字符串长度验证（长度<lens），t 用于保存输入的字符串，因为是以指针形式传递的，所以 t 相当于该函数的返回值。notice 用于保存 printf()中输出的提示信息。

（6）Locate()

函数原型：int Locate(RSDA tp[], int n, char findmess[], char nameornum[])

Locate()函数用于定位数组中符合要求的元素，并返回该数组元素的下标值。参数 findmess[]保存要查找的具体内容，nameornum[]保存按什么字段在数组 tp 中查找。

（7）Add()

函数原型：int Add(RSDA tp[], int n)

Add()函数用于在数组 tp 中增加记录元素，并返回数组中的当前记录数。

（8）Qur()

函数原型：void Qur(RSDA tp[], int n)

Qur()函数用于在数组 tp 中按职工编号或姓名查找满足条件的记录，并显示出来。

（9）Del()

函数原型：int Del(RSDA tp[], int n)

Del()函数用于在数组 tp 中找到满足条件的记录，然后删除该记录。

（10）Modify()

函数原型：void Modify(RSDA tp[], int n)

Modify()函数用于在数组 tp 中修改记录元素。

（11）Insert()

函数原型：int Insert(RSDA tp[], int n)

Insert()函数用于在数组 tp 中插入记录，并返回数组中的当前记录数。

（12）Tongji()

函数原型：void Tongji(RSDA tp[], int n)

Tongji()函数用于在数组 tp 中完成记录的统计工作，统计该公司职工工资的整体分布情况。

（13）Sort()

函数原型：void Sort(RSDA tp[], int n)

Sort()函数用于在数组 tp 中完成利用冒泡排序算法实现数组的按实发工资的降序排序。

（14）Save()

函数原型：void Save(RSDA tp[], int n)

Save()函数用于将保存职工工资的数组 tp 中的 n 个元素写入磁盘的数据文件中。

（15）主函数 main()

main()是整个人事管理系统的控制部分。其详细说明可以参见图 11.2。

11.4 程序实现

11.4.1 完整代码

```
#include "stdio.h"        /*标准输入输出函数库*/
#include "stdlib.h"       /*标准函数库*/
#include "string.h"       /*字符串函数库*/
#include "conio.h"        /*屏幕操作函数库*/
#define HEADER1 "
-------------------------------RSDA------------------------------------------
---\n"
#define HEADER2 "| number|    name    | jbgz  |   jj   |   kk   |  yfgz |   sk
|  sfgz  | \n"
#define HEADER3
"|--------|-----------|--------|--------|--------|--------|--------|--------
----| \n"
#define FORMAT  "|%-8s|%-10s |%8.2f|%8.2f|%8.2f|%8.2f|%8.2f|%8.2f| \n"
#define DATA
p->num,p->name,p->jbgz,p->jj,p->kk,p->yfgz,p->sk,p->sfgz
#define END
"---------------------------------------------------------------------------
----- \n"
#define N 60
int saveflag=0;                /*是否需要存盘的标志变量*/
/*定义与职工有关的数据结构*/
typedef struct employee        /*标记为 employee*/
{
char num[10];                  /*职工编号*/
char name[15];                 /*职工姓名*/
float jbgz;                    /*基本工资*/
float jj;                      /*奖金*/
float kk;                      /*扣款*/
float yfgz;                    /*应发工资*/
float sk;                      /*税款*/
float sfgz;                    /*实发工资*/
}RSDA;

void menu()                    /*主菜单*/
{
system("cls");                 /*调用 DOS 命令，清屏.与 clrscr()功能相同*/

cprintf("                The Employee Management System \n");

cprintf("
*************************Menu********************************\n");

cprintf("     *  1 input   record          2 delete record           *\n");

cprintf("     *  3 search  record          4 modify record           *\n");

cprintf("     *  5 insert  record          6 count  record           *\n");

cprintf("     *  7 sort    record          8 save   record           *\n");

cprintf("     *  9 display record          0 quit   system           *\n");

cprintf("
*************************************************************\n");
/*cprintf()送格式化输出至文本窗口屏幕中*/
}
void printheader()             /*格式化输出表头*/
{
  printf(HEADER1);
  printf(HEADER2);
  printf(HEADER3);
}
```

```
void printdata(RSDA pp)  /*格式化输出表中数据*/
{
 RSDA* p;
 p=&pp;
 printf(FORMAT,DATA);

}

void Disp(RSDA tp[],int n)    /*显示数组tp[]中存储的记录，内容为employee结构
                                中定义的内容*/
{
int i;
if(n==0)                      /*表示没有职工工资记录*/
{
  printf("\n=====>Not employee record!\n");
  while(getchar()!='\n')
      continue;
  getchar();
  return;
}

printf("\n\n");
printheader();                /*输出表格头部*/
i=0;
while(i<n)                    /*逐条输出数组中存储的职工信息*/
{
  printdata(tp[i]);
  i++;
  printf(HEADER3);
}
while(getchar()!='\n')
continue;
getchar();
}

void Wrong()                  /*输出按键错误信息*/
{
printf("\n\n\n\n\n***********Error:input  has  wrong!  press  any  key  to
continue**********\n");
while(getchar()!='\n')
continue;
getchar();
}

void Nofind()                 /*输出未查找到此职工的信息*/
{
printf("\n=====>Not find this employee record!\n");
}

/**************************************************************
作用：用于定位数组中符合要求的记录，并返回保存该记录的数组元素下标值
参数：findmess[]保存要查找的具体内容；nameornum[]保存按什么在数组中查找
**************************************************************/
int Locate(RSDA tp[],int n,char findmess[],char nameornum[])
{
int i=0;
if(strcmp(nameornum,"num")==0)              /*按职工编号查询*/
{
  while(i<n)
   {
   if(strcmp(tp[i].num,findmess)==0)        /*若找到findmess值的职工编号*/
    return i;
    i++;
   }
}
else if(strcmp(nameornum,"name")==0)        /*按职工姓名查询*/
{
  while(i<n)
   {
   if(strcmp(tp[i].name,findmess)==0)       /*若找到findmess值的姓名*/
    return i;
    i++;
   }
```

```
}
return -1;                                  /*若未找到，返回一个整数-1*/
}


/*输入字符串，并进行长度验证(长度<lens)*/
void stringinput(char *t,int lens,char *notice)
{
   char n[255];
   do{
      printf(notice);                           /*显示提示信息*/
      scanf("%s",n);                            /*输入字符串*/
      if(strlen(n)>lens) printf("\n exceed the required length! \n");
                                                /*进行长度校验,超过 lens 值重新输入*/
     }while(strlen(n)>lens);
     strcpy(t,n);                               /*将输入的字符串复制到字符串 t 中*/

}

/*输入数值，0<=数值*/
float numberinput(char *notice)
{
  float t=0.00;
   do{
      printf(notice);                           /*显示提示信息*/
      scanf("%f",&t);                           /*输入如工资等数值型的值*/
      if(t<0) printf("\n score must >=0! \n");/*进行数值校验*/
   }while(t<0);
   return t;
}


 /*增加职工工资记录*/
int Add(RSDA tp[],int n)
{
 char ch,num[10];
 int i,flag=0;
 system("cls");
 Disp(tp,n);                                    /*先打印出已有的职工工资信息*/

 while(1)                                       /*一次可输入多条记录，直至输入职
                                                  工编号为 0 的记录结束添加操作*/
 {
  while(1)                                      /*输入职工编号，保证该编号没有
                                                  被使用，若输入编号为 0，则退
                                                  出添加记录操作*/
  {
stringinput(num,10,"input number(press '0'return menu):");
                                                /*格式化输入编号并检验*/
    flag=0;
if(strcmp(num,"0")==0)                          /*输入为 0，则退出添加操作，
                                                  返回主界面*/
      {return n;}
     i=0;
while(i<n)                                      /*查询该编号是否已经存在，若存
                                                  在则要求重新输入一个未被占用
                                                  的编号*/
    {
     if(strcmp(tp[i].num,num)==0)
     {
      flag=1;
      break;
      }
     i++;
    }

  if(flag==1)                                   /*提示用户是否重新输入*/
     {  getchar();
        printf("==>The number %s is existing,try again?(y/n):",num);
        scanf("%c",&ch);
        if(ch=='y'||ch=='Y')
         continue;
        else
```

```
            return n;
         }
   else
      {break;}
   }
   strcpy(tp[n].num,num);                          /*将字符串num复制到tp[n].num中*/
   stringinput(tp[n].name,15,"Name:");
   tp[n].jbgz=numberinput("jbgz:");                /*输入并检验基本工资*/
   tp[n].jj=numberinput("jiangjin:");              /*输入并检验奖金*/
   tp[n].kk=numberinput("koukuan:");               /*输入并检验扣款*/
   tp[n].yfgz=tp[n].jbgz+tp[n].jj-tp[n].kk;       /*计算应发工资*/
   tp[n].sk=tp[n].yfgz*0.12;                       /*计算税金，这里取应发工资的12%*/
   tp[n].sfgz=tp[n].yfgz-tp[n].sk;                 /*计算实发工资*/
   saveflag=1;
   n++;
   }
      return n;
}

/*按职工编号或姓名，查询记录*/
void Qur(RSDA tp[],int n)
{
int select;                                        /*1:按编号查，2：按姓名查，其
                                                     他：返回主界面（菜单）*/
char searchinput[20];                              /*保存用户输入的查询内容*/
int p=0;
if(n<=0)                                           /*若数组为空*/
{
  system("cls");
  printf("\n=====>No employee record!\n");
  getchar();
  return;
}
system("cls");
printf("\n     =====>1 Search by number  =====>2 Search by name\n");
printf("     please choice[1,2]:");
scanf("%d",&select);
if(select==1)                                      /*按编号查询*/
 {

  stringinput(searchinput,10,"input the existing employee number:");
  p=Locate(tp,n,searchinput,"num");                /*在数组tp中查找编号为
                                                     searchinput值的元素，并返
                                                     回该数组元素的下标值*/
  if(p!=-1)                                        /*若找到该记录*/
  {
   printheader();
   printdata(tp[p]);
   printf(END);
   printf("press any key to return");
   getchar();
  }
  else
   Nofind();
   getchar();
}
else if(select==2)                                 /*按姓名查询*/
{
  stringinput(searchinput,15,"input the existing employee name:");
  p=Locate(tp,n,searchinput,"name");
  if(p!=-1)
  {
   printheader();
   printdata(tp[p]);
   printf(END);
   printf("press any key to return");
   getchar();
  }
  else
   Nofind();
   getchar();
}
else
```

```
  Wrong();
  getchar();

}

/*删除记录：先找到保存该记录的数组元素的下标值，然后在数组中删除该数组元素*/
int Del(RSDA tp[],int n)
{
int sel;
char findmess[20];
int p=0,i=0;
if(n<=0)
{ system("cls");
  printf("\n=====>No employee record!\n");
  getchar();
  return n;
}
system("cls");
Disp(tp,n);
printf("\n    =====>1 Delete by number       =====>2 Delete by name\n");
printf("    please choice[1,2]:");
scanf("%d",&sel);
if(sel==1)
{
  stringinput(findmess,10,"input the existing employee number:");
  p=Locate(tp,n,findmess,"num");
  getchar();
  if(p!=-1)
  {
   for(i=p+1;i<n;i++)                /*删除此记录，后面记录向前移*/
   {
    strcpy(tp[i-1].num,tp[i].num);
    strcpy(tp[i-1].name,tp[i].name);
    tp[i-1].jbgz=tp[i].jbgz;
    tp[i-1].jj=tp[i].jj;
    tp[i-1].kk=tp[i].kk;
    tp[i-1].yfgz=tp[i].yfgz;
    tp[i-1].jbgz=tp[i].sk;
    tp[i-1].sfgz=tp[i].sfgz;
    }
    printf("\n==>delete success!\n");
    n--;
    getchar();
    saveflag=1;
   }
  else
   Nofind();
   getchar();
 }
else if(sel==2)                     /*先按姓名查询到该记录所在的数组元素的下标值*/
{
  stringinput(findmess,15,"input the existing employee name:");
  p=Locate(tp,n,findmess,"name");
  getchar();
  if(p!=-1)
  {
   for(i=p+1;i<n;i++)                /*删除此记录，后面记录向前移*/
   {
    strcpy(tp[i-1].num,tp[i].num);
    strcpy(tp[i-1].name,tp[i].name);
    tp[i-1].jbgz=tp[i].jbgz;
    tp[i-1].jj=tp[i].jj;
    tp[i-1].kk=tp[i].kk;
    tp[i-1].yfgz=tp[i].yfgz;
    tp[i-1].jbgz=tp[i].sk;
    tp[i-1].sfgz=tp[i].sfgz;
    }
    printf("\n=====>delete success!\n");
    n--;
    getchar();
    saveflag=1;
  }
  else
   Nofind();
```

```
    getchar();
  }
   return n;
  }

/*修改记录：先按输入的职工编号查询到该记录，然后提示用户修改编号之外的值，编号不能修改*/
void Modify(RSDA tp[],int n)
{
char findmess[20];
int p=0;
if(n<=0)
{ system("cls");
  printf("\n=====>No employee record!\n");
  getchar();
  return ;
}
system("cls");
printf("modify employee recorder");
Disp(tp,n);
stringinput(findmess,10,"input the existing employee number:");
                                              /*输入并检验该编号*/
p=Locate(tp,n,findmess,"num");               /*查询到该数组元素,并返回下标值*/
if(p!=-1)                                     /*若p!=-1,表明已经找到该数组元素*/
{
   printf("Number:%s,\n",tp[p].num);
   printf("Name:%s,",tp[p].name);
   stringinput(tp[p].name,15,"input new name:");

   printf("jbgz:%8.2f,",tp[p].jbgz);
   tp[p].jbgz=numberinput("jbgz:");

   printf("jiangjin:%8.2f,",tp[p].jj);
   tp[p].jj=numberinput("jiangjin:");

   printf("koukuan:%8.2f,",tp[p].kk);
   tp[p].kk=numberinput("koukuan:");

   tp[n].yfgz=tp[n].jbgz+tp[n].jj-tp[n].kk;
   tp[n].sk=tp[n].yfgz*0.12;
   tp[n].sfgz=tp[n].yfgz-tp[n].sk;
   printf("\n=====>modify success!\n");
   getchar();
   Disp(tp,n);
   getchar();
   saveflag=1;
}
else
  {Nofind();
   getchar();
  }
return ;
}

/*插入记录:按职工编号查询到要插入的数组元素的位置，然后在该编号之后插入一个新数组元素*/
int Insert(RSDA tp[],int n)
{
   char ch,num[10],s[10];  /*s[]保存插入点位置之前的编号,num[]保存输入的新记录的编号*/
   RSDA newinfo;
   int flag=0,i=0,kkk=0;
   system("cls");
   Disp(tp,n);
   while(1)
   { stringinput(s,10,"please input insert location  after the Number:");
     flag=0;i=0;
     while(i<n)                     /*查询该编号是否存在，flag=1 表示该编号存在*/
     {
      if(strcmp(tp[i].num,s)==0)  {kkk=i;flag=1;break;}
      i++;
     }
      if(flag==1)
        break;                      /*若编号存在，则进行插入之前的新记录输入操作*/
     else
     {  getchar();
        printf("\n=====>The number %s is not existing,try again?(y/n):",s);
```

```
        scanf("%c",&ch);
        if(ch=='y'||ch=='Y')
         {continue;}
        else
          {return n;}
      }
   }
  /*以下新记录的输入操作与Add()相同*/

  while(1)
  { stringinput(num,10,"input new employee Number:");
    i=0;flag=0;
    while(i<n)                    /*查询该编号是否存在，flag=1 表示该编号存在*/
     {
      if(strcmp(tp[i].num,num)==0)  {flag=1;break;}
      i++;
     }
       if(flag==1)
      {
       getchar();
       printf("\n=====>Sorry,The number %s is existing,try again?(y/n):",num);
       scanf("%c",&ch);
       if(ch=='y'||ch=='Y')
       {continue;}
       else
       {return n;}
      }
     else
      break;
  }

  strcpy(newinfo.num,num);        /*将字符串 num 复制到 newinfo.num 中*/
  stringinput(newinfo.name,15,"Name:");
  newinfo.jbgz=numberinput("jbgz:");                 /*输入并检验 jbgz*/
  newinfo.jj=numberinput("jiangjin:");               /*输入并检验 jiangjin*/
  newinfo.kk=numberinput("koukuan:");                /*输入并检验 koukuan*/
  newinfo.yfgz=newinfo.jbgz+newinfo.jj-newinfo.kk;/*计算 yfgz*/
  newinfo.sk=newinfo.yfgz*0.12;                      /*计算 sk*/
  newinfo.sfgz=newinfo.yfgz-newinfo.sk;
  saveflag=1;                                        /*在 main()有对该全局变量
                                                       的判断，若为 1,则进行存盘
                                                       操作*/

 for(i=n-1;i>kkk;i--)                                /*从最后一个数组元素开始
                                                       往向移动一个元素的位置*/
 { strcpy(tp[i+1].num,tp[i].num);
   strcpy(tp[i+1].name,tp[i].name);
   tp[i+1].jbgz=tp[i].jbgz;
   tp[i+1].jj=tp[i].jj;
   tp[i+1].kk=tp[i].kk;
   tp[i+1].yfgz=tp[i].yfgz;
   tp[i+1].sk=tp[i].sk;
   tp[i+1].sfgz=tp[i].sfgz;
 }
   strcpy(tp[kkk+1].num,newinfo.num);                /*在 kkk 的元素位置后插入
                                                       新记录*/
   strcpy(tp[kkk+1].name,newinfo.name);
   tp[kkk+1].jbgz=newinfo.jbgz;
   tp[kkk+1].jj=newinfo.jj;
   tp[kkk+1].kk=newinfo.kk;
   tp[kkk+1].yfgz=newinfo.yfgz;
   tp[kkk+1].sk=newinfo.sk;
   tp[kkk+1].sfgz=newinfo.sfgz;
   n++;
   Disp(tp,n);
   printf("\n\n");
   getchar();
   return n;
}

/*统计公司的员工的工资在各等级的人数*/
void Tongji(RSDA tp[],int n)
{
```

```
int count10000=0,count5000=0,count2000=0,count0=0;
int i=0;
if(n<=0)
{ system("cls");
  printf("\n=====>Not employee record!\n");
  getchar();
  return ;
}
system("cls");
Disp(tp,n);
i=0;
while(i<n)
{
  if(tp[i].sfgz>=10000) {count10000++;i=i+1;continue;}     /*实发工资>10000*/
  if(tp[i].sfgz>=5000)  {count5000++;i=i+1;continue;}      /*5000≤实发工资
                                                             <10000*/
  if(tp[i].sfgz>=2000)  {count2000++;i=i+1;continue;}      /*2000≤实发工资
                                                             <5000*/
  if(tp[i].sfgz<2000)   {count0++;i=i+1;continue;}         /*实发工资<2000*/

}
printf("\n-------------------------------the   TongJi   result-----------------
----------------\n");
printf("sfgz>=    10000:%d (ren)\n",count10000);
printf("5000<=sfgz<10000:%d (ren)\n",count5000);
printf("2000<=sfgz< 5000:%d (ren)\n",count2000);
printf("sfgz<      2000:%d (ren)\n",count0);
printf("----------------------------------------------------------------------
-----------\n");
printf("\n\npress any key to return");
getchar();
}

/*利用冒泡排序法实现数组的按实发工资字段的降序排序，从高到低*/
void Sort(RSDA tp[],int n)
{
int i=0,j=0,flag=0;
RSDA newinfo;
if(n<=0)
{ system("cls");
  printf("\n=====>Not employee record!\n");
  getchar();
  return ;
}
system("cls");
Disp(tp,n);  /*显示排序前的所有记录*/
for(i=0;i<n;i++)
{
  flag=0;
  for(j=0;j<n-1;j++)
   if((tp[j].sfgz<tp[j+1].sfgz))
    { flag=1;
      strcpy(newinfo.num,tp[j].num);  /*利用结构变量 newinfo 实现数组元素的交换*/
      strcpy(newinfo.name,tp[j].name);
      newinfo.jbgz=tp[j].jbgz;
      newinfo.jj=tp[j].jj;
      newinfo.kk=tp[j].kk;
      newinfo.yfgz=tp[j].yfgz;
      newinfo.sk=tp[j].sk;
      newinfo.sfgz=tp[j].sfgz;

      strcpy(tp[j].num,tp[j+1].num);
      strcpy(tp[j].name,tp[j+1].name);
      tp[j].jbgz=tp[j+1].jbgz;
      tp[j].jj=tp[j+1].jj;
      tp[j].kk=tp[j+1].kk;
      tp[j].yfgz=tp[j+1].yfgz;
      tp[j].sk=tp[j+1].sk;
      tp[j].sfgz=tp[j+1].sfgz;

      strcpy(tp[j+1].num,newinfo.num);
      strcpy(tp[j+1].name,newinfo.name);
      tp[j+1].jbgz=newinfo.jbgz;
      tp[j+1].jj=newinfo.jj;
```

```
      tp[j+1].kk=newinfo.kk;
      tp[j+1].yfgz=newinfo.yfgz;
      tp[j+1].sk=newinfo.sk;
      tp[j+1].sfgz=newinfo.sfgz;
     }
     if(flag==0) break;/*若标记 flag=0，意味着没有交换了，排序已经完成*/
    }
      Disp(tp,n);  /*显示排序后的所有记录*/
      saveflag=1;
      printf("\n    =====>sort complete!\n");

}

/*数据存盘，若用户没有专门进行此操作且对数据有修改，在退出系统时， 会提示用户存盘*/
void Save(RSDA tp[],int n)
{
FILE* fp;
int i=0;
fp=fopen("c:\\rsda","wb");                          /*以只写方式打开二进制文件*/
if(fp==NULL)                                         /*打开文件失败*/
{
  printf("\n=====>open file error!\n");
  getchar();
  return ;
}
for(i=0;i<n;i++)
{
  if(fwrite(&tp[i],sizeof(RSDA),1,fp)==1)       /*每次写一条记录或一个结构数组元素
                                                   至文件*/
  {
   continue;
  }
  else
  {
   break;
  }
}
if(i>0)
{
  getchar();
  printf("\n\n=====>save file complete,total saved's record number is:%d\n",i);
  getchar();
  saveflag=0;
}
else
{system("cls");
 printf("the current link is empty,no employee record is saved!\n");
 getchar();
 }
fclose(fp);                                      /*关闭此文件*/
}


void main()
{
  RSDA gz[N];                                    /*定义 RSDA 结构体*/
  FILE *fp;                                      /*文件指针*/
  int select;                                    /*保存选择结果变量*/
  char ch;                                       /*保存(y, Y, n, N)*/
  int count=0;                                   /*保存文件中的记录条数（或元素个数）*/

  fp=fopen("C:\\rsda","ab+");
  /*以追加方式打开二进制文件 c:\zggz, 可读可写，若此文件不存在，则会创建此文件*/
  if(fp==NULL)
  {
    printf("\n=====>can not open file!\n");
    exit(0);
  }

while(!feof(fp))
{
   if(fread(&gz[count],sizeof(RSDA),1,fp)==1)       /*一次从文件中读取一条职工工资
                                                      记录*/
```

```
      count++;
   }
   fclose(fp);                                              /*关闭文件*/
   printf("\n==>open file sucess,the total records number is : %d.\n",count);
   getchar();
   menu();
   while(1)
   {
     system("cls");
     menu();
     printf("\n             Please Enter your choice(0~9):");
                                                            /*显示提示信息*/
     scanf("%d",&select);

    if(select==0)
    {
     if(saveflag==1)                                        /*若对数组的数据有修改且未进行
                                                              存盘操作，则此标志为 1*/
     { getchar();
       printf("\n==>Whether save the modified record to file?(y/n):");
       scanf("%c",&ch);
       if(ch=='y'||ch=='Y')
         Save(gz,count);
     }
     printf("\n===>thank you for useness!");
     getchar();
     break;
    }

    switch(select)
    {
    case 1:count=Add(gz,count);break;                      /*增加职工工资记录*/
    case 2:count=Del(gz,count);break;                      /*删除职工工资记录*/
    case 3:Qur(gz,count);break;                            /*查询职工工资记录*/
    case 4:Modify(gz,count);break;                         /*修改职工工资记录*/
    case 5:count=Insert(gz,count);break;                   /*插入职工工资记录*/
    case 6:Tongji(gz,count);break;                         /*统计职工工资记录*/
    case 7:Sort(gz,count);break;                           /*排序职工工资记录*/
    case 8:Save(gz,count);break;                           /*保存职工工资记录*/
    case 9:system("cls");Disp(gz,count);break;             /*显示职工工资记录*/
    default: Wrong();getchar();break;                      /*按键有误，数值必须为 0~9*/
    }
   }
  }
```

11.4.2 运行程序

1. 主界面

当用户进入人事管理系统时，其主界面如图 11.3 所示。此时，系统已将 c:\rsda 文件打开，若文件不为空，则将数据从文件中逐条记录读出，并写入数组中。用户可以选择 0~9 之间的数值，调用相应功能进行操作。当输入 0 时，退出管理系统。

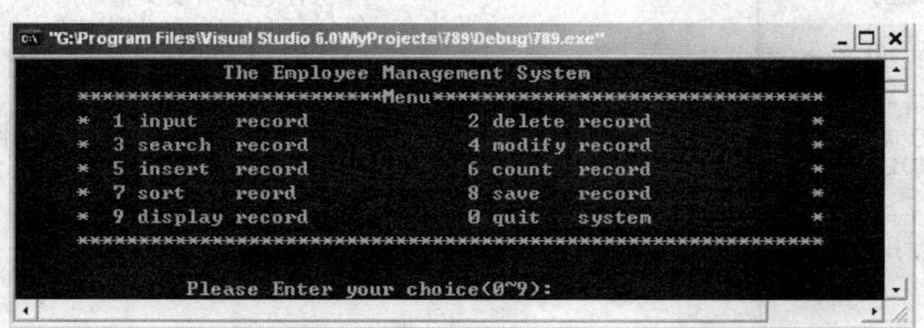

图 11.3　人事管理系统主界面

2. 输入记录

当用户输入 1 并按回车键后，进入数据输入界面，如图 11.4 所示。

```
"G:\Program Files\Visual Studio 6.0\MyProjects\789\Debug\789.exe"

=====>Not employee record!

input number(press '0'return menu):1
Name:nba
jbgz:20000
jiangjin:10000
koukuan:200
input number(press '0'return menu):2
Name:bbc
jbgz:18000
jiangjin:3000
koukuan:200
input number(press '0'return menu):
```

图 11.4　输入记录

3. 显示记录

当用户执行了输入记录或已经从数据文件中读取了记录之后，即可输入 9 并按回车键，查看数组中的记录情况，如图 11.5 所示。

```
"G:\Program Files\Visual Studio 6.0\MyProjects\789\Debug\789.exe"

-------------------------------------RSDA-------------------------------------
| number|    name    |   jbgz   |    jj    |    kk    |   yfgz   |    sk    |   sfgz   |
|-------|------------|----------|----------|----------|----------|----------|----------|
|1      |nba         |20000.00|10000.00|   200.00|29800.00|  3576.00|26224.00|
|-------|------------|----------|----------|----------|----------|----------|----------|
|2      |bbc         |18000.00|  3000.00|   200.00|20800.00|  2496.00|18304.00|
|-------|------------|----------|----------|----------|----------|----------|----------|
```

图 11.5　显示记录

4. 删除记录

当用户输入 2 并按回车键后，进入数据删除界面，如图 11.6 所示。这里删除了一条编号为 1 的记录。

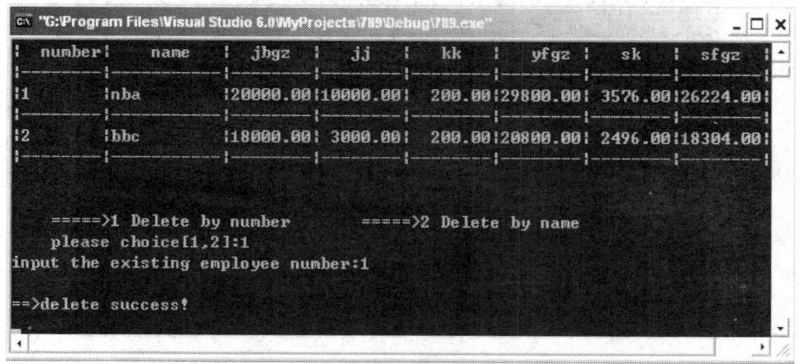

图 11.6　删除记录

5. 查找记录

当用户输入 3 并按回车键后，进入记录查找界面，如图 11.7 所示。

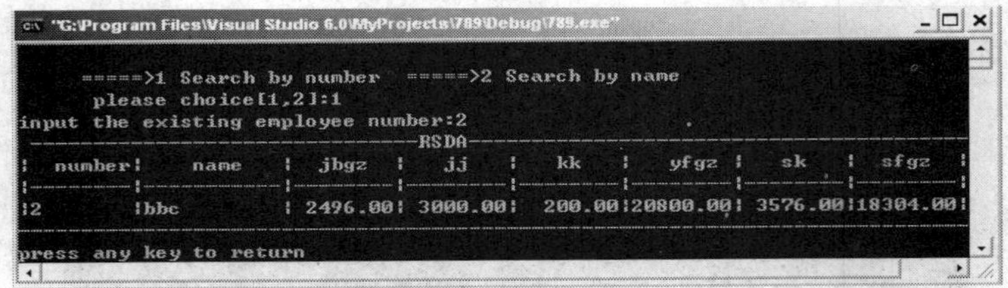
```
"G:\Program Files\Visual Studio 6.0\MyProjects\789\Debug\789.exe"
     =====>1 Search by number   =====>2 Search by name
       please choice[1,2]:1
input the existing employee number:2
--------------------------------RSDA--------------------------------
| number|    name    |  jbgz  |   jj   |   kk   |  yfgz  |   sk   |  sfgz  |
|2      |bbc         | 2496.00| 3000.00|  200.00|20800.00| 3576.00|18304.00|
press any key to return
```

图 11.7 查找记录

6. 修改记录

当用户输入 4 并按回车键后，进入记录修改界面，如图 11.8 所示，修改了职工编号为 2 的记录。

```
|2      |bbc         | 2496.00| 3000.00|  200.00|20800.00| 3576.00|18304.00|
|1      |cnn         | 6000.00| 2000.00|  300.00| 7700.00|  924.00| 6776.00|
|3      |times       | 7000.00| 3000.00| 2500.00| 7500.00|  900.00| 6600.00|

input the existing employee number:2
Number:2,
Name:bbc,input new name:nbc
jbgz: 2496.00,jbgz:2500
jiangjin: 3000.00,jiangjin:2000
koukuan:  200.00,koukuan:500

=====>modify success!

--------------------------------RSDA--------------------------------
| number|    name    |  jbgz  |   jj   |   kk   |  yfgz  |   sk   |  sfgz  |
|2      |nbc         | 2500.00| 2000.00|  500.00|20800.00| 3576.00|18304.00|
|1      |cnn         | 6000.00| 2000.00|  300.00| 7700.00|  924.00| 6776.00|
|3      |times       | 7000.00| 3000.00| 2500.00| 7500.00|  900.00| 6600.00|
```

图 11.8 修改记录

7. 插入记录

当用户输入 5 并按回车键后，进入记录插入界面，如图 11.9 所示。这里在职工编号为 1 的记录后插入了一条编号为 2 的记录。

```
--------------------------------RSDA--------------------------------
| number|    name    |  jbgz  |   jj   |   kk   |  yfgz  |   sk   |  sfgz  |
|1      |cnn         |  924.00| 2000.00|  300.00| 7700.00| 3576.00| 6776.00|
|3      |times       |  924.00| 3000.00| 2500.00| 7500.00|    0.00| 6600.00|

please input insert location  after the Number:1
input new employee Number:2
Name:bbc
jbgz:1000
jiangjin:600
koukuan:30

--------------------------------RSDA--------------------------------
| number|    name    |  jbgz  |   jj   |   kk   |  yfgz  |   sk   |  sfgz  |
|1      |cnn         |  924.00| 2000.00|  300.00| 7700.00| 3576.00| 6776.00|
|2      |bbc         | 1000.00|  600.00|   30.00| 1570.00|  188.40| 1381.60|
|3      |times       |  924.00| 3000.00| 2500.00| 7500.00|    0.00| 6600.00|
```

图 11.9 插入记录

8. 统计记录

当用户输入 6 并按回车键后，进入记录统计界面，如图 11.10 所示。

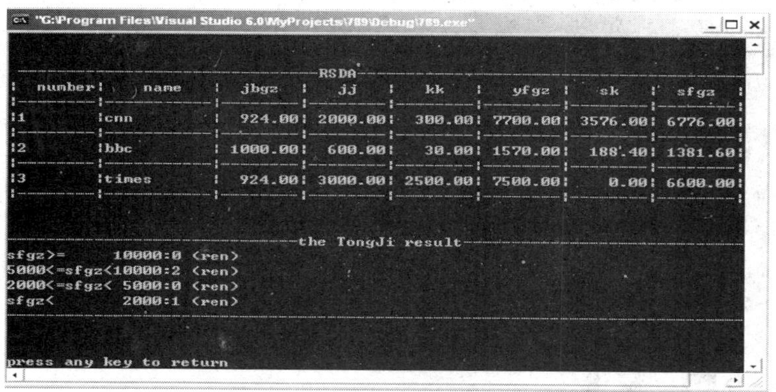

```
"G:\Program Files\Visual Studio 6.0\MyProjects\789\Debug\789.exe"
---------------------------------------RSDA---------------------------------------
| number|    name     |  jbgz   |   jj    |   kk    |  yfgz   |   sk    |  sfgz   |
|1      |cnn          |  924.00| 2000.00|  300.00| 7700.00| 3576.00| 6776.00|
|2      |bbc          | 1000.00|  600.00|   30.00| 1570.00|  188.40| 1381.60|
|3      |times        |  924.00| 3000.00| 2500.00| 7500.00|    0.00| 6600.00|

----------------------------the TongJi result----------------------------
sfgz>=      10000:0 (ren)
5000<=sfgz<10000:2 (ren)
2000<=sfgz< 5000:0 (ren)
sfgz<        2000:1 (ren)
--------------------------------------------------------------------------

press any key to return
```

图 11.10 统计记录

9. 排序记录

当用户输入 7 并按回车键后，进入记录排序界面，如图 11.11 所示，有排序前和排序后的记录输出结果。

```
"G:\Program Files\Visual Studio 6.0\MyProjects\789\Debug\789.exe"
---------------------------------------RSDA---------------------------------------
| number|    name     |  jbgz   |   jj    |   kk    |  yfgz   |   sk    |  sfgz   |
|1      |cnn          |  924.00| 2000.00|  300.00| 7700.00| 3576.00| 6776.00|
|2      |bbc          | 1000.00|  600.00|   30.00| 1570.00|  188.40| 1381.60|
|3      |times        |  924.00| 3000.00| 2500.00| 7500.00|    0.00| 6600.00|


---------------------------------------RSDA---------------------------------------
| number|    name     |  jbgz   |   jj    |   kk    |  yfgz   |   sk    |  sfgz   |
|1      |cnn          |  924.00| 2000.00|  300.00| 7700.00| 3576.00| 6776.00|
|3      |times        |  924.00| 3000.00| 2500.00| 7500.00|    0.00| 6600.00|
|2      |bbc          | 1000.00|  600.00|   30.00| 1570.00|  188.40| 1381.60|
```

图 11.11 排序记录

10. 保存记录

当用户输入 8 并按回车键后，进入记录保存界面，如图 11.12 所示。这里有 3 条记录已经存储至磁盘数据文件 rsda 中。

```
"G:\Program Files\Visual Studio 6.0\MyProjects\789\Debug\789.exe"
                The Employee Management System
    *************************Menu*************************
    *  1 input   record          2 delete record        *
    *  3 search  record          4 modify record        *
    *  5 insert  record          6 count  record        *
    *  7 sort    reord           8 save   record        *
    *  9 display record          0 quit   system        *
    ******************************************************

              Please Enter your choice(0~9):8

=====>save file complete,total saved's record number is:3
```

图 11.12 保存记录

第 12 章 课程设计

本章提供了两个课程设计——电话簿管理系统和学生成绩管理系统，并针对这两个课程设计选题，为读者提供详细的开发文档，从而指导读者完成课程设计、巩固 C 语言的知识。

本章知识点

- 电话簿管理系统
- 学生成绩管理系统

C Programming

12.1 电话簿管理系统

12.1.1 设计要求

随着科学技术的进步，电话簿管理系统在现代生活中越来越发挥着重要作用。本课程将设计一个电话簿管理系统，该系统具有输入、显示、查找、删除、插入、保存、读入、排序以及退出等功能，能够实现通讯录管理工作的系统化，为人们的工作和生活提供便利。

12.1.2 设计思路

电话簿管理系统主要利用数组来实现，其数组元素是结构体类型，整个系统由 4 大功能模块组成，如图 12.1 所示。

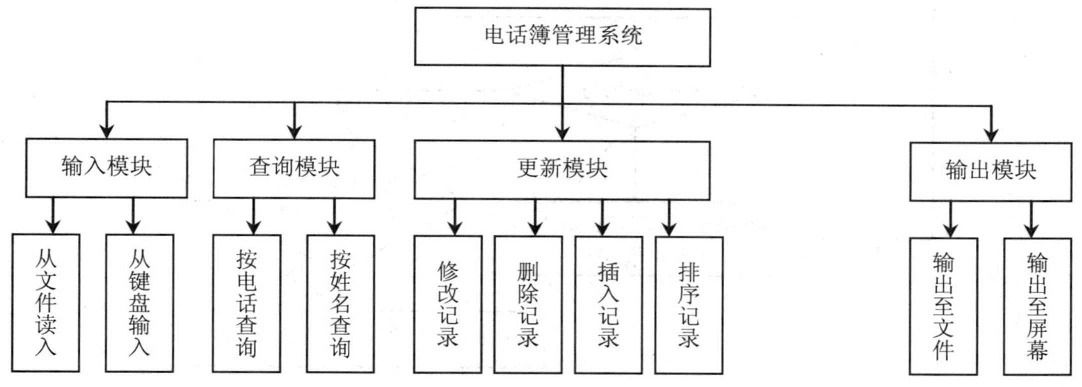

图 12.1　电话簿管理系统功能模块图

（1）输入模块。输入模块主要完成将数据存入数组中的工作。记录可以从以文本形式存储的数据文件中读入，也可以从键盘逐个输入。记录由与联系人有关的基本信息字段构成。

（2）查询模块。查询模块主要完成在数组中查找满足相关条件的记录。用户可以按照联系人姓名或联系人电话号码在数组中进行查找。

（3）更新模块。更新模块主要实现对记录的修改、删除、插入和排序。在进行更新操作之后，需要将修改的数据存入源数据文件。

（4）输出模块。实现对记录的存盘，并以表格形式将记录信息在屏幕上打印出来。

12.1.3 设计方法

1. 程序执行流程图

电话簿管理系统主流程如图 12.2 所示。先以可读写的方式打开文本类型数据文件，此文件默认为 c:\telephon，若该文件不存在，则新建此文件。当打开文件操作成功后，从文件中一次读出一条记录，添加到新建的数组中，然后执行显示主菜单和进入主循环操作，进行按键判断。文本类型文件可以使用 Windows 自带的记事本打开和查看文件内容。

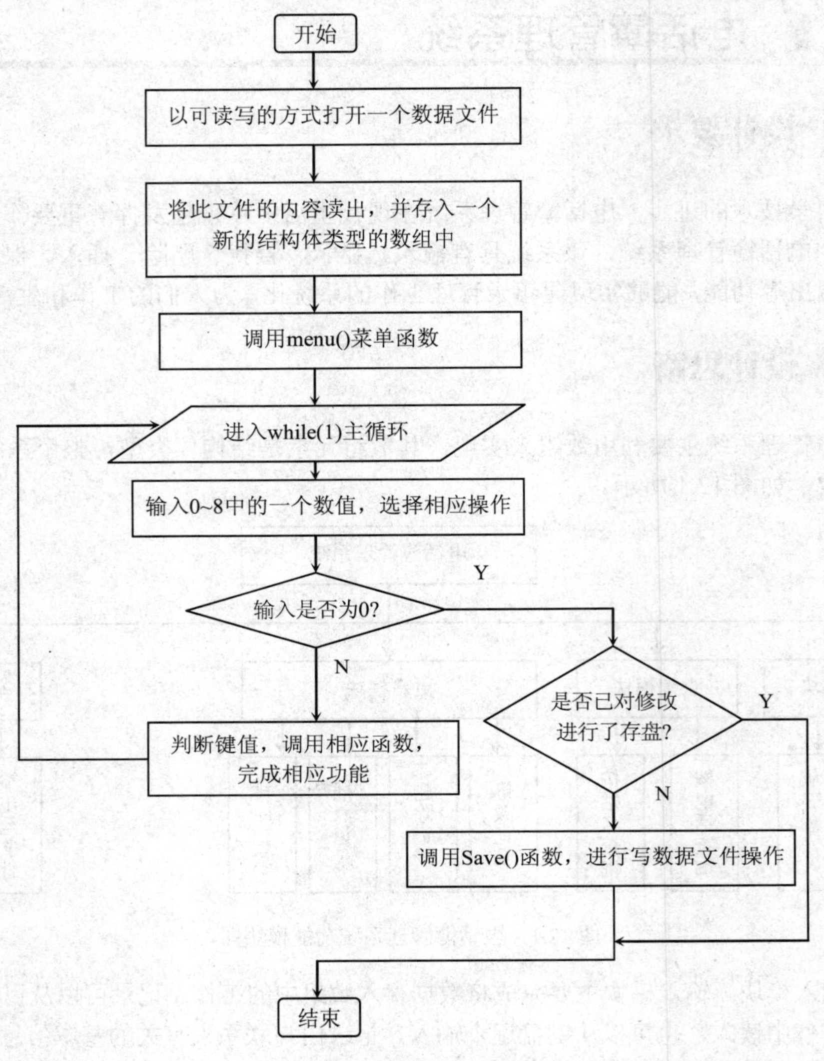

图 12.2　程序执行流程图

在判断键值时，有效输入为 0～8 之间的任意数值，其他输入都被视为错误按键。若输入 0，则会判断在对记录进行了更新操作之后是否进行了存盘操作，若未存盘，系统会提示用户是否需要进行数据存盘操作，用户输入 Y 或 y，系统会进行存盘操作。最后系统执行退出电话簿管理系统的操作。

在输入键值时，若选择 1，则调用 Add()函数，执行增加记录操作；若选择 2，则调用 Disp()函数，执行以表格形式打印输出记录至屏幕的操作；若选择 3，则调用 Del()函数，执行删除记录操作；若选择 4，则调用 Qur()函数，执行查询记录操作；若选择 5，则调用 Modify()函数，执行修改记录操作；若选择 6，则调用 Insert()函数，执行插入记录操作；若选择 7，则调用 SelectSort()函数，执行按升序排序记录的操作；若选择 8，则调用 Save()函数，执行存储记录的操作；若输入 0～8 之外的值，则调用 Wrong()函数，给出按键错误的提示。

2. 数据结构设计

本程序定义了结构体 telebook，用于存放联系人的基本信息。

```
typedef struct telebook
{
char num[4];            /*保存记录编号*/
char name[10];          /*联系人姓名*/
char phonenum[15];      /*联系人电话号码*/
char address[20];       /*联系人地址*/
}TELEBOOK;
```

3. 函数功能描述

（1）printheader()

函数原型：void printheader()

printheader()函数用于在以表格形式显示记录时，打印输出表头信息。

（2）printdata()

函数原型：void printdata(TELEBOOK pp)

printdata()函数用于以表格显示的方式，打印输出单个数组元素 pp 中的记录信息。

（3）Disp()

函数原型：void Disp()(TELEBOOK temp[], int n)

Disp()函数用于显示 temp 数组中存储的 n 条记录，内容为 telebook 结构中定义的内容。

（4）stringinput()

函数原型：float stringinput(char *t,int lens,char *notice)

stringinput()函数用于输入字符串，并进行字符串长度验证，t 用于保存输入的字符串，notice 用于保存 printf()中输出的提示信息。

（5）Locate()

函数原型：int Locate(TELEBOOK temp[], int n, char findmess[], char nameorphonenum[])

Locate()函数用于定位数组中符合要求的元素，并返回该数组元素的下标值。参数 findmess[]保存要查找的具体内容，nameorphonenum []表示按姓名或电话号码字段在数组 temp 中查找。

（6）Add()

函数原型：int Add(TELEBOOK temp[], int n)

Add()函数用于在数组 temp 中增加记录元素，并返回数组中的当前记录数。

（7）Qur()

函数原型：void Qur(TELEBOOK temp[], int n)

Qur()函数用于在数组 temp 中按姓名或电话号码查找满足条件的记录，并显示出来。

（8）Del()

函数原型：int Del(TELEBOOK temp[], int n)

Del()函数用于先在数组 temp 中找到满足条件的记录，然后删除该记录。

（9）Modify()

函数原型：void Modify(TELEBOOK temp[], int n)

Modify()函数用于在数组 temp 中修改记录元素。

（10）Insert()

函数原型：int Insert(TELEBOOK temp[], int n)

Insert()函数用于在数组 temp 中插入记录，并返回数组中的当前记录数。

（11）SelectSort()

函数原型：void SelectSort(TELEBOOK temp[], int n)

SelectSort()函数用于在数组 temp 中完成利用选择排序算法实现数组的升序排序。

（12）Save()

函数原型：void Save(TELEBOOK temp[], int n)

Save()函数用于将保存联系人电话簿的数组 temp 中的 n 个元素写入磁盘的数据文件中。

（13）主函数 main()

main()是整个电话簿管理系统控制部分。其详细说明可以参见图 12.2。

12.2 学生成绩管理系统

12.2.1 设计要求

在信息社会的高科技时代，计算机已经应用到经济和社会生活的各个领域。虽然计算机与人类的关系愈来愈密切，但学生成绩管理基本上是靠人工进行的，随着时间的推移，有关学生成绩管理工作的数据量会越来越大，大多数学校不得不靠增加人力、物力、财力来进行学生成绩档案管理。但是人工管理成绩档案，会出现效率低、查找麻烦、可靠性不高以及保密性差等问题。因此开发一个适用于大中专院校以及高等院校通用的学生成绩管理系统是十分必要的。

本课程将设计一个学生成绩管理系统，该系统具有输入、查询、修改、删除、插入、排序、统计、保存、打印以及退出等功能，能够实现学生管理工作的系统化，为教师和学生的工作和学习提供便利。

12.2.2 设计思路

学生成绩管理系统主要利用单链表实现，程序由输入、查询、更新、统计和输出 5 大功能模块组成。如图 12.3 所示。

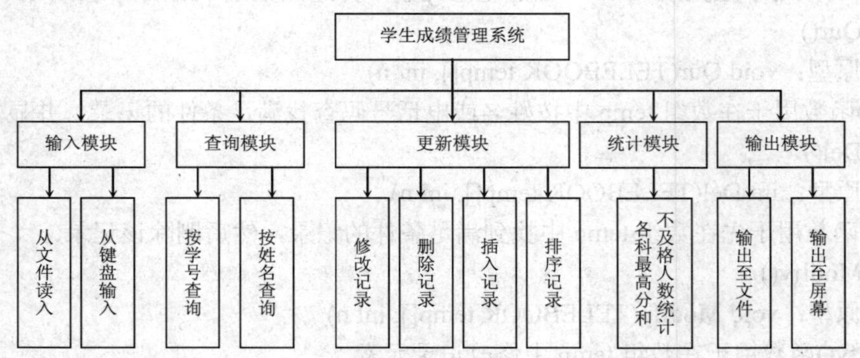

图 12.3 学生成绩管理系统功能模块图

（1）输入模块。输入模块主要完成将数据存入单链表中的工作。记录可以从以二进制形式存储的数据文件中读入，也可以从键盘逐个输入。记录由学生的基本信息和成绩信息字段构成。

（2）查询模块。查询模块主要完成在单链表中查找满足相关条件的学生记录。用户可以按照学生的姓名或学号在单链表中进行查找。

（3）更新模块。更新模块主要实现对记录的修改、删除、插入和排序。在进行更新操作后，需要将修改的数据存入源数据文件。

（4）统计模块。统计各门功课最高分和不及格人数。

（5）输出模块。实现对记录的存盘，并以表格形式将记录信息在屏幕上打印出来。

12.2.3 设计方法

1. 程序执行流程图

学生成绩管理系统主流程如图 12.4 所示。首先以可读写的方式打开数据文件，此文件默认为 c:\student，若该文件不存在，则新建此文件。当打开文件操作成功后，从文件中一次读出一条记录，添加到新建的单链表中，然后执行显示主菜单和进入主循环操作，进行按键判断。

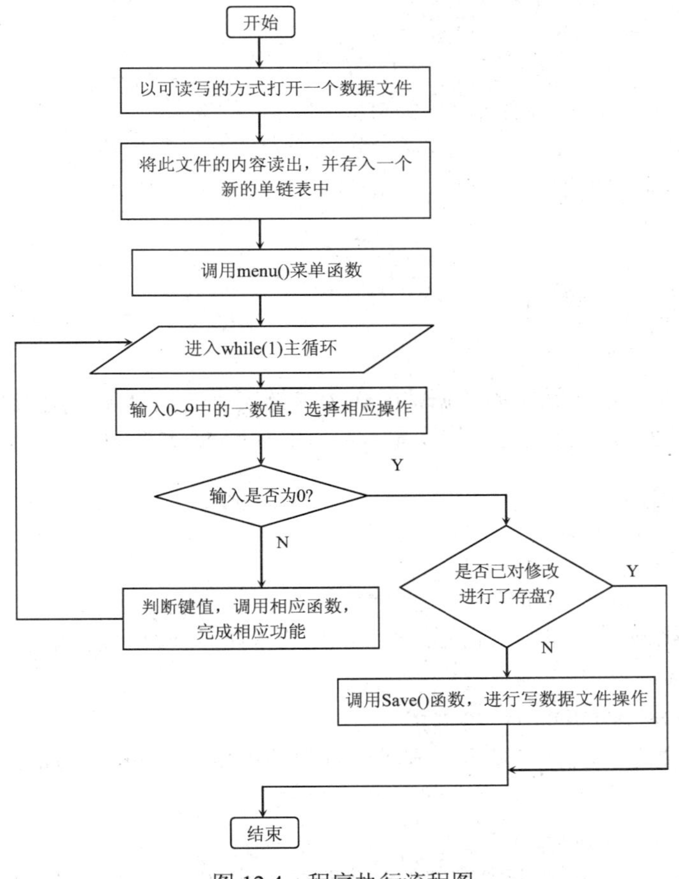

图 12.4　程序执行流程图

在判断键值时，有效输入为 0～9 之间的任意数值，其他输入都被视为错误按键。若输入 0，则会判断在对记录进行了更新操作之后是否进行了存盘操作，若未存盘，系统会提示用户是否需要进行数据存盘操作，用户输入 Y 或 y，系统会进行存盘操作。最后系统执行退出成绩管理系统的操作。

在输入键值时，若选择 1，则调用 Add()函数，执行增加记录操作；若选择 2，则调用 Del()函数，执行删除记录操作；若选择 3，则调用 Qur()函数，执行查询记录操作；若选择 4，则调用 Modify()函数，执行修改记录操作；若选择 5，则调用 Insert()函数，执行插入记录操作；若选择 6，则调用 Tongji()函数，执行统计记录操作；若选择 7，则调用 Sort()函数，执行按降序排序记录的操作；若选择 8，则调用 Save()函数，执行存储记录的操作；若选择 9，则调用 Disp()函数，执行将记录以表格形式打印输出至屏幕的操作；若输入 0～9 之外的值，则调用 Wrong()函数，给出按键错误的提示。

2. 数据结构设计

（1）本程序定义了结构体 student，用于存放学生的基本信息。

```
typedef struct student
{
char num[10];    /*保存学号*/
char name[15];   /*学生姓名*/
int  cgrade;     /*保存语文成绩*/
int  mgrade;     /*保存数学成绩*/
int  egrade;     /*保存英语成绩*/
int  total;      /*保存总分*/
float  ave;      /*保存平均分*/
int  mingci      /*保存名次*/
};
```

（2）单链表 node 结构体。

```
typedef struct node
{
struct  student  data;
struct  node  *next;
} Node, *Link;
```

其中，data 为 student 结构类型的数据，next 为单链表中的指针域，用来存储其直接后继节点的地址。Node 为 node 类型的结构变量，*Link 为 node 类型的指针变量。

3. 函数功能描述

（1）printheader()

函数原型：void printheader()

printheader()函数用于在以表格形式显示记录时，打印输出表头信息。

（2）printdata()

函数原型：void printdata(Node *pp)

printdata()函数用于以表格显示的方式，打印输出单链表 pp 中的记录信息。

（3）Disp()

函数原型：void Disp()(Link l)

Disp()函数用于显示单链表中存储的学生记录，内容为 student 结构中定义的内容。

（4）stringinput()

函数原型：float stringinput(char *t,int lens,char *notice)

stringinput()函数用于输入字符串，并进行字符串长度验证，t 用于保存输入的字符串。notice 用于保存 printf()中输出的提示信息。

（5）Locate()

函数原型：Node* Locate(Link1, char findmess[], char nameornum[])

Locate()函数用于定位链表中符合要求的节点，并返回指向该节点的指针。参数 findmess[]保存要查找的具体内容，nameornum[]表示按什么字段在单链表中查找。

（6）Add()

函数原型：void Add(Link1)

Add()函数用于在单链表中增加学生记录的节点。

（7）Qur()

函数原型：void Qur(Link1)

Qur()函数用于在单链表按姓名或学号查找满足条件的记录，并显示出来。

（8）Del()

函数原型：int Del(Link1)

Del()函数用于先在单链表中找到满足条件的记录的节点，然后删除该记录。

（9）Modify()

函数原型：void Modify(Link1)

Modify()函数用于在单链表中修改学生记录。

（10）Insert()

函数原型：int Insert(Link1)

Insert()函数用于在单链表中插入记录。

（11）Sort()

函数原型：void Sort(Link1)

Sort()函数用于在单链表中完成利用插入排序算法实现单链表的按总分字段的降序排序。

（12）Save()

函数原型：void Save(Link1)

Save()函数用于将单链表中的数据写入磁盘的数据文件中。

（13）Numberinput()

函数原型：int Numberinput(char *notice)

Numberinput()函数用于输入数值型数据，notice 用于保存 printf()中输出的提示信息，该函数返回用户输入的整形数据。

（14）Tongji()

函数原型：void Tongji(Link1)

Tongji()函数用于在单链表中完成学生记录的统计工作。

（15）主函数 main()

main()是整个成绩管理系统控制部分。其详细说明可以参见图 12.4。

附录A　C语言运算符及优先级

优先级	运算符	含义	运算符类型	结合方向
15	() [] -> .	圆括号 下标运算符 指向结构体成员运算符 结构体成员运算符		自左向右
14	! ~ ++ -- - (类型) * & sizeof	逻辑非运算符 按位取反运算符 自增运算符 自减运算符 负号运算符 类型转换运算符 指针运算符 地址运算符 长度运算符	单目	自右向左
13	* / %	乘法运算符 除法运算符 求余运算符	双目	自左向右
12	+ -	加法运算符 减法运算符	双目	自左向右
11	<< >>	左移运算符 右移运算符	双目	自左向右
10	<、<=、>、>=	关系运算符	双目	自左向右
9	== !=	等于运算符 不等于运算符	双目	自左向右
8	&	按位与运算符	双目	自左向右
7	^	按位异或运算符	双目	自左向右
6	|	按位或运算符	双目	自左向右
5	&&	逻辑与运算符	双目	自左向右
4	||	逻辑或运算符	双目	自左向右
3	?:	条件运算符	三目	自右向左
2	=、+=、-=、*=、/=、%=、 >>=、<<=、&=、^=、|=	赋值运算符	双目	自右向左
1	,	逗号运算符		自左向右

上表中运算符优先级的序号越大，表明优先级别越高。

附录B　部分字符与ASCII码对照表

ASCII码值	字符	ASCII码值	字符	ASCII码值	字符	ASCII码值	字符	ASCII码值	字符	ASCII码值	字符
032	空格	048	0	064	@	080	P	096	`	112	p
033	!	049	1	065	A	081	Q	097	a	113	q
034	"	050	2	066	B	082	R	098	b	114	r
035	#	051	3	067	C	083	S	099	c	115	s
036	$	052	4	068	D	084	T	100	d	116	t
037	%	053	5	069	E	085	U	101	e	117	u
038	&	054	6	070	F	086	V	102	f	118	v
039	'	055	7	071	G	087	W	103	g	119	w
040	(	056	8	072	H	088	X	104	h	120	x
041	)	057	9	073	I	089	Y	105	i	121	y
042	*	058	:	074	J	090	Z	106	j	122	z
043	+	059	;	075	K	091	[	107	k	123	{
044	,	060	<	076	L	092	\	108	l	124	|
045	-	061	=	077	M	093	]	109	m	125	}
046	。	062	>	078	N	094	^	110	n	126	~
047	/	063	?	079	O	095	_	111	o		

附录 C　课后习题答案

第 1 章

单项选择题：（1）C（2）C（3）A（4）B（5）D

填空题：（1）主函数（2）.cpp、.obj、.exe（3）函数

第 2 章

单项选择题：（1）A（2）B（3）D（4）B（5）B

填空题：（1）4.2、4.2（2）关键字、用户标识符（3）3.5（4）十、八、十六

第 3 章

单项选择题：（1）C（2）D（3）A（4）D（5）B（6）C（7）C（8）B

填空题：（1）-1（2）n=1、s（3）8（4）0.500000（5）a=2, b=1

第 4 章

单项选择题：（1）C（2）C（3）A（4）D（5）B（6）A（7）B

填空题：（1）4（2）abc（3）12（4）951

第 5 章

单项选择题：（1）B（2）C（3）D（4）C（5）B（6）D（7）B（8）A（9）B（10）C

填空题：（1）n=5050，n=100（2）100（3）7（4）21（5）35745

第 6 章

单项选择题：（1）B（2）C（3）D（4）A（5）D（6）D（7）B（8）C（9）C（10）A

填空题：（1）1,3,5（2）mawz, mnopqr（3）1（4）bcde（5）8

第 7 章

单项选择题：（1）C（2）D（3）A（4）A（5）D（6）B（7）B（8）B

填空题：（1）x=93（2）a=3,b=7,c=5（3）81（4）16

第 8 章

单项选择题：（1）B（2）B（3）A（4）D（5）B（6）B（7）B（8）D

填空题：（1）52（2）60501（3）M（4）4，5，-1

第 9 章

单项选择题：（1）D（2）A（3）A（4）A（5）B

填空题：（1）0（2）35（3）10101000

第 10 章

单项选择题：（1）B（2）D（3）D（4）A（5）B（6）D（7）C（8）D（9）A（10）C

填空题：（1）11　13　15　17　19　19

（2）从 fp 指向的文件中读取长度不超过 n-l 的字符串存入 str 指向的内存。

（3）5876273-2278

（4）非零值

附录D　上机实训指导

上机实训 1：熟悉 VC++6.0

打开 VC++6.0，观察其环境，记录下 VC++6.0 的主要菜单及其功能。

利用 VC++6.0 创建一个工程，命名为 Max，然后在此工程中新建一个 cpp 源程序，命名为 max.cpp。输入如下程序：

```
#include <stdio.h>
 int max(int x, int y)
   {
      int z;
      if(x>y)
      z=x;
      else
      z=y;
      return(z);
}

main()
{
      int a,b,c;
      scanf("%d%d",&a,&b);
    c=max(a,b);
      printf("max=%d\n",c);
}
```

执行以上程序，输入两个数，查看输出结果。

上机实训 2：熟悉数据类型和变量

创建一个工程，然后在此工程中新建一个 cpp 源程序，输入实验内容中程序，运行并查看结果。

将第 4 行改为 float i，看输出结果。

将第 5 行改为 int x，看输出结果。

上机实训 3：计算

程序如下：

```
#include<math.h>
#include<stdio.h>
main()
{
  int s;
  double n,t,pi;
  t=1,pi=0;n=1.0;s=1;
  while(fabs(t)>1e-6)
      {pi=pi+t;
       n=n+1;
      t=1/(n*n);

      }
  pi=sqrt(pi*6);
```

```
printf("pi=%10.6f\n",pi);
}
```

上机实验 4：学生成绩统计

程序如下：

```
#include<stdio.h>
main()
{
        float x[10],sum=0.0, ave, a;
        int n=0,i;
        printf("Enter mark: \n");
        scanf("%f",&a);
        while(a>=0.0 && n<10)
        {
        sum+=a; x[n]=a;
        n++; scanf("%f",&a);
        }
        ave=sum/n;
        printf("Output: \n");
        printf("ave=%f\n",ave);
        for(i=0;i<10;i++)
        if (x[i]<ave)
printf("%f\n",x[i]);
}
```

上机实训 5：分析程序输出结果

本程序首先定义了一个函数 cchar()，有一个字符型参数 ch。在函数中首先判断该字符是否为大写字母，如果是则把它转换成小写字母再赋值给 ch，把 ch 作为函数值返回。在主函数中定义了一个字符数组 s 并初始化，然后定义了一个指针变量并使其指向数组 s。接着通过一个 while 循环利用指针变量 p，依次取出字符数组的字符（直到遇到字符串结束标志'\0'），并调用 cchar()函数，把大写字母转换成小写字母，其他字符不变。最后输出字符数组为 s 中的内容，结果为 abc+abc=defdef。

上机实训 6：指针练习

本程序定义了一个字符型指针变量 p 并通过赋初值让其指向了一个字符串，定义了另一个字符型指针变量 r 和一个长整型指针变量 q。首先通过语句“q=(long*)p；”把 p 的地址值强制转换为长整型地址值并赋值给 q，然后执行“q++；”，地址值增加了 4，执行语句“r=(char*)q；”，把长整型指针变量 q 的值再强制转换成字符型地址值并赋给 r，r 的值应为字符串中字符“e”的地址，最后输出 r 指向的字符串，为 efgh。

上机实训 7：分析编译预处理

1. 程序中宏替换中遇到形参 x 以实参 k+l 代替，其他字符不变。SQR(k+1)展开后应为字符串 k+l*k+l，故结果为 9。

2. 在程序中如果有带实参的宏，则按#define 命令行中指定的字符串从左到右进行置换，如果串中包含宏中的形参，则将程序语句中相应的实参代替形参。将实参带入已经定义的宏中，结果为 12。

上机实训 8：通讯录

程序如下：

```
#include<stdio.h>
```

```
#define NUM 5
struct mem
{
    char num[10];
    char name[20];
    char phone[10];
};
main()
{
    struct mem man[NUM];
    int i;
    for(i=0;i<NUM;i++)
     {
    printf("input number:\n");
    gets(man[i].num);
    printf("input name:\n");
      gets(man[i].name);
      printf("input phone:\n");
      gets(man[i].phone);
     }
    printf("num\t\t\tname\t\t\
    tphone\n\n");
    for(i=0;i<NUM;i++)
      printf("%s\t\t\t%s\t\t\t%s\n",
man[i].num,man[i].name,man[i].phone);
}
```

本程序中定义了一个结构 mem，mem 有 3 个成员 num、name 和 phone。分别用来表示职工编号、姓名和电话号码。在主函数中定义 man 为具有 mem 类型的结构数组。在 for 语句中，用 gets 函数分别输入各个元素中 3 个成员的值。然后又在 for 语句中用 printf 语句输出各元素中 3 个成员的值。

上机实训 9：位运算

a=7^3=111^11=100=4（十进制），b=~4&3= ~100&11=11&11=11=3(十进制)，所以结果为 43。

上机实训 10：读取文件

程序如下：

```
#include <stdio.h>
int main()
{
int ch;
FILE *fp;
fp=fopen("d:\\stu.txt", "r");
if (fp==NULL)
{
printf("/tmp/stu.txt 不存在");
return (0);
}
while((ch=fgetc(fp))!=EOF)
putchar(ch);
fclose(fp);
return 1;
}
```

参 考 文 献

[1] 李春葆．C 程序设计教程．北京：清华大学出版社，2004．

[2] 李春葆等．C 程序设计考研指导．北京：清华大学出版社，2003．

[3] 李春葆等．C 语言程序设计题典．北京：清华大学出版社，2002．

[4] 李春葆．C 语言与习题解答．北京：清华大学出版社，1999．

[5] 李春葆等．C 程序设计考点精要与解题．北京：人民邮电出版社，2002．

[6] 郑阿奇．Visual C++实用教程．北京：电子工业出版社，2000．

[7] 张淑平，霍红卫．C 语言程序设计辅导．西安：西安电子科技大学出版社，2002．

[8] 李培金．C 语言程序设计案例教程．西安：西安电子科技大学出版社，2003．

[9] 张毅坤等．C 语言程序设计教程．西安：西安交通大学出版社，2003．

[10] 田淑清等．C 程序设计（第二版）．北京：电子工业出版社，2003．

[11] 谭浩强．C 程序设计（第二版）．北京：清华大学出版社，1999．

[12] 黄维通等．C 语言试题详解及模拟试卷（二级）．北京：机械工业出版社，2000．

[13] 陈朔鹰等．C 语言程序设计习题集．北京：人民邮电出版社，2000．